国家级实验教学示范中心联席会计算机学科规划教材

教育部高等学校计算机类专业教学指导委员会推荐教材

面向"工程教育认证"计算机系列课程规划教材

FORTRAN语言程序设计
——FORTRAN95

◎ 王丽娟 段志东 主编

清华大学出版社

北京

内 容 简 介

本书全面、系统地介绍 FORTRAN95 的语法规则以及利用它进行程序设计的方法。主要内容有：FORTRAN95 概述及编译环境的介绍、FORTRAN95 程序设计基础、顺序结构程序设计、选择结构程序设计、循环结构程序设计、数组、函数与子程序、文件、派生类型与结构体、指针、模块、常用数值算法。另外根据教学需要，本书扩充了计算思维和计算机系统组成的相关知识。

本书针对程序设计初学者的特点，突出基础知识的讲解，全书概念清晰，语言简单易懂，实例丰富。本书可作为高等院校理工科学生学习程序设计的教材，也可以作为程序设计的初学者、从事工程计算的工作人员和科研人员的参考书。

图书在版编目(CIP)数据

FORTRAN 语言程序设计：FORTRAN95/王丽娟，段志东主编.—北京：清华大学出版社，2017
(2024.8 重印)

(面向"工程教育认证"计算机系列课程规划教材)

ISBN 978-7-302-48390-8

Ⅰ．①F…　Ⅱ．①王…②段…　Ⅲ．①FORTRAN 语言—程序设计　Ⅳ．①TP312.8

中国版本图书馆 CIP 数据核字(2017)第 217459 号

责任编辑：付弘宇
封面设计：刘　键
责任校对：焦丽丽
责任印制：杨　艳

出版发行：清华大学出版社
　　　　网　　　址：https://www.tup.com.cn, https://www.wqxuetang.com
　　　　地　　　址：北京清华大学学研大厦 A 座　　　　　邮　　编：100084
　　　　社 总 机：010-83470000　　　　　　　　　　　邮　　购：010-62786544
　　　　投稿与读者服务：010-62776969，c-service@tup.tsinghua.edu.cn
　　　　质量反馈：010-62772015，zhiliang@tup.tsinghua.edu.cn
　　　　课件下载：https://www.tup.com.cn,010-83470236
印 装 者：涿州市般润文化传播有限公司
经　　销：全国新华书店
开　　本：185mm×260mm　　　　印　张：22　　　　字　数：533 千字
版　　次：2017 年 9 月第 1 版　　　　　　　　　　　印　次：2024 年 8 月第 10 次印刷
印　　数：9501～9800
定　　价：59.00 元

产品编号：076991-02

前　言

　　程序设计是高等学校计算机基础教育的基础与重点,目的是向学生介绍程序设计的基础知识,使其掌握高级语言程序设计的基本思想和方法,培养学生的计算思维,增强其用计算机处理问题的能力。

　　FORTRAN 语言是最早出现的计算机高级程序设计语言,其发展过程中不断吸收现代化编程语言的新特性,以其特有的功能在数值、科学和工程计算领域发挥着重要作用,并且在工程计算领域占有重要地位,很多优秀的工程计算软件都是使用 FORTRAN 语言编写的,如 ANSYS、Marc 等。

　　基于 Windows 平台下的 FORTRAN90 的推出,使 FORTRAN 真正实现了可视化编程,彻底告别了传统 DOS 环境(命令行界面),转到了现代 Windows 环境(视窗界面),共享微软公司 Windows 平台的丰富资源。本书以 FORTRAN95 为平台,重点介绍程序设计的思想和方法。

　　本书以程序设计为主线,以编程应用为驱动,通过案例和问题引入知识点,重点讲解程序设计的思想和方法,内容全面,概念清晰,语言简单易懂,实用性强。

　　为使读者更好地掌握 FORTRAN95 程序设计基础,我们还编写了与本书配套的《FORTRAN95 程序设计实验指导及测试》,可作为学习参考书。另外,还有与本书配套的电子版教学课件,供教师教学参考使用。

　　书中所有程序实例都是由教师在多年授课过程中精挑细选所得,并采用目前流行的、可视化的 Microsoft Develop Studio 集成开发环境,使读者在程序设计的思维训练和程序组织方面得到极大简化。为适应不断更新的计算机操作系统,在实验教材中还给出了 Windows 7、Windows 10 操作系统下使用 Visual Fortran 的上机操作过程。

　　本书可作为高等学校理工科学生学习程序设计的教材,也可以作为程序设计的初学者、从事工程计算的工作人员和科研人员的参考书。

　　本书由王丽娟、段志东主编,李玉龙主审。第 1、2、12、14 章由王红鹰编写,第 3、5、6、7 章由陈权编写,第 9、11、13 章和附录 A 由段志东编写,第 4、8、10 章和附录 B 由王丽娟编写。与本书配套的《FORTRAN95 程序设计实验指导及测试》一书由王红鹰、陈权主编,李玉龙主审。

　　本书在规划、编写过程中得到了兰州交通大学教务处、计算机教学示范中心、电信学院、继续教育学院、土木工程学院的领导和教师们的大力支持,编者在此表示衷心感谢。

鉴于编者水平所限,书中难免有不当或错误之处,恳请读者不吝赐教。

本书的配套电子课件等资源可以从清华大学出版社网站 www. tup. com. cn 下载,在本书和课件的使用中如有问题,请联系 fuhy@tup. tsinghua. com. cn。

编 者

2017 年 6 月

目 录

计算思维与程序设计

教学目标：

- 掌握计算机的系统组成；
- 理解计算思维的概念及应用；
- 理解三种计算机语言及其相互间的关系；
- 掌握算法的概念及其表示方式；
- 掌握三种基本结构；
- 理解程序和程序设计的含义。

计算机科学是关于计算的学科，计算是利用计算机解决问题的过程。计算思维就是计算机科学家在用计算机解决问题时形成的特有的思维方式和解决方法。

1.1 什么是计算

1.1.1 计算机的硬件

计算机是 20 世纪人类最伟大的发明之一。自从世界上第一台电子数字计算机诞生以来，在短短的几十年内得到了迅速发展和广泛应用。现在计算机已经应用到社会、生活的几乎每一个方面。人们利用计算机上网冲浪、写文章、打游戏或听歌、看电影，机构用计算机管理企业、设计制造产品或从事电子商务，大量仪器设备由计算机控制，手机与电脑之间的差别越来越小，……总之计算机似乎是无处不在、无所不能的。那么，计算机是如何做到这一切的呢？为了回答这个问题，需要了解计算机系统构成和计算机的工作原理。

提到计算机，人们的脑中首先会浮现出显示器、键盘、鼠标、主机箱等一堆计算机硬件设备。下面先来了解一些计算机硬件设备的基础知识，学习用计算机解决问题的计算机制。现代计算机的主要功能部件如图 1.1 所示。

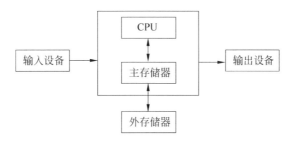

图 1.1 计算机的基本结构（主要功能部件）

1. CPU、指令与程序

中央处理器(CPU)是计算机的核心部件,主要包括运算器和控制器。CPU 是计算机的计算部件,能够执行机器指令(简称指令,instruction)。指令由操作码和操作数构成,每条指令表达的是计算机对特定数据执行特定操作。某种 CPU 能执行的全体指令是由该 CPU 制造商设计并保持固定不变的,称为该 CPU 的指令集。例如,Intel 公司为它的 80x86 系列处理器设计了上百条的指令。

外行人也许认为,计算机的功能如此强大是因为它能执行功能强大的指令,然而事实并非如此。即使是目前最先进、计算能力最强大的计算机,它的 CPU 也只会执行一些非常简单的指令,例如两个数相加、判断两个数是否相等、把数据放入指定的存储单元,等等。

由于每条指令都只能完成很简单的操作,因此只靠少数几条指令是无法完成复杂的事情的。但是,如果将成千上万条简单指令组合起来,就能解决非常复杂的问题。所以说,复杂操作可以通过执行按特定次序排列的许多简单操作而实现。这种**由许多指令按次序排列而成并交给计算机逐条执行的指令序列就称为程序**(program)。为了用计算机解决问题,把问题的解法表达成一个指令序列(即程序)的过程,称为程序设计或编程(programming)。可见,计算机所做的一切神奇的事情,都是靠一步一步执行平凡而乏味的简单指令序列来做到的。计算机一点也不神奇,它唯一会做的事情就是机械地执行预定的指令序列。

2. 存储器

存储器是计算机的记忆部件,用于存储数据和程序。

存储器分为主存储器和外存储器,它们是用不同的物理材料制造的。CPU 只能直接访问主存储器,也只有主存储器才能提供与 CPU 相匹配的存取速度。主存储器需要持续供电来维持存储,一旦断电,存储的数据或程序就会消失。为了长期、持久地存储信息,可以使用即使断电也能保持存储的外存储器,如硬盘。CPU 不能直接访问外存储器,外存储器上的数据或程序必须先导入到主存储器中,才能被 CPU 存取或执行。外存储器的读写速度远远低于主存储器,这个差别极大地影响了计算机解决问题时所使用的方法。

3. 输入输出设备

输入和输出设备是人与计算机进行交互的设备。我们通过输入设备向计算机输入信息,计算机则通过输出设备将计算结果告知我们。传统的输入设备有键盘和鼠标等,输出设备有显示器和打印机等。现代的触摸屏则兼具输入和输出功能。

现代计算机在体系结构上的特点是:数据和程序都以二进制形式存储在主存储器中,CPU 通过访问主存储器来取得待执行的指令和待处理的数据。这称为冯·诺依曼(John von Neumann,1903—1957)体系结构。

1.1.2 计算

了解了计算机的组成,就能理解计算机解决问题的过程。我们来看一个计算机常见任务——写文章是如何实现的。为了解决这个问题,首先需要编写具有输入、编辑、保存文章等功能的程序,如微软公司的 Word 程序、金山公司的 WPS 文字程序等。如果这个 Word 程序已经存入(通过安装)计算机的外存储器(硬盘),通过双击 Word 程序图标等方式可以启动这个程序,也就是将该程序从硬盘加载到内存储器中。然后 CPU 逐条取出该程序的指令并执行,直至最后一条指令执行完毕,程序即告结束。在程序执行过程中,有些指令会导致与用户的交互,例如,用户利用键盘输入或删除文字,利用鼠标选择菜单进行存盘或打印,等等。就这样,通过执行成千上万条简单的指令,最终解决了计算机写文章的问题。

针对一个问题,设计出解决问题的程序(指令序列),并由计算机来执行这个程序,这就是计算(computation)。

通过计算,使得只会执行简单操作的计算机能够完成复杂任务,所以计算机的神奇表现其实都是计算的威力。我们再通过一个简单的例子来了解计算的能力。小莉是一个只学过加法的一年级小学生,她能完成一个乘法运算的任务吗? 答案是肯定的。解决问题的关键在于编写出适合的指令序列让小莉机械地执行。例如,下列"程序"就能使小莉计算出 m×n:

在纸上写下 0,记住结果;

给所记结果加上第 1 个 n,记住结果;

给所记结果加上第 2 个 n,记住结果;

……

给所记结果加上第 m 个 n,记住结果。到这里就得到了 m×n。

可以看出,这个指令序列的每一步都是小莉能够做到的,因此最后确实能完成乘法计算。这就是"计算"所带来的成果。

计算机就是通过这样的"计算"来解决所有复杂问题的。执行大量简单指令组成的程序虽然枯燥烦琐,但计算机作为一种机器,其特长正在于机械地、忠实地、不厌其烦地执行大量简单指令。

1.1.3 计算机的软件

我们已经知道计算机就是进行"计算"的机器。这里的"计算"显然已不是日常所说的数学计算。事实上,计算机在屏幕上显示信息,在 Word 文档中查找并替换文本,播放 MP3 音乐,这些都是计算。

理解了计算机是如何计算的,也就能理解为什么计算机能解决各种不同类型的问题。其中的奥秘就是程序。如果想用计算机写文章,就将 Word 之类的程序加载到主存储器中让 CPU 去执行;如果想用计算机听音乐,就将 Media Player 之类的程序加载到主存储器中让 CPU 去执行;如果将 Internet Explorer 之类的程序加载到主存储器中让 CPU 去执行,计算机就可以在互联网上浏览信息。一台计算机的硬件虽然固定不变,但通过加载执行不同的程序,就能实现不同的功能,解决不同的问题。

我们平时所说的计算机就是安装了各种不同程序的计算机,这才是一个完整的计算机系统。所以说计算机系统包括了硬件系统和软件系统两部分,其中软件系统就是为运行、管理和维护计算机而编制的各种程序、数据和文档的总称。软件系统又包括系统软件和应用软件,软件的主要构成就是程序。这样的计算机具有通用性。

在工业控制和嵌入式设备等领域存在专用计算机,它们只执行预定的程序,从而实现固定的功能。例如,智能电饭锅其实就是能执行预定程序的计算机。

1.1.4 计算科学

为了更好地利用计算机解决问题,人们深入研究了关于计算的理论、方法和技术,形成了专门研究计算的学科——计算机科学(Computer Science)。

　　计算机科学包含很多内容,是一门包含各种各样与计算和信息处理相关主题的系统学科,从抽象的算法分析、形式化语法等,到更具体的编程语言、程序设计、软件和硬件等。计算机科学包括理论计算机科学和应用计算机科学。本书侧重于计算机科学家在用计算机解决问题时建立的一些基本思想和方法,这些思想和方法普遍存在于计算机科学的各个分支中。计算机科学家在思考一个根本问题:到底什么问题是计算机可计算的? 一般人会认为,一个问题能不能用计算机计算,取决于该计算机的计算能力;而计算机的计算能力又取决于 CPU 的运算速度、指令集、主存储器容量等硬件指标。然而,作为计算机科学理论基础的可计算理论却揭示出了一个出人意料的结论:所有计算机的计算能力都是一样的! 尽管不同计算机有不同的指令集和不同性能的硬件,在计算的时间和空间效率上可能有所差异,但现有的各种计算设备在计算的能力上是等同的。一台计算机能解决的问题,另一台计算机肯定也能解决。

　　作为一个学科,计算机科学涵盖了从算法的理论研究和计算的极限,到如何通过硬件和软件实现计算系统。计算机科学评审委员会(Computing Sciences Accreditation Board, CSAB)由 Association for Computing Machinery(ACM)和 IEEE Computer Society(IEEE-CS)的代表组成,确立了计算机科学学科的 4 个主要领域:计算理论、算法与数据结构、编程方法与编程语言,以及计算机元素与架构。CSAB 还确立了其他一些重要领域,如软件工程、人工智能、计算机网络与通信、数据库系统、并行计算、分布式计算、人机交互、机器翻译、计算机图形学、操作系统,以及数值和符号计算。

1.2　什么是计算思维

　　如前所述,计算是利用计算机一步一步地执行指令来解决问题的过程,计算机科学是关于计算的科学。正如数学家在证明数学定理时有独特的数学思维、工程师在进行设计制造生产时有独特的工程思维、艺术家在创作诗歌音乐绘画时有独特的艺术思维一样,计算机科学家在用计算机解决问题时也有自己独特的思维方式和解决方法,统称为计算思维。

　　计算思维的提出,最早可回溯到美国麻省理工学院(MIT)的西蒙·帕佩特(Seymour Papert)教授。美国卡内基·梅隆大学的计算机科学系主任周以真教授则对其进行了系统阐述和推广。2006 年 3 月,周以真(Jeannette M. Wing)教授在美国计算机权威期刊 *Communications of the ACM* 上提出并定义了计算思维(Computational Thinking)。周教授认为,**"计算思维是运用计算机科学的基础概念进行问题求解、系统设计以及人类行为理解等涵盖计算机科学之广度的一系列思维活动。"**

　　从问题的计算机表示、算法设计直到编程实现,计算思维贯穿于计算的全过程。学习计算思维,就是学会像计算机科学家一样思考和解决问题。

1.2.1　计算思维的基本原则

　　用计算机解决问题时必须遵循的基本原则是:既要充分利用计算机的计算和存储能力,又不能超出计算机的能力范围。计算思维是建立在计算机的能力和限制之上的,这是计算思维区别于其他思维方式的一个重要特征。

例如,能够高速执行大量指令是计算机的能力,但每条指令只能执行有限的一些简单操作则是计算机的限制,因此不能要求计算机去执行无法划归为简单操作的复杂任务。又如,计算机只能表示固定范围的有限整数,任何计算如果要涉及超出范围的整数时,都必须想办法绕开这个限制。再如,计算机的硬盘容量大,不需要电力维持存储,但存取速度慢,因此涉及硬盘数据的应用程序必须寻求高效的索引和缓冲方法来处理数据。

计算思维有自己的独立性,但它同时也吸收了其他领域的一些思维方式,进行了融合和互补。例如,计算机科学在本质上源自数学思维,因此计算机科学家像数学家一样建立现实世界的抽象模型,使用形式语言表达思想;同样,计算机科学也源自工程思维,我们建造的是能够与实际世界互动的系统,计算机科学家像工程师一样设计、制造、组装与现实世界打交道的产品,寻求更好的工艺流程来提高产品质量;还会像自然科学家一样观察系统行为,形成理论,并通过预测系统行为来检验理论;像经济学家一样评估代价与收益,权衡多种选择的利弊;像手工艺人一样追求作品的简洁、精致、美观,并在作品中打上体现个人风格的烙印。

计算思维是人的思想和方法,不是计算机的思维。计算思维旨在利用计算机解决问题,而不是使人像计算机一样做事。作为"思想和方法",计算思维是一种解题能力,不能机械地套用,而是通过学习和实践来培养。计算机是机械而笨拙的,但可以通过人类的思想赋予计算机以活力。

1.2.2　计算思维的基本应用

由于计算机的能力和局限,计算机科学家提出了很多关于计算的思想和方法,从而建立了利用计算机解决问题的一整套思维工具。下面先来简要介绍计算机科学家在计算的不同阶段所采用的常见思想和方法。

1. 问题表示

用计算机解决问题,首先要建立问题的计算机表示。问题表示与问题求解是紧密相关的,如果问题的表示合适,则问题的解法事半功倍,否则可能事倍功半、难以得到。

抽象(Abstraction)一词的本意是指人在认识思维活动中对事物表象因素的舍弃和对本质因素的抽取。抽象是用于问题表示的重要思维工具。

例如,小学生经过学习都知道将应用题"原来有 10 个苹果,吃掉 8 个后,又买进来 5 个,现在有几个苹果?"抽象表示成"$10-8+5$",这里显然只抽取了问题中的数量特性和过程,完全忽略了苹果的颜色、吃法和用时等不相关因素。

一般意义上的抽象,就是指这种忽略研究对象的具体的和无关的特性,而抽取其一般的或相关的特性。程序设计中的抽象包括数据抽象和过程抽象,简言之就是将现实世界中的各种数量关系、空间关系、逻辑关系和处理过程等表示成计算机世界中的数据结构(数值、字符串、列表、堆栈等)和控制结构(基本指令、顺序、分支、循环、模块等),或者说建立实际问题的计算模型。另外,抽象还用于在不改变意义的前提下隐去或减少过多的具体细节,以便于只关注少数几个特性,从而有利于理解和处理复杂问题。显然,通过抽象还能发现一些看似不同的问题的共性,从而建立相同的计算模型。

总之,抽象是计算机科学中广泛使用的思维方式,只要有可能并且合适,程序设计就要使用抽象。抽象可以在不同层次上进行。

2. 算法设计

问题得到表示后,接下来的关键是找到问题的解法——算法。

算法设计是计算思维的主要领域,计算机科学家采用多种思维方式和方法来找到有效的算法。例如,用分治法找到了高效的排序方法,利用递归的思想轻松解决了 Hanoi 塔问题,等等。计算机在各个领域中的成功应用都有赖于高效算法的发现。为了找到高效算法,又有赖于各种算法设计方法的巧妙应用。

计算思维常用分解、约简、嵌入、转化和仿真等方法,把一个看起来困难重重的问题阐释成一个我们知道怎样解决的问题。如果一个问题过于复杂、难以得到精确解法,或者根本不存在精确解法,计算机科学家通常不介意退而求其次,寻求能得到近似解的解法,通过牺牲精确性来换取有效性和可行性。例如搜索引擎,一方面不可能搜出所有与用户关键字相关的网页,另一方面还可能搜索出与用户关键字不相关的网页。

3. 编程技术

找到了解决问题的算法,接下来就要用计算机语言(编程语言)来实现算法,这个领域同样是思想和方法的宝库。例如结构化编程方法,使用规范的控制流程来组织程序的处理步骤,形成层次清晰、边界分明的结构化构造,每个构造具有单一的入口和出口,从而使程序易于理解、排错、维护和验证正确性。又如模块化编程方法,采用从全局到局部的自顶向下设计方法,将复杂程序分解成许多较小的模块,解决了所有底层模块后,将模块组装起来就构成最终程序。再如面向对象编程方法,以数据和操作融为一体的对象作为基本单位来描述复杂系统,通过对象之间的相互协作和交互实现系统的功能。此外,程序设计不能只关注程序的正确性和执行效率,还要考虑良好的编码风格和程序美学问题。

4. 可计算性和算法复杂性

在用计算机解决问题时,不仅要找出正确的解法,还要考虑解法的复杂度。这一点和数学思维是不一样的。对于计算机而言,如果一个解法太复杂,导致计算机要耗费几年甚至几十年甚至更久的时间才能计算出结果,那么这种“解法”只能被放弃,问题等于没解决。有时一个问题已经有了可行的算法,但计算机科学家仍会去寻求更有效的算法。计算机科学的根本任务可以说是从本质上研究问题的可计算性。

虽然很多问题对于计算机来说难度太高甚至是不可能的任务,但计算思维具有灵活、变通、实用性的特点,对这样的问题可以去寻求不那么严格但现实中可行的实用解法。例如,当计算机有限的内存无法容纳复杂问题的海量数据时,设计出缓冲方法来分批处理数据。又如,当许多用户共享并竞争某些系统资源时,又可利用同步、并发机制等技术来避免竞态和僵局。

1.2.3　计算思维在日常生活中的体现

人们在日常生活中的很多做法都与计算思维不谋而合,也可以说计算思维从生活中吸收了很多有用的思想和方法。

算法过程:菜谱是算法的典型代表,它将一道菜的烹饪方法一步步地罗列出来,即使不是专业厨师,也可以按照菜谱的步骤做出菜肴。这里菜谱的每一步骤必须足够简单、可行。例如,“将豆腐切成小块”“将少量油倒入锅中加热”等都是可行步骤。

模块化:很多菜肴的制作过程中都有“勾芡”这个操作步骤。与其说这是一个基本步骤,不如说这是一个模块,因为勾芡本身代表着一个操作序列——取一些淀粉,加点水,搅拌均匀,在适当的时候倒入菜中。这个操作序列经常使用,为了避免重复,也为了使菜谱更清晰、易读,就用"勾芡"这个术语简明表示。这同时反映了抽象可以在不同层次上进行。

查找:如果要在字典里查找一个词语,读者不会从第一页开始一页页地翻找,而是会根据字典是有序排列的事实,快速地定位词条。又如,老师说请将书本翻到第 6 章,我们会借助书前目录直接找到第 6 章所在的页码。这就是计算机中广泛使用的索引技术。

缓冲:假设将学生所用的教科书视为数据,上课看作对数据的处理,那么学生的书包就可以视为缓冲存储。学生每天携带所有的教科书是不可能的,因此每天只要把当天要用的教科书放入书包,第二天再换入新的教科书。

并发:厨师在烧菜时,如果一种菜需要在锅中煮一段时间,这时厨师一定会利用这段时间去做点别的事情,如将另一种菜洗净切好。在此期间,如果锅里的菜需要加盐加佐料,厨师可以放下手里的活去处理锅里的菜。就这样虽然只有一个厨师,但可以同时做几道菜。

类似的例子还有很多,需要强调的是,在学习用计算机解决问题时,如果经常想想生活中遇到类似问题时的做法,一定会对找出问题解法有所帮助。

随着计算机在各个领域中得到广泛的应用,计算思维对许多学科都产生了重要影响。

1.3　计算机语言

如前所述,计算机解决问题的过程就是执行"程序",实质上就是机械地执行人们为它编制的指令序列的过程。为了告诉计算机应当执行什么指令,需要使用某种计算机语言来编写程序。这种计算机语言能够准确描述出计算过程,也称为程序设计语言或编程语言。

计算机语言是人工设计的语言,是人和计算机进行交流的工具,是用来书写程序的工具,具有严格的语法、语义。

计算机语言从低级语言到高级语言,从传统语言到现代语言不断地向前发展,新的、功能强大的计算机语言不断涌现。

1.3.1　机器语言

CPU 制造商在设计某种 CPU 硬件结构的同时,也为其设计了一种"母语"——指令集,这种语言称为机器语言(Machine Language)。这种语言的代码全部由二进制符号"0"和"1"按照确定的方式排列组合而成,利用机器语言书写的程序就是二进制指令的序列。机器语言编写的程序能够被计算机直接识别和执行,执行速度快、效率高。

例如,计算 A=2+3 的机器语言程序如下:

```
00100011 00000010      ------- 把 2 放入累加器 A 中
00000011 00000011      ------- 3 与累加器 A 的值相加,结果仍放入 A 中
00000010               ------- 将累加器数 5 从总线输出
```

机器语言与具体的计算机硬件结构有关,不同的计算机硬件配置有不同的机器语言。机器语言程序编写难度大,难学、难写、难记,功能简单,程序的可靠性、可维护性及可移植性差。初期,只有极少数计算机专业人员会编写机器语言程序。

1.3.2　汇编语言

为了解决机器语言存在的突出问题,使编程更容易,计算机科学家发明了汇编语言(Assembly Language)。汇编语言是用一些容易让人理解和记忆的助记符来表示机器语言中的二进制指令的语言,用汇编语言编写的程序比机器语言编写的程序提高了可读性、可靠性和可维护性。

例如,计算 A＝2＋3 的汇编语言程序如下:

```
MOV  A,2H        ------- 把 2 放入累加器 A 中
ADD  A,3H        ------- 3 与累加器 A 相加,结果存入 A 中
OUTL BUS, A      ------- 将累加器数 5 从总线输出
```

可见在汇编语言中,指令的操作符是用 MOV、ADD 之类的助记符表示的,操作数也用易理解的数字或符号来表示,因此指令的含义变得容易理解。

虽然用汇编语言书写程序对程序员来说难度比机器语言降低了,但是计算机并不能直接理解汇编语言,这就需要一个称为汇编器的程序(汇编软件)作为翻译,将汇编语言程序翻译成机器语言程序。通过汇编器的"翻译",让程序员"说"的汇编语言程序能被计算机"听"懂并执行。汇编语言编写的程序叫做"源程序",翻译后的机器语言程序叫做"目标程序"。

汇编语言编写的程序执行速度快、运行效率高,如今在嵌入式等系统中仍然非常有用。但是汇编语言同机器语言并没有本质区别,同样与计算机硬件结构有关,不同的计算机硬件配置有不同的汇编语言。汇编语言程序不容易编写、理解、维护和移植。

机器语言和汇编语言是完全依赖于具体机器结构的,是面向机器的语言,因为它们"贴近"计算机,因此称为低级语言。

1.3.3　高级语言

为了克服低级语言的缺点,20 世纪 50 年代创造出了第一个计算机高级语言——FORTRAN 语言。高级语言(High Level Language)相对于低级语言有很多优点,吸收了人们习惯使用的自然语言(英语)和数学语言的某些成分,易学、易读、易于编写、可靠性高、可维护性好。高级语言与计算机硬件无关,能够独立于机器,编写的程序可以移植到各种计算机上执行。

例如,计算 A＝2＋3 的 FORTRAN 语言程序如下:

```
A = 2 + 3
PRINT *,A
```

程序中用到的语句和指令是用英文单词表示的,所用的运算符和运算表达式同人们日常所用的数学式子差不多,计算 2＋3 并在屏幕输出,还可以只用一句"PRINT ＊,2＋3"完成。显然这很容易理解并学会使用。

用高级语言编写的程序,计算机不能直接识别与执行。为了能让计算机理解并执行,同样要先将高级语言程序翻译成机器语言程序。

高级语言的翻译有两种方式:编译和解释。

编译执行方式是由编译器(Compiler)将高级语言程序(Source Program,源程序)完整

地翻译成等价的机器语言程序(Object Program,目标程序),然后让计算机执行,如图 1.2 所示。

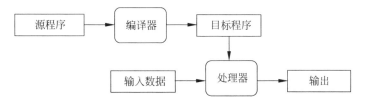

图 1.2　高级语言编译执行方式

编译的特点是:整个源程序一旦翻译完毕,以后就可以在任何时候多次执行目标代码,再也不需要编译器的参与。就像翻译家将一本英文小说笔译成中文版,这是一次性的工作,作为翻译结果的中文译本可以多次阅读。以编译方式处理源程序,对目标程序可以进行很多细致的优化,从而提高程序的执行速度。就像翻译家对中译本可以精雕细琢,从而达到"信达雅"的境界。

解释执行方式是由解释器(Interpreter)直接分析并执行高级语言程序,如图 1.3 所示。

图 1.3　高级语言解释执行方式

解释的特点是:对源程序总是临机进行解释和执行。就像外交部的口译人员所做的工作,国家领导人说一句中文,口译者立即将它翻译成英文;即使领导人后来说了同样的话,口译者还是要重新翻译,无法利用以前的翻译结果。解释执行的处理方式无法利用上下文信息进行优化,导致程序执行速度较慢,正如口译者无法琢磨最佳译文一样。但解释性语言具有更灵活的编程环境,可以交互式地输入程序语句并立即执行。

前面已提到高级语言的可移植性,这正是因为高级语言先翻译、后执行的特点。只要一台计算机上有合适的编译器或解释器,用某种高级语言编写的程序就可以在该计算机上执行。

编译器和解释器本身也是程序,这种程序所执行的计算就是将别的程序翻译成机器能够理解的指令。为了让一台计算机能够执行某种高级语言程序,必须先在这台计算机上安装特定高级语言的编译器或解释器程序。

迄今为止,人类已发明了数百种高级编程语言,如 C、Java、C++、Visual Basic、Visual C++、PHP、Python、FORTRAN 等。不同语言的细节不尽相同,但一些基本语言构造在绝大多数语言中都存在,如输入输出、基本数学运算、有条件的执行和重复执行等。一般只要掌握了一种编程语言,再去学习其他语言也会变得容易。本书选择的是 FORTRAN 语言,这是世界上最早出现的高级语言。FORTRAN 在科学计算领域庞大的用户基础是其他语言所无法比拟的,尤其是对于老一辈科学家,FORTRAN 更是犹如母语一般。对于一些大型的、涉及复杂科学计算方法的程序,主要以 FORTRAN 居多,如数值气象预报程序、航天器轨道计算、许多有限元软件的编写程序等。

1.4　算　　法

我们已经知道,程序是解决某个问题所必须执行的指令序列。编程解决一个问题时,首先要找出解决问题的方法,该解决方法一般会先以非形式化的方式表述成由一系列可行的步骤组成的过程,然后用形式化的编程语言去实现该过程。这种解决特定问题的、由一系列明确可行的步骤组成的过程,称为算法(Algorithm)。算法表达了解决问题的核心步骤,反映的是程序的解题逻辑。

算法并不是随着计算机的发明才出现的。早在两千多年前,古希腊数学家欧几里得就发明了一种求两个自然数的最大公约数的过程,这个过程被认为是史上第一个算法。

【欧几里得算法】

第 1 步：输入自然数 a,b。

第 2 步：令 r 为 a/b 所得余数。

第 3 步：若 r=0,则计算结束,b 即为答案,进入下一步；

　　　　　否则置 a⇐b,b⇐r,转到第 2 步。

第 4 步：输出 a、b 的最大公约数。

可以看出,算法通过明确定义一步步的过程来解决问题。

利用计算机解决问题的关键就在于设计出合适的算法,当今计算机在各行各业中的成功应用根本上说都取决于高效算法的发明。例如,谷歌公司的创建者发明了更合理的网页相关性排名算法,从而使 Google 成为最成功的搜索引擎；MP3、MP4 播放器依靠音频视频压缩算法来节省存储空间；GPS 导航仪利用高效的最短路径算法来规划最短路线；等等。

1.4.1　算法的特征

算法是由一系列步骤构成的计算过程,但并不是随便用一些步骤都能构成合法的算法。算法必须具有以下特征。

(1) 有穷性。算法的执行步骤总是有限制的,即一个算法必须在执行有穷步后结束。并且,任何算法必须在有限的时间(合理的时间)内完成。显然,一个算法如果永远不能结束或需要运行相当长的时间才能结束,这样的算法是没有使用价值的。例如,让计算机执行一个历时 100 年才结束的算法,这虽然是有穷的,但超过了合理的限度,也不能把它视作有效算法。

(2) 确定性。算法中的每一步骤必须表达明确的含义,不能有歧义性。例如,两位同学约会,甲对乙说"我在 110 等你",这个步骤就是不确定的,表现在两个方面,第一是地点上的不确定,到底是在五教 110,还是在八教 110,或者是在 110 报警亭；第二就是时间上的不确定,到底是哪一天的几点。这都给对方非常模糊的概念,不是有效的算法步骤。

(3) 可执行性。算法中的每一个步骤都必须具备明确的可操作性,能被有效地执行,并得到确定的结果。例如,当 B 是一个很小的实数时,A/B 在代数中是正确的,但在算法中是不正确的,它在计算机上无法执行；要使 A/B 能正确执行,必须在算法中控制 B 满足条件 $|B|>\delta$,δ 是一个计算机允许的、合理小的实数。在设计算法时,要选择合适的步骤,既要确保所有步骤处于计算机能力范围内,又要使算法的逻辑容易理解。

（4）大于等于零个数据输入。一般的程序都会要求若干个输入信息，即要加工处理的"原料"。但是，有些特殊提名的"原料"也可以在程序中自动产生，此时可以没有输入。

（5）至少有一个数据输出。算法的目的是为了解决一个给定的问题，解决的最终目的就是给出最后的计算结果，即"解"，所谓"解"就是输出。算法在执行过程中必须有至少一个输出操作，即算法中必须有输出数据的步骤。但是算法的输出不一定就是计算机的打印输出。一个算法得到的结果就是算法的输出，没有输出步骤的算法是毫无意义的。

1.4.2　算法评价指标

在算法设计中，只强调算法特性还不够，我们还要考虑算法的质量问题。用计算机解决一个问题，可能有若干个不同的求解算法，从中要找到最适合的算法。评价算法质量常用以下 5 个指标。

（1）正确性。算法的正确性是评价一个算法优劣的最重要的标准。算法的正确性不能主观臆断，必须经过严格验证。

（2）高效率。这里的效率包括时间和空间两个方面。一个好的算法应该是执行速度快、运行时间短、占用内存空间少的算法。

（3）可读性。一个好的算法应是一个人们容易阅读理解的算法。好的可读性有助于确保正确性。采用科学、规范的设计方法可提高算法的可读性和正确性。

（4）通用性。一个好的算法要尽可能适用于一类问题的求解，提高通用性，而不是针对个体。

（5）容错性。容错性是指一个算法对不合理数据输入的反应能力和处理能力，也称为健壮性。

1.4.3　算法的表示

为了表述一个算法，需要选择合适的描述工具。常用的有自然语言、流程图、N-S 流程图、PAD 图、伪代码等。

1. 用自然语言表示算法

自然语言就是人们日常使用的语言，可以是汉语、英语或其他文字。用自然语言表示算法通俗易懂、灵活多样，但文字冗长，容易产生歧义。因此，除了那些简单的问题和对初学者来说，在算法设计中一般不使用自然语言表示算法。

【例 1-1】　输入三个数 a、b、c，计算它们的算术平均值和几何平均值。设计并用自然语言描述其算法。

第 1 步：输入三个数 a、b、c。

第 2 步：利用公式 $\dfrac{a+b+c}{3}$ 计算算术平均值，并赋值给 ave1。

第 3 步：利用公式 $\sqrt[3]{a\times b\times c}$ 计算几何平均值，并赋值给 ave2。

第 4 步：输出计算结果。

第 5 步：结束。

这里 ave1、ave2 是定义的两个变量，作用是存放计算的结果。用 S1、S2…代表第 1 步、第 2 步…，S 是 Step(步)的缩写，这是写算法的习惯用法。算法可改写如下：

S1：输入三个数 a,b,c

S2：$(a+b+c)/3 \Rightarrow ave1$

S3：$\sqrt[3]{a \times b \times c} \Rightarrow ave2$

S4：输出 ave1 和 ave2 的值

S5：结束

【例 1-2】 求解一元二次方程 $ax^2+bx+c=0$ 的实根。设计并用自然语言描述其算法。

S1：输入方程系数 a,b,c

S2：$b^2-4ac \Rightarrow d$

S3：若 d≥0,则转到 S4,否则转到 S8

S4：$\dfrac{-b+\sqrt{d}}{2a} \Rightarrow x1$

S5：$\dfrac{-b-\sqrt{d}}{2a} \Rightarrow x2$

S6：输出 x1 和 x2 的值

S7：转到 S9

S8：输出"该方程无实根。"

S9：结束

【例 1-3】 计算并输出 $1 \times 2 \times 3 \times 4 \times 5$ 的结果。设计并用自然语言描述其算法。

S1：$1 \Rightarrow p$

S2：$1 \Rightarrow i$

S3：若 i≤5,则转到 S4,否则转到 S7

S4：$p * i \Rightarrow p$

S5：$i+1 \Rightarrow i$

S6：转到 S3

S7：输出 p 的值

S8：结束

2. 用流程图表示算法

流程图使用图形表示算法,是用一些图框来表示各种操作。用流程图表示算法直观形象,易于理解。美国国家标准化协会(American National Standard Institute,ANSI)规定了一些常用的流程图符号,见图 1.4,已为各国程序设计者普遍采用。

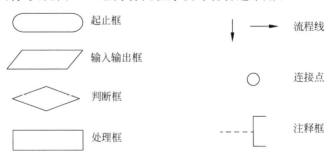

图 1.4 流程图符号

【**例 1-4**】　将例 1-1 的算法用流程图表示。输入三个数 a、b、c, 计算它们的算术平均值和几何平均值, 如图 1.5 所示。

【**例 1-5**】　将例 1-2 的算法用流程图表示。求解一元二次方程 $ax^2 + bx + c = 0$ 的实根, 如图 1.6 所示。

【**例 1-6**】　将例 1-3 的算法用流程图表示。计算并输出 $1 \times 2 \times 3 \times 4 \times 5$ 的结果, 如图 1.7 所示。

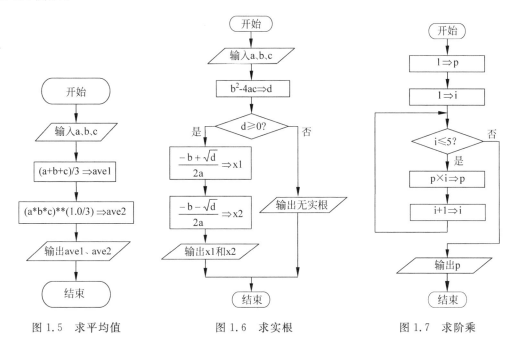

图 1.5　求平均值　　　　　图 1.6　求实根　　　　　图 1.7　求阶乘

为了提高算法的质量, 使算法的设计和阅读方便, 人们设想, 如果规定出几种基本结构, 由这些基本结构按一定规律组成一个算法结构(如同用一些基本构件来搭积木一样), 整个算法的结构是由上而下地将各基本结构排列起来, 这样算法的质量就能得到保证和提高。

1966 年, Bohra 和 Jacopini 提出了三种基本结构: 顺序结构、选择结构和循环结构, 如图 1.8 所示, 用来表示一个良好算法的基本单元。

三种基本结构有以下共同特点。

(1) 只有一个入口。图 1.8(a)~图 1.8(f)中的 a 点为入口点。

(2) 只有一个出口。图 1.8(a)~图 1.8(f)中的 b 点为出口点。注意, 一个菱形判断框有两个出口, 而一个选择结构只有一个出口, 不要混淆。

(3) 结构内的每一部分都有机会被执行到。

(4) 结构内不存在"死循环"(无终止循环)。

已经证明, 由以上三种基本结构顺序组成的算法结构可以解决任何复杂问题。由基本结构所构成的算法属于"结构化"算法。

3. 用 N-S 流程图表示算法

用基本结构的顺序组合可以表示任何复杂的算法结构, 那么, 基本结构之间的流程线就可以去掉了。1973 年, 美国学者 I. Nassi 和 B. Shneiderman 提出了一种新的表述算法的

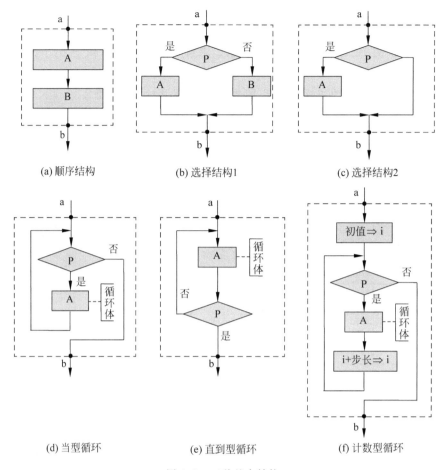

(a) 顺序结构　　　　(b) 选择结构1　　　　(c) 选择结构2

(d) 当型循环　　　　(e) 直到型循环　　　　(f) 计数型循环

图 1.8　三种基本结构

流程图形式——N-S 流程图。N-S 流程图中完全去掉了带箭头的流程线,全部算法写在矩形框内,框内可以包含其他从属于它的框。N-S 流程图适于结构化程序设计,提高了可靠性。

N-S 流程图符号比较简单,三种基本结构如图 1.9 所示。

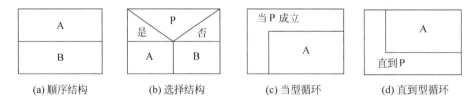

(a) 顺序结构　　　　(b) 选择结构　　　　(c) 当型循环　　　　(d) 直到型循环

图 1.9　用 N-S 流程图表示三种基本结构

【例 1-7】　将例 1-2 的算法用 N-S 流程图表示。求解一元二次方程 $ax^2 + bx + c = 0$ 的实根,如图 1.10 所示。

【例 1-8】　将例 1-3 的算法用 N-S 流程图表示。计算并输出 $1 \times 2 \times 3 \times 4 \times 5$ 的结果,如图 1.11 所示。

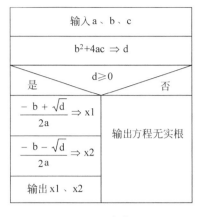

图 1.10　求实根

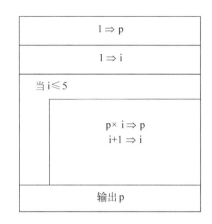

图 1.11　求阶乘

1.5　程序设计

给定一个问题,当我们找到解决问题的算法后,接着就需要用某种计算机语言将这个算法表达出来,最终得到一个能被计算机执行的程序(或代码),这个过程称为实现,也称为写代码(Coding)。

算法是用非形式化方式表述的解决问题的过程,程序是用形式化编程语言表述的精确代码。这样,算法设计和编写程序代码就分别是用计算机解决问题时的两个不同阶段。我们经常在广义上使用"程序设计"这个术语来泛指从问题分析到编码实现的计算机解题全过程。

从某种意义上来说,程序设计的出现甚至早于电子计算机的出现。英国著名诗人拜伦的女儿爱达·勒芙蕾丝曾设计了巴贝奇分析机上计算伯努力数的一个程序,她甚至还创建了循环和子程序的概念。由于她在程序设计上的开创性工作,爱达·勒芙蕾丝被称为世界上第一位程序员。

1.5.1　程序设计步骤

程序设计过程包括分析、设计、编码、调试、编写文档等不同阶段。

(1) 分析问题。对于接受的任务要进行认真的分析,研究所给定的条件,分析最后应达到的目标,找出解决问题的规律,选择解题的方法,完成实际问题。

(2) 设计算法。即设计出解题的方法和具体步骤,是程序设计的核心。

(3) 编写程序。将算法翻译成计算机程序设计语言,编写成程序代码。

(4) 运行程序,分析结果。运行可执行程序,得到运行结果。能得到运行结果并不意味着程序正确,要对结果进行分析,看它是否合理。不合理就要对程序进行调试(即通过上机发现和排除程序中的故障的过程)。

(5) 编写程序文档。许多程序是提供给别人使用的,如同正式的产品应当提供产品说明书一样,正式提供给用户使用的程序必须向用户提供程序说明书。内容应包括程序名称、程序功能、运行环境、程序的装入和启动、需要输入的数据,以及使用注意事项等。

1.5.2 程序设计方法

为了提高程序设计的质量,提高效率,熟练掌握几种好的程序设计方法是基本前提。程序设计方法种类有很多,主要包括结构化程序设计方法、模块化程序设计方法和面向对象程序设计方法等。不同的计算机语言支持不同的方法,有的计算机语言只支持一种特定方法,有的则支持多种方法。

1. 模块化程序设计方法

模块化程序设计方法是一个常用的、有效的程序设计方法。采用从全局到局部的自顶向下设计方法,将复杂程序分解成许多较小的模块,解决了所有底层模块后,将模块组装起来构成最终程序。每个模块独立命名,通过模块名来调用、访问和执行,模块间相互协调,共同完成特定任务。

理论上,模块应分解得越细越好,但这样模块数会越来越多。实际上,模块数的增加会导致模块间接口复杂度增加而效率降低,所以模块数不宜太多,而是应选择合适的模块数。

2. 结构化程序设计方法

结构化程序设计方法是目前程序设计中采用的主要方法之一。结构化程序设计概念是由著名的计算机科学家 E. W. Dijikstra 在 1965 年提出的。结构化程序设计方法使用规范的控制流程来组织程序的处理步骤,形成层次清晰、边界分明的结构化构造,每个构造具有单一的入口和出口,从而使程序易于理解、排错、维护和验证正确性。方法中的三种基本控制结构是顺序结构、选择结构、循环结构。结构化程序设计的要点是以模块化设计为中心,采用自顶向下、逐步求精方法,使用三种基本结构构造程序。

3. 面向对象程序设计方法

模块化和结构化程序设计方法属于传统程序设计方法,要一步步地描述出解题的过程,是面向过程的设计方法。而面向对象编程方法是以数据和操作融为一体的对象作为基本单位来描述复杂系统的,通过对象之间的相互协作和交互实现系统的功能。面向对象程序设计推广了程序的灵活性和可维护性,在大型项目设计中广为应用。此外,面向对象程序设计要比传统的设计方法更便于学习,因为它能够让人们更简单地设计并维护程序,使得程序更便于分析、设计、理解。

程序设计具有一定的挑战性,其中的算法设计是具有创造性的活动,要求设计者具备问题求解能力和想象力,能从宏观上把握问题的求解逻辑;而编程实现算法则是相对机械的活动,要求程序员具有严谨细致的作风,能在微观上关注细节。通过理论学习和动手实践,大家都能学会程序设计。

学习程序设计有很多好处。首先,计算机已经成为我们生活、学习和工作中普遍使用的工具,学会程序设计能使我们成为计算机的主人,让计算机按我们的意志做事。其次,学习程序设计能够培养我们分析、抽象和解决问题的能力(计算思维),这种能力对日常生活和工作是很重要的。再者,编程也是一种充满乐趣的智力活动,发现巧妙的算法并编程上机运行成功后的成就感也令人快乐。

习　题　1

1. 简述计算机硬件的基本构成和工作原理。

2. 简述计算机系统的构成。

3. 什么是机器语言、汇编语言和高级语言？

4. 简述高级语言的编译和解释过程。

5. 什么是程序和程序设计？

6. 什么是计算？

7. 什么是计算思维？计算思维建立的原则是什么？计算思维的基本应用有哪些？

8. 什么是算法？简述算法的基本特征。

9. 简述常用的程序设计方法。

10. 用流程图或 N-S 流程图描述下列问题的求解算法。

（1）求 $ax^2+bx+c=0$ 的根。分别考虑 $d=b^2-4ac$ 大于 0、等于 0 和小于 0 三种情况。

（2）输入 5 个数，找出最大的一个数并输出。

（3）输出 2000～2200 年中的所有闰年。闰年的条件是：能被 4 整除但不能被 100 整除，或者能被 100 整除又能被 400 整除。

（4）求 $1+2+3+\cdots+50$ 的值并输出。

（5）输入一个班 30 个同学的一门课成绩，求平均分、最高分、不及格人数和不及格率。

第2章

FORTRAN95 概述

教学目标：

- 了解 FORTRAN 语言发展简史；
- 了解 FORTRAN95 语言的特点；
- 掌握 FORTRAN95 程序的基本结构；
- 熟悉 FORTRAN95 的编译环境；
- 掌握 FORTRAN95 编程的上机步骤。

FORTRAN 语言作为一门专门用于科学计算的程序设计语言，始终在科学计算领域占据着举足轻重的地位，拥有着庞大的用户群。目前国内外众多科研机构的许多大型程序都是用 FORTRAN 编写的。

2.1 FORTRAN 语言发展概况

FORTRAN 语言是世界上最早正式推广使用的高级程序设计语言，它主要适用于科学和工程问题的数值计算。FORTRAN 是 Formula Translation 的缩写，译为中文是"公式翻译"，它是为能够用数学公式表达的问题而设计的语言。

1954 年，FORTRAN 被提出。1956 年，第一个 FORTRAN 语言版本在美国诞生，并在 IBM 704 计算机上运行。随后又相继推出了 FORTRAN Ⅱ（1958 年）和 FORTRAN Ⅳ（1962 年）。

1966 年，美国标准化协会（American National Standard Institute，ANSI）在 FORTRAN Ⅳ 的基础上，制定了两级标准版本：FORTRAN（X3.9-1966）和 FORTRAN（X3.10—1966）。这两个版本分别相当于原来的 FORTRAN Ⅳ 和 FORTRAN Ⅱ，并将 FORTRAN（X3.9—1966）标准简称为 FORTRAN66。

1972 年，国际标准化组织（International Standard Organization，ISO）接受了美国标准，在稍加修改后公布了 ISO FORTRAN 语言的三级国际标准，即《程序设计语言 FORTRAN ISO 1539—1972》，分为完全级、中间级和基本级。其中完全级相当于 FORTRAN Ⅳ，基本级相当于 FORTRAN Ⅱ，中间级介于 FORTRAN Ⅱ 和 FORTRAN Ⅳ 之间。

FORTRAN Ⅳ（即 FORTRAN66）流行了十几年，几乎统治了整个数值计算领域。但在结构化程序设计方法提出以后，FORTRAN66 日益无法满足要求，因为 FORTRAN66 并不是一种结构化的程序设计语言。针对这种情况，1976 年，美国标准化协会对 FORTRAN（x3.9—1966）进行了重新修订，吸纳了各计算机厂商的建议，新增了不少功能，并于 1978 年 4 月正式公布了新的 FORTRAN 标准，即 FORTRAN（X3.9—1978）。新标准包括一个全集和一个子集,并定名为 FORTRAN77。1980 年,FORTRAN77 被 ISO 接受为国际标准,即《程序设计语言 FORTRAN ISO 1539—1980》。

　　FORTRAN77 获得了国际上用户的广泛认可和青睐,大多数计算机系统都配备了 FORTRAN77 编译程序。在过去的年代里,FORTRAN77 几乎统治了整个数值计算领域。FORTRAN77 还不是完全的结构化语言,但增加了一些结构化的语句,能用于编写结构化程序。此外,还扩充了字符处理功能,使 FORTRAN 不仅可用于数值计算领域,还适用于非数值计算领域。

　　随着计算机技术的飞速发展,继 FORTRAN 语言之后又出现了一些其他高级语言。尤其是随着面向对象的程序设计方法得到迅速的发展和广泛使用的同时,新推出了一些"面向对象"的程序设计语言。如 Visual Basic 语言、Visual C++语言、Java 语言等。这类新一代的高级语言对 FORTRAN 语言提出了严峻的挑战。20 世纪 80 年代末,为了提高 FORTRAN 语言的使用率和竞争力,FORTRAN 语言现代化研究开始兴起。

　　1991 年,ANSI 公布了新的美国国家标准 FORTRAN ANSI(X3.198—1991)。这一标准被 ISO 确定为国际标准 FORTRAN ISO/TEC1539—1991,称为 FORTRAN 90。FORTRAN 90 不仅仅是将已有的语言进行了标准化,更重要的是发展了 FORTRAN 语言,汲取了其他语言的一些优点,使 FORTRAN 焕发新的生机。新的 FORTRAN 标准废弃了过时的严格的源程序书写标准,改善了语言的正规性,并提高了程序的安全性,功能有了更大的扩充,是一个能适应现代程序设计思想的现代程序设计语言。FORTRAN 语言虽然历史悠久,但其强大的生命力在于它能跟紧时代的发展,不断地更新标准,每次新版本推出都在功能上有一次突破性进展。

　　1997 年,ISO 对外公布了 FORTRAN95。FORTRAN95 是 FORTRAN 90 的修正版,增加了新功能,强化了并行计算能力,是具有强烈现代特色的语言,成为目前科学计算领域的最佳程序设计语言。

　　2003 年 FORTRAN2003 发布,支持面向对象编程。2008 年,FORTRAN2008 发布,对 FORTRAN2003 进行了小幅改动。

　　学习 FORTRAN 语言的意义在于继承传统和紧跟时代。FORTRAN 的目的是为了产生高效的、最优化的可执行程序,用 FORTRAN 编写的大型科学计算软件具有明显优势,编程更为自然和高效,且易学易懂。本书以 FORTRAN95 标准作为编写依据。

2.2　FORTRAN95 语言的特点

FORTRAN90 这一版本作为 ANSI 标准,增加了以下新特性。

(1) 自由格式源代码输入以及小写的 FORTRAN 关键字。

(2) 模块将有关联的过程和数据组合在一起,使它们可以被其他程序单元调用,包括允许限制一些模块的特定部分访问。

(3) 改善了参数传递机制,允许在编译时检查接口。

(4) 通用过程的用户自定义接口。

(5) 引入用户定义的数据类型和派生/抽象数据类型,提高了处理能力。

(6) 引入了数组整体(或局部数组)运算,简化了数学和工程计算。这些特性包括整体、部分和通配的数组赋值(比如用 WHERE 语句做选择性赋值等)、数组常数和表达式、用户定义的数组函数和数组构造,数组运算功能更强大。

(7) 通过 ALLOCATABLE 属性,ALLOCATE 和 DEALLOCATE 语句动态分配内存。

(8) 引入指针概念,便于创建和操作动态数据结构。

1997 年,FORTRAN95 发布,与 FORTRAN90 相比较又增加了以下全新功能。

(1) FOR ALL 语句与结构。

(2) WHERE 结构的扩展。

(3) 引入纯(PURE)过程。

(4) 逐元(ELEMENTAL)过程。

(5) 默认初始化。

(6) 标准函数 CEILING、FLOOR、MAXLOC、MINLOC 的扩展。

(7) 引入 NULL 标准函数。

(8) 引入 CPU_TIME 子例行程序。

(9) 可分配数组的动态去分配,即对自动脱离作用域的数组进行再分配。

(10) 在名称列表输入里面使用注释。

(11) 在使用数值格式输出时,可进行最小域宽格式说明。

(12) 用于支持 IEEE 754/854 浮点运算标准的某些修改,区分＋0 和－0。

FORTRAN95 的先进性体现在以下几个方面。

(1) 增加了许多具有现代特点的项目和语句,用新的控制结构实现选择与循环操作,真正实现了程序的结构化设计。

(2) 增加了结构块、模块及过程调用的灵活性,使源程序易读易维护。

(3) 吸收了 C 和 Pascal 语言的长处,淘汰或拟淘汰原有过时的语句,加入现代语言的特色。

(4) 在数值计算的基础上,进一步发挥了计算的优势,增强了并行计算功能。新增了许多先进的调用手段,扩展了操作功能。

(5) 增加了多字节字符集的数据类型及相应的内部函数。允许在字符数据中选取不同种别,在源程序字符串中可以使用各国文字和各种专用符号,对非英语国家使用计算机提供了更大更有效的支持。

(6) FORTRAN 早期版本的程序仍能在 FORTRAN95 编译系统下运行,即具有向下兼容性。

2.3　简单的 FORTRAN95 程序分析

为了使读者对 FORTRAN95 程序有一个初步的了解,下面通过三个简单的 FORTRAN95 源程序做介绍。

【例 2-1】　输入三个数 a、b、c,计算它们的算术平均值和几何平均值。

第 1 章中已经给出此题的算法,这里直接通过 FORTRAN 语言将算法表述出来,实现程序编写(编码)。

FORTRAN95 源程序如下：

```
REAL A,B,C,AVE1,AVE2          !变量定义说明
READ * ,A,B,C                 !输入变量 A、B 和 C 的值
AVE1 = (A + B + C)/3          !计算算术平均值
AVE2 = (A * B * C) ** (1.0/3) !计算几何平均值
PRINT * ,"算术平均值为:",AVE1  !输出 AVE1 的值
PRINT * ,"几何平均值为:",AVE2  !输出 AVE2 的值
END                           !结束语句
```

程序结构和含义分析

第 1 行是类型说明语句，作用是通知编译系统定义（说明）变量。这里定义 A、B、C、AVE1、AVE2 变量为实型变量，目的是在计算机的内存单元中开辟 5 个与变量相对应的存储空间，以便存放要计算机去计算的数据和计算结果。

第 2 行是输入语句，执行此语句时，计算机等待用户从键盘输入三个数据，将其分别存放到 A、B、C 变量中。

第 3、4 行是赋值语句，也是计算部分。计算表达式(A+B+C)/3.0，求出算术平均值，赋值给变量 AVE1，即将计算结果保存到变量 AVE1 中；计算表达式(A * B * C) ** (1.0/3)，求出几何平均值，赋值给变量 AVE2。程序中的表达式是数学表达式的 FORTRAN 表示方式。

第 5、6 行是输出语句，分别输出保存在变量 AVE1 和 AVE2 中的算术平均值和几何平均值。

第 7 行是 END 语句，表示程序结束，每一个程序单元结束都要由 END 语句作为标志。

另外，程序中"!"后是对程序的注释。注释是非常重要的一部分，没有注释不能算合格的程序，通过注释能够使程序更清晰、容易阅读。

程序运行结果如图 2.1 所示。

图 2.1 例 2-1 运行结果

【例 2-2】 求解一元二次方程 $ax^2 + bx + c = 0$ 的实根。

FORTRAN95 源程序如下：

```
REAL A,B,C,D,X1,X2
READ * ,A,B,C
D = B * B - 4 * A * C
IF(D > = 0)THEN
  X1 = ( - B + SQRT(D))/(2 * A)
  X2 = ( - B - SQRT(D))/(2 * A)
  PRINT * ,"X1 = ",X1
  PRINT * ,"X2 = ",X2
ELSE
  PRINT * ,"该方程无实根."
ENDIF
END
```

程序结构和含义分析

第 1 行定义了 A、B、C、D、X1、X2 六个实型变量。

第 2 行是输入语句,从键盘输入方程的三个系数,分别存放到变量 A、B、C 中。

第 3 行是赋值语句,计算表达式 $B*B-4*A*C$ 的值,即求 $\triangle$ 的值,赋值给变量 D。

第 4～11 行是块 IF 结构,实现选择结构,先进行条件判断,判断条件表达式 D≥0 是否成立。如果成立,则执行 THEN 块部分,即第 5～8 行语句,分别计算出方程的实根 X1 和

图 2.2 例 2-2 运行结果

X2 的值并输出,执行结束后程序流程会跳到第 12 行;否则执行 ELSE 块,即第 10 行语句,输出方程无实根信息,执行结束后程序流程会跳到第 12 行。

第 12 行是 END 语句,表示程序结束。

程序运行结果如图 2.2 所示。

【例 2-3】 分别输出 N 为 5、7、10 时的 N!。

可以用一个子程序来求阶乘值,通过调用求阶乘子程序分别求出 N 为 5、7、10 时的阶乘值并输出。FORTRAN95 源程序如下:

```
PROGRAM EXAM2_3
PRINT * ,"N = ",5, "N!= ", FAC(5)
PRINT * ,"N = ",7, "N!= ", FAC(7)
PRINT * ,"N = ",10, "N!= ", FAC(10)
END


FUNCTION FAC(N)
INTEGER N
FAC = 1
DO I = 1,N
  FAC = FAC * I
ENDDO
END
```

程序结构和含义分析

源程序由两部分构成。第 1～5 行是主程序单元,第 7～13 行是子程序单元。

先对子程序做简要说明。子程序单元的第 1 行(源程序中的第 7 行)是函数子程序语句,定义一个函数名 FAC,此子程序有一个自变量 N(虚参),在调用这个子程序时要给它带入一个具体的值(实参)。第 2 行是变量定义(说明)语句,说明自变量 N 是整型变量。第 3 行给 FAC 赋初值 1。第 4～6 行通过 DO 循环,求调用此子程序时代入的 N 值的阶乘,结果保存在 FAC 中。第 7 行,END 表示子程序到此结束,返回调用程序(主程序)。

再看主程序。第 1 行是程序语句,表示主程序,它的作用是为程序起个名字,以便识别,这里命名为 EXAM2_3(意为"例 2-3")。好的编程风格是明确给出 program,尽管也可以忽略(如前两个例题),但是不推荐这样做。第 2～4 行是输出语句。以第 2 行为例,其中 FAC(5)的作用是调用函数子程序 FAC,在调用时用数 5 代入子程序的 N,通过执行子程序求出 5!。同样,主程序的第 3 行用调用子程序 FAC,将 7 代入,求出 7!。第 4 行用调用子程序 FAC,求出 10!。

在此只对子程序的概念做很简单的介绍,不要求深入了解。第 9 章将详细介绍其概念

和应用。

程序运行结果如图 2.3 所示。

从例 2-3 可以知道以下几点。

(1) 一个 FORTRAN 程序由一个或若干个
程序单元组成。FORTRAN95 程序单元包括主
程序单元、外部子程序单元、模块单元、数据块单
元。一个程序中必须要有且只能有一个主程序

图 2.3 例 2-3 运行结果

单元。在解决一个比较复杂的问题时,可以分别将每一个功能编为一个相应程序单元,然后
像搭积木一样将各有关程序单元组成一个程序。一个程序单元就是一个模块,结构化程序
设计方法需要采用模块化方法。

(2) 每一个程序单元都是以 END 结束。

(3) FORTRAN 程序的基本成分是语句。FORTRAN 语句分为可执行语句和非执行
语句。可执行语句是计算机在运行时产生某些操作,如赋值语句、输入输出语句等。非执行
语句将有关信息通知编译系统,以便在编译时做出相应的处理,如类型说明语句、程序语句、
函数子程序语句等。

(4) 一个程序单元中各类语句的位置是有一定规定的。例如,PROGRAM 语句应是主
程序单元的第一个语句,FUNCTION 语句是函数子程序单元的第一个语句,END 语句只
能在程序单元中的最后一行。在以后的学习中,在书写程序代码时请注意语句所在位置。

2.4 FORTRAN95 编译环境与上机步骤

要编写并运行程序,需要相应的开发工具。最早微软公司推出 Microsoft FORTRAN
PowerStation 4.0 开发环境,用于 FORTRAN90 的开发。1997 年 3 月,微软和数据设备公司
(Digital Equipment Corp, DEC)合作研究,开发和推出了 Digital Visual Fortran 5.0。
1998 年 1 月,DEC 与 Compaq 公司合并,DEC 成为 Compaq 公司的全资子公司,其后又推出
Compaq Visual Fortran (CVF)。目前流行的 FORTRAN 编译器还有 Intel Visual Fortran
(IVF)、G95、GFORTRAN 等。

本书以 Compaq Visual Fortran 6.5 为集成开发环境,介绍上机的基本知识与步骤,包
括进入和退出环境,了解常用界面,建立工作空间、项目(工程)、文件、存储与运行程序等。
在实验指导书中还将介绍 IVF 开发环境。

Compaq Visual Fortran 6.5 提供了 Microsoft Developer Studio 可视化集成开发环境。
它将文本编辑器、资源编辑器、项目创建工具、增量连接器、源程序浏览器、程序调试器、信息
查询器等集成在一起,以可视化形式进行程序的编辑、编译、调试、运行等。用户在统一的视
窗界面上操作完成程序的设计和开发。微软公司的许多软件产品(Visual Fortran、Visual
C++、Visual Basic 等)允许共享 Microsoft Developer Studio。

2.4.1 Compaq Visual Fortran 6.5 的安装与启动

Compaq Visual Fortran 6.5 的安装方法与其他应用程序的安装类似。
启动应用程序方法有以下几种。

① 双击桌面上 Microsoft Developer Studio 图标。

② 选择菜单"开始"|"所有程序"|Compaq Visual Fortran 6|Developer Studio，如图 2.4 所示。

(a) 通过菜单启动　　　　　　　　　　　　　(b) 程序启动界面

图 2.4　Compaq Visual Fortran 6.5 启动过程

③ 选择菜单"开始"|"运行"，通过运行菜单项启动。

启动 Compaq Visual Fortran 6.5 后将看到如图 2.5 所示的应用程序窗口。

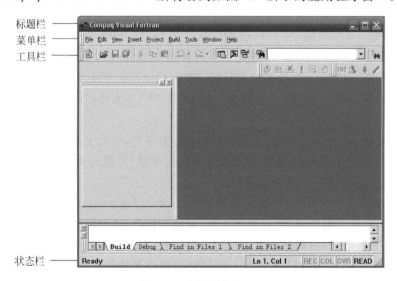

图 2.5　应用程序窗口

2.4.2　上机步骤

FORTRAN 程序上机运行一般要经过输入（编辑）源程序、编译源程序、连接生成可执行文件以及调试运行程序几个步骤。

按照程序设计步骤,遇到一个问题后,首先要对问题进行分析,给出求解算法(流程图),根据算法编写出程序代码(源程序),然后进入上机过程。下面以2.3节中的三个例题为例,介绍FORTRAN程序上机运行的步骤和过程。具体操作如下。

1. 创建工作空间

第一次创建FORTRAN程序时,首先应在磁盘上建立一个工作空间,即创建一个文件夹,文件夹里有两个管理文件,通过工作空间来合理地组织、管理项目和相关联文件。这里建立一个名为forpro的工作空间。

创建步骤如下。

① 选择 File|New菜单,如图2.6所示,弹出New对话框,选择Workspaces选项卡。

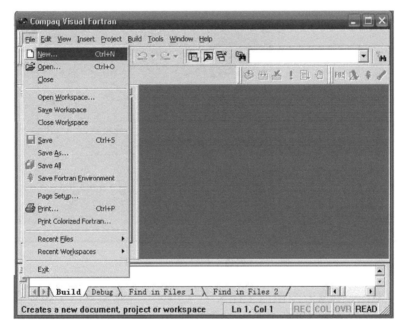

图2.6 创建工作空间——菜单项

② 在名称和位置文本框中分别输入工作空间名称和路径。路径可以通过单击右侧按钮打开浏览窗口查找和定位,如图2.7所示。

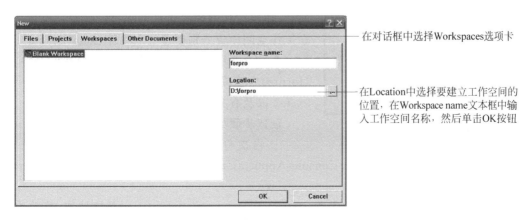

图2.7 创建工作空间——对话框

③ 单击 OK 按钮,创建完成新的工作空间,回到 Developer Studio 主窗口。

建立新的工作空间后,会在 Developer Studio 主窗口的工作空间管理窗口内建立新的选项卡 FileView,同时显示"Workspace 'forpro':0 project(s)",指出工作空间名称和项目数,如图 2.8 所示。

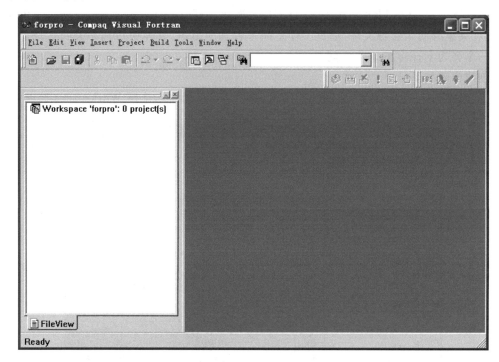

图 2.8 创建工作空间——成功后

这时在 D 盘上已创建一个新的文件夹 D:\forpro,并且生成两个工作空间管理文件 forpro.opt 和 forpro.dsw。以后要打开工作空间 forpro,也可以直接双击 forpro.dsw 文件,如图 2.9 所示。

图 2.9 工作空间文件夹

2. 创建项目

开发工具通过项目(工程,Project)来管理源程序文件,并一起作为编译程序单位,因此,建立工作空间后,还要在其中建立自己的项目。针对三个例题,在工作空间中应分别创建三个项目 exam1、exam2 和 exam3。创建项目的同时会在工作空间文件夹 (forpro)内生成三个新的子文件夹 exam1、exam2 和 exam3 以及有关项目管理文件。

创建步骤如下。

① 再次打开 New 对话框,选取 Projects 选项卡,选择应用程序类型为 Fortran Console Application 即控制台应用程序,指定运行平台,如图 2.10 所示。

② 在名称文本框中输入项目名称,选中 Add to current workspace 单选按钮,单击 OK

按钮,如图 2.11 所示。

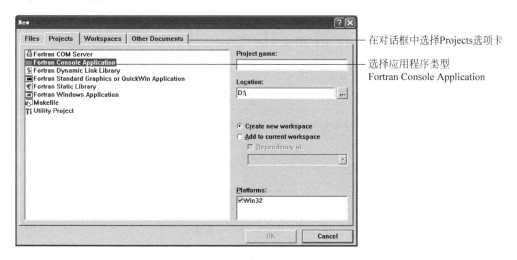

图 2.10 创建项目——步骤 1

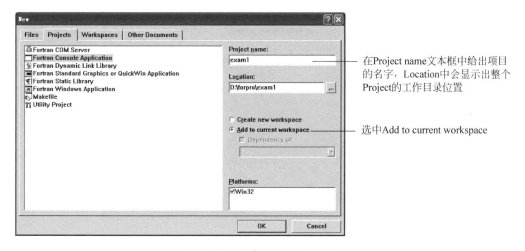

图 2.11 创建项目——步骤 2

③ 在弹出的对话框中选中 An empty project 选项,单击 Finish 按钮,如图 2.12 所示。Visual Fortran 6.5 以前的版本不会有这个界面,而是直接跳过。

④ 在弹出的对话框中单击 OK 按钮,如图 2.13 所示,即可完成新项目的创建,返回Developer Studio 主窗口。这个对话框也只在新版本 Visual Fortran 6.5 中才会出现,它显示 Project 打开后自动生成的文件。

建立新的项目后,会在 Developer Studio 主窗口的工作空间管理窗口内 FileView 选项卡中添加新建立的项目 exam1 files,同时显示工作空间中的项目个数,如图 2.14 所示。建立完成后的应用程序主窗口中,目前还没有任何源程序。在工作空间文件夹 forpro 中自动生成项目文件夹 exam1,在 exam1 文件夹中生成项目管理文件 exam1.dsp,如图 2.15所示。

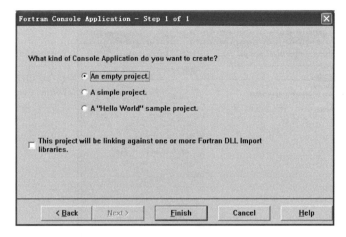

图 2.12　创建项目——步骤 3

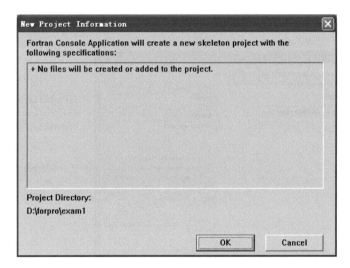

图 2.13　创建项目——步骤 4

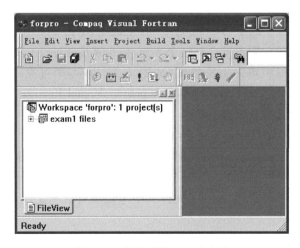

图 2.14　创建项目——成功后

图 2.15　创建项目——相应的文件夹

3. 创建源程序文件

创建完成一个项目（Project）后，还没有源程序文件，因此要在 Project 中创建和编辑源程序文件。这里建立例 2-1 的源程序文件 1.f90。

创建步骤如下。

① 再次打开 New 对话框，选择 Files 选项卡，选择文件类型为 Fortran Free Format Source File，建立自由格式的 FORTRAN 源程序，如图 2.16 所示。

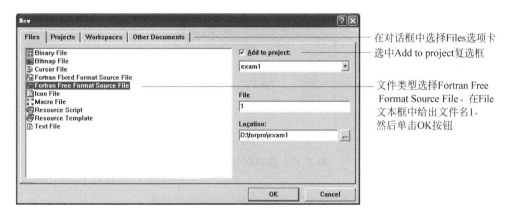

图 2.16　创建源程序文件

② 选中 Add to project 选项，在 File 文本框中键入源程序文件名。

③ 单击 OK 按钮，创建完成新的源程序文件，回到 Developer Studio 主窗口。

建立源程序文件后，会在 FileView 选项卡中项目 exam1 下添加新建立的源程序文件 1.f90，同时会在右侧打开一个空白文档窗口，用户在文档窗口中输入（编辑）源程序，如图 2.17 所示。同时在文件夹 D:\forpro\exam1 下生成文件 1.f90，如图 2.18 所示。

4. 编译源程序文件

源程序输入（编辑）完成后，需要对源程序进行编译。在编译过程中检查、发现以及排除错误，编译通过后生成中间文件（扩展名为 .obj，又称目标文件），以便连接和运行。

编译前可根据需要设定有关参数，这里不再讲解，一般采用默认设置。

对项目内源程序文件进行编译，可采用以下 4 种操作方式。

① 选择 Build|Compile 1.f90 命令，执行编译，如图 2.19 所示。

② 单击 Build 工具栏中的编译按钮 🔽，执行编译。

③ 按 Ctrl＋F7 键。

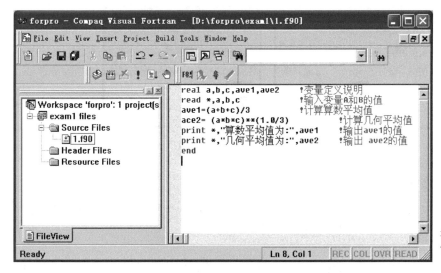

在1.f90文件中输入
例2-1的程序代码

图 2.17　创建源程序文件

图 2.18　源程序文件夹窗口

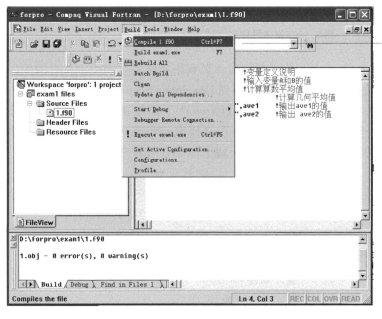

选择Build菜单中的Compile 1.f90
命令(或单击工具栏上的编译命令
按钮 ☺)编译程序，从下半部
output窗口中可以看到0error(s),
0 warning(s)的结果，表示编译
过程没有错误，生成1.obj文件

图 2.19　编译程序

④ 在工作空间窗口选择 1.f90 文件，单击鼠标右键，弹出快捷菜单，在快捷菜单中选取 Compile exam1.f90 命令，执行编译。

编译结束后，在下半部的输出窗口会显示编译结果信息。如果编译无错误，则显示信息 "exam1.obj‑0 error(s),0 warning(s)"，生成目标文件，可进行下一步骤操作；否则显示错误提示信息。如果有错误，用户需要通过提示信息的帮助去修改错误，然后重新编译，直到编译通过（无错误）、生成目标文件为止。

编译无错误结束后，在项目文件夹 exam1 下会创建 Debug 文件夹，在 Debug 文件夹下生成目标文件 1.obj 和有关编译信息的数据库文件 DF60.PDB。在项目文件夹 exam1 下生成有关源程序编译的管理文件 exam1.plg 文件，如图 2.20 所示。

图 2.20　目标文件的文件夹和文件

5. 构建可执行程序

编译产生的 1.obj 文件还不能直接运行，必须构建生成可执行文件（扩展名为.exe）才能在计算机上运行。程序构建（也称连接）是将 1.obj 文件与系统提供的有关环境参数、预定义子程序和预定义函数等连接在一起，生成完整的可执行程序代码。在构建过程中也要检查、发现以及排除相关错误。

对 1.obj 文件进行构建，可以采用以下 4 种操作方式。

① 选择菜单 Build|Build exam1.exe，执行构建，如图 2.21 所示。

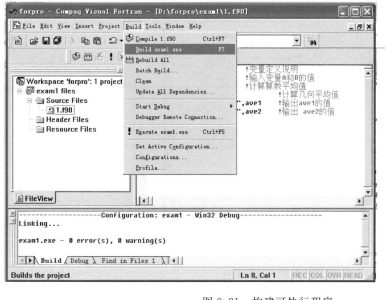

选择Build菜单中的Build exam1.exe（或单击工具栏上的构建命令按钮），构建可执行程序，从下半部output窗口中可以看到 0 error(s)，0 warning(s)的结果，表示没有错误，生成exam1.exe文件

图 2.21　构建可执行程序

② 单击 Build 工具栏的构建按钮 ，执行构建。

③ 按 F7 键。

④ 在工作空间窗口选择 exam1 项目，单击鼠标右键弹出快捷菜单，在快捷菜单中选取 Build（selection only）菜单项，执行构建。

构建结束后，在输出窗口会显示构建结果信息。如果构建无错误，显示信息"exam1. exe‐0 error(s)，0 warning(s)"，生成可执行文件；否则显示错误提示信息。如果有错误，同样，用户需要通过提示信息的帮助去修改错误，然后重新编译、构建，直到构建通过（无错误）生成可执行文件为止。正确构建完成后，在 Debug 文件夹下生成可执行文件 exam1. exe，如图 2.22 所示。

图 2.22 可执行文件

6. 运行程序

生成可执行文件（exe 文件）后，就可以运行该程序，得到运行结果。

运行可执行程序的方式有很多种，一般采用以下三种方法之一，如图 2.23 所示。

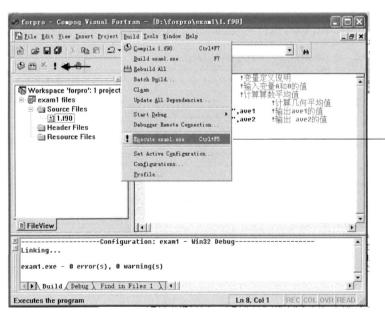

选择 Build 菜单中的 Execute exam1.exe（或单击工具栏上的运行命令按钮 ▮），运行程序

图 2.23 运行程序

- 选择菜单 Build|Execute exam1.exe,运行程序;
- 单击 Build 工具栏中的运行按钮 ！,运行程序;
- 按 Ctrl+F5 键。

执行后会看到程序运行结果,如图 2.24 所示。

　　输入数据1.0，2.0，3.0后按Enter键
　　(回车)，显示运算结果

图 2.24　输入数据,显示运行结果

　　这时例 2-1 的程序上机过程完成。如果继续编辑、编译、构建(连接)、运行例 2-2 和例 2-3 程序,不用再创建工作空间,只需要重复步骤 2 至步骤 6,在已有 forpro 工作空间中建立 exam2 和 exam3 项目以及相关程序文件并重复编译、连接、运行步骤即可。

　　以上介绍了开发 FORTRAN 程序的基本过程与步骤。从中我们可以看到在 Developer Studio 中,通过工作空间和项目来合理地组织文件,其功能类似 Windows 中的资源管理器。用户可根据所开发程序类型创建多个工作空间(类似文件夹),每一个工作空间根据要求可创建多个项目(类似子文件夹),每个项目内又可创建生成有关源程序文件、资源文件或其他相关文件。一个项目最简单的情况是只有一个源程序文件,如以上三个项目(exam1、exam2、exam3)。用户、工作空间、项目和文件的关系如图 2.25 所示。

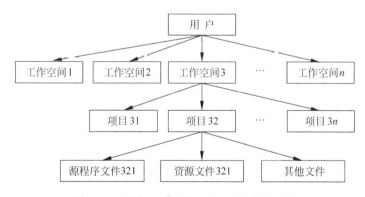

图 2.25　用户、工作空间、项目和文件的关系

　　注意:在工作空间中所包含的多个项目里,只有一个是处于活动状态的项目,只有处于活动状态的项目才能创建或添加源程序,以及进行编译、构建(连接)、运行和调试操作。要想知道当前哪个项目处于活动状态,可以通过 Project 菜单中的 Set Active Project 来查看或激活某一个项目。激活项目也可以通过在工作空间窗口中选中待激活项目,单击鼠标右键弹出快捷菜单,在快捷菜单中选择 Set as Active Project 来实现,如图 2.26 所示。

　　本节介绍了 Compaq Visual Fortran 最基本的功能,如果没有特别说明,本书中所有的程序都通过上面的方法来编译。对于 Compaq Visual Fortran 6.5 编译调试环境,还需要读者通过多上机调试、运行程序来熟悉与掌握。

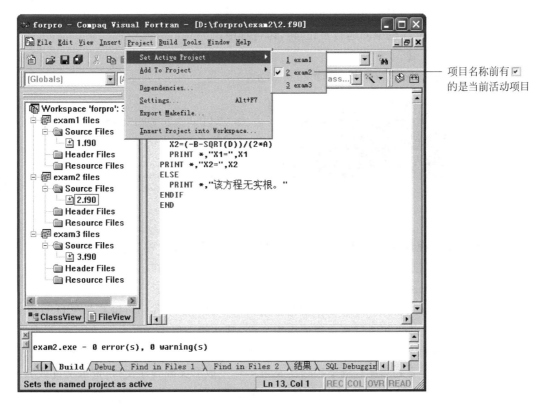

图 2.26　多项目空间工作窗口

习　题　2

1. FORTRAN 语言的主要特征是什么？简述 FORTRAN 语言的发展过程。

2. FORTRAN95 的主要特征是什么？

3. 简述 FORTRAN95 的程序结构。主程序单元和其他程序单元的区别是什么？

4. 什么是 Microsoft Developer Studio？它与 Compaq Visual Fortran 6.5、FORTRAN95 有何关系？

5. Microsoft Developer Studio 引入工作空间和项目的概念，目的是什么？用户、工作空间、项目及文件的关系是什么？

6. 写出 FORTRAN95 的源程序文件、目标文件和可执行文件的扩展名。

7. 简述 FORTRAN 语言程序的上机步骤。

第 3 章

FORTRAN95 程序设计初步

教学目标：

- 了解 FORTRAN95 字符集、标识符和关键字；
- 了解 FORTRAN95 程序的固定书写格式；
- 掌握 FORTRAN95 程序的自由书写格式；
- 掌握 FORTRAN95 的六种基本数据类型的表示及存储方式；
- 掌握六种直接常量的合法表示方式；
- 掌握符号常量的使用方法；
- 掌握变量的命名方式和变量的三种说明方法；
- 掌握 FORTRAN95 的算术运算符、算术表达式及其运算顺序；
- 了解 FORTRAN95 标准函数并掌握部分常用的标准函数。

本章将介绍 FORTRAN95 程序中用到的一些基本要素：书写格式、数据类型、常量、变量、运算符、表达式、标准函数等，它们是构成 FORTRAN 程序的基本组成部分。

3.1 FORTRAN95 的字符集、标识符和关键字

3.1.1 字符集

FORTRAN95 的字符集就是编写 FORTRAN95 源程序时能够使用的全部字符及符号的集合。包括：

- 英文字母 a～z 及 A～Z；
- 阿拉伯数字 0～9；
- 22 个特殊字符，列举如下。

= + - * / ( ) ; . : ' " ! ; % & < > ? $ _ 空格(Tab)

在用字符集编写源程序时需要注意以下两点。

（1）除字符型常量外，源程序中不区分字母的大小写，如语句"REAL a"和"REAL A"是等价的。

（2）FORTRAN95 字符集以外的可打印字符，只能出现在注释、字符常量、字符串编辑符和输入输出记录中。

3.1.2 标识符

标识符即名称，用来在程序中标识有关实体（如变量、符号常量、函数、程序单元、公用块、数组、模块和形参等）。FORTRAN95 规定标识符只能由字母、数字、下画线"_"和美元

符号"＄"组成,且起始字符必须是英语字母。

【例 3-1】 判定下列标识符中哪些是合法标识符？哪些是非法标识符？解释非法标识符的错误原因。

number,max,X-YZ,小红,8_student,b.4,china,_abc,＄_write,r e a d,a＄b,a? b_c。

合法标识符有：number,max,china,a＄b。

非法标识符有：X-YZ,小红,8_student,b.4,_abc,＄_write,r e a d,a? b_c。

表 3.1 给出了非法标识符的错误原因。

表 3.1 非法标识符错误原因

非法标识符	错 误 原 因	非法标识符	错 误 原 因
X-YZ	标识符中含减号"—"	_abc	首字符是下画线"_"
小红	含汉语字符	＄_write	首字符是"＄"
8_student	标识符的首字符是数字	r e a d	包含空格
b.4	标识符中含小数点"."	a? b_c	包含特殊符号"?"

3.1.3 关键字

关键字是 FORTRAN95 中的一种特定字符串。如语句"READ ＊,A,B"中的"READ"是关键字,类似的关键字有 PRINT、WRITE、INTEGER、DO、IF、THEN、END、SUBROUTINE、FUNCTION 等。在编译环境中,正确的关键字会以蓝色字符显示。关键字都有特定的含义,在程序中有具体的位置要求,不能随意改变,否则将产生语法错误。

FORTRAN95 对于关键字不予保留,即允许关键字作为其他实体的名称。也就是说,用户可以将自己的变量名、数组名等命名为 INTEGER、PROGRAM、PRINT、DO 等关键字,编译程序会根据上下文来识别一个字符串究竟是关键字还是实体名称。不过不建议这样做,因为使用关键字作为实体名称会导致程序难以理解和阅读。

3.2 FORTRAN95 程序的书写格式

每种程序设计语言对程序书写格式都有具体的规定,书写格式反映了程序语言独特的书写风格。FORTRAN 语言程序的书写格式有两种：Fixed Format(固定格式)和 Free Format(自由格式)。Fixed Format 是传统的书写方式,对于书写内容应在哪一行哪一列上都有严格规定,过于刻板。Free Format 是 FORTRAN90 后引入的新写法,取消了许多固定格式的限制,在合乎语法的前提下,程序设计人员有了更大的自主空间,可以视具体情况灵活选择使用。值得注意的是,以 Fixed Format 来编写的 FORTRAN 程序文件扩展名为 ＊.for,以 Free Format 来编写的程序文件扩展名为 ＊.f90。

3.2.1 固定格式

固定格式规定：一个程序单元由若干行语句构成,每行 80 个字符,分成 4 个区(标号区、续行区、语句区、注释区),每一区都有严格的起止范围。

(1) 第 1~5 列为标号区。标号最多为 5 位数字,数字中的空格不起作用。标号大小与程序执行顺序无关,语句可以不带标号。标号区第一个字符为"!",表示该行为注释行。在早期版本(如 FORTRAN77)中规定,第一个字符为"C"或"∗"表示该行为注释行。

(2) 第 6 列为续行区。续行标志为除空格和零以外的任何 FORTRAN 字符。注意,注释行没有续行的概念,续行不能使用语句标号。

(3) 第 7~72 列为语句区。语句只能书写到语句区,一行只能写一个语句,如果一个语句写不下,可使用一个或多个续行。

(4) 第 73~80 列为注释区。注释区中的注释不需要给出注释行的标志符。

3.2.2 自由格式

在自由格式源程序中,书写不再受分区和位置限制。自由格式规定:

(1) 语句可以从任何位置开始书写,每行可以编写 132 个字符。

(2) 一行可以写多个语句,语句之间用语句分隔标志符";"作间隔,但一行的最后一个语句不允许有标点符号。例如:

x = 3; y = − 4.65; z = x + y

(3) 一个语句较长时可以写在多行,除第一行外其他行为续行。在 Visual Fortran 6.5 编译环境下,对续行数无限制。如有续行,需要使用续行标志符"&"实现。续行标志符"&"出现在前一行的末尾。例如:

y = cos(atan(sqrt(x ∗∗ 3 + y ∗∗ 3)/(x ∗∗ 2 + 1))) + cos(x ∗ y/(sqrt(x ∗∗ 2 + y ∗∗ 2))) + &
    exp(a ∗ x ∗∗ 2 + b ∗ x + c)

如果把一个语句名、函数名等 FORTRAN 中具有特定意义的字符分成两行,那么除在上一行行末加续行标志符外,还要在下一行的开头再加一个续行标志符,这样才能将分离的字符当作一个完整的字符来处理。例如:

y = cos(atan(sqrt(x ∗∗ 3 + y ∗∗ 3)/(x ∗∗ 2 + 1))) + co&
&s(x ∗ y/(sqrt(x ∗∗ 2 + y ∗∗ 2))) + exp(a ∗ x ∗∗ 2 + b ∗ x + c)

(4) 用"!"作注释标志符。"!"可以写在一行的任一位置,注释延伸至程序行的结束。注意,在同一行的不同语句之间不能插入注释,因为"!"后的语句都会被视为注释部分。

3.3 FORTRAN95 的数据类型

程序处理的对象是数据。不同类型的数据具有不同的特性、不同的存储方式和不同的运算类型。

FORTRAN95 具有丰富的数据类型,见图 3.1。本节只介绍基本数据类型(又称简单类型),其他类型在后续章节中陆续介绍。

3.3.1 数值型数据的表示及存储

1. 整数类型

FORTRAN95 中整数类型(INTEGER)分为

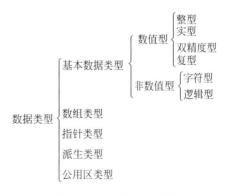

图 3.1 数据类型示意图

两种：长整型与短整型。整型数据包括正整数、负整数和零。在数学中，整数的取值是一个无限的集合，而在计算机中整数的取值范围受限于其所能表示的范围，由其类型决定。表 3.2 列出了整数类型的存储空间(以字节为单位)和取值范围，如果超出此范围，则会发生溢出错误。如果不指定字节数(表 3.2 中的第三种情况)，则默认为 4 个字节。

表 3.2 整数的存储空间及取值范围

整型类型名	字节数	取 值 范 围
INTEGER(1)	1	$-128 \sim 127 (-2^7 \sim +2^7 - 1)$
短整型 INTEGER(2)	2	$-32768 \sim 32767 (-2^{15} \sim +2^{15} - 1)$
长整型 INTEGER	4	$-2147483648 \sim 2147483647 (-2^{31} \sim +2^{31} - 1)$
INTEGER(8)	8	$-2^{63} \sim 2^{63} - 1$ (Alpha 系统)

2. 实数类型

实数类型(REAL)简称实数，又称为浮点数(Floating-Point Number)。实数有单精度型和双精度型两种。在机器内部，实数是以浮点数形式存放的，数值都是近似值，而且有误差累计。为此，引进双精度类型，即以两倍的单精度的存储空间来存放数据，减小累计的截断误差，大幅度提高计算的精度。实数通常有两种表示形式：十进制小数形式和指数形式。在表示实数时，312.0、3.12e+2 或 0.312E3 都代表 3.12×10^2。注意，指数部分必须是整数(若为正整数时，可以省略"+"号)。表 3.3 中列出了实型数据的长度和取值范围。

表 3.3 实数的存储空间、精度及取值范围

实数类型名	字节数	精度(有效数字)	取 值 范 围
单精度	4	6~7	$\pm 3.40282347E38 \sim \pm 1.17549435E-38$
双精度	8	16~17	$\pm 2.2250738585072013D308 \sim \pm 1.7976931348623158D-308$

3. 复数类型

复数就是以 a+bi 的形式来表示的数值，其中的 a、b 是两个实数。因此复数类型(COMPLEX)同样也有两种类型，单精度型复数和双精度型复数。复数的表示形式是采用 (a,b) 的形式。

如(1.2,3.5)表示复数 1.2+3.5i。

在内存中，一个复型数据占两个实数的存储空间，如果以 4 个字节存储一个实数，则用 8 个字节存储一个复数。

FORTRAN 是目前唯一提供复数类型的计算机常用语言。

3.3.2 非数值型数据的表示及存储

1. 字符类型

计算机除了存储数值型数据之外，也可以在内存中存放一段文本。字符类型(CHARACTER)可以表示的范围非常广，凡是能从键盘输入的，不论是数字、字母、文本或任何特殊符号都可以。附录 A 的 ASCII 字符集里的字符就是这个类型所能表示的所有字符。只有一个字母或符号时称为"字符"，有一连串(多个)的字符时，就称为"字符串"。存储一个字符需要一个字节的存储空间，存储 n 个字符长度的字符串则需要 n 个字节的存储空间。

字符类型数据要用一对单引号或双引号括起来。如' a'," hello!"。

2. 逻辑类型

逻辑类型(LOGICAL)表示逻辑判断的结果,只能有两种值,"是"(TRUE)或"否"(FALSE)。也可以理解为"对""错"或"真""假"等。

数据类型只是数据的形式化和抽象化描述,它说明一类数据的共同性质,而不是具体的数据对象。程序处理的数据必须是具体的数据对象,所以在程序中必须先明确要处理的数据对象的数据类型。一个数据对象可以是常量、变量、数组或指针等,用户根据实际需要定义数据对象的数据类型。

3.4　常量和变量

3.4.1　常量

常量在程序中直接给出,在程序运行期间其值保持不变。常量分为直接常量和符号常量。直接常量为六种基本类型常量,符号常量是一种特殊的常量。常量无须类型定义,直接由其表示形式即可确定其类型。下面分别介绍它们的表示方法及其注意事项。

1. 直接常量

直接常量包括整型常量、实型常量、双精度型常量、复型常量、字符型常量和逻辑型常量。

1) 整型常量

整型常量可以表示成十进制及二至三十六进位制。

(1) 十进制是由 0~9 组成的数字,例如-215、-16、0、18、24 等。

对于十进制整数,FORTRAN95 通过整型 KIND 值(类别类型参数)确定整数的存储空间大小(字节数)和取值范围,例如-16_2、18_4、5_1 等,下画线后是允许的整型 KIND 值。整型 KIND 值有四种,分别是 1、2、4(默认为 4)、8(仅对 Alpha 系统有效),其对应的存储空间大小和取值范围参见表 3.2。

(2) 二至三十六进位制,其形式是:±r#数字。

r 前面的符号代表整数的正负。r 代表进位计数制中的基数,其取值范围是:2≤r≤36,常用的进制有:二、八和十六进制,通常十六进制整数略去基数 16。下面的例子说明一个十进制整数 3994575 的其他进制表达形式。

【例 3-2】　一个整数的不同进位制表达形式示例。

```
PRINT *, 2 # 1111001111001111001111
PRINT *, 7 # 45644664
PRINT *, + 8 # 17171717
PRINT *, 3994575
PRINT *, # 3cf3cf
PRINT *, 36 # 2dm8f
END
```

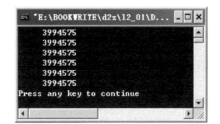

图 3.2　例 3-2 运行结果

程序运行结果如图 3.2 所示。

注意:FORTRAN95 不允许整数内部出现非数

值字符(如","":"和空格);正负号和数字之间可以保留空格。

【例 3-3】 下列整数哪些是合法的?哪些是非法的?说明原因。

+0、4654_3、−128、+32769、12.45、134_1、8♯79、6 ♯23、♯12A、♯12_2、1,234、−0

合法整数有:+0、−128、+32769、♯12A、−0。

非法整数有:4654_3(3 不是有效的 KIND 值)

     12.45(不允许小数点)

     134_1(超出 1 个字节的取值范围)

     8♯79(八进制中不能包含数字9)

     6 ♯23(不允许出现空格)

     ♯12_2(非十进制不允许使用 KIND 值)

     1,234(不允许出现逗号)

2) 实型常量和双精度型常量

实型常量通常表示成十进制小数和指数两种形式。

(1) 十进制小数由整数部分、小数点和小数部分组成,且必须包含小数点。例如:

+12.5、−13.248、0.243、12. 和.123

十进制小数有三种表达形式:

±n. m

±n.

±. m

其中 n 代表整数部分,m 代表小数部分,不允许出现非数值字符(如逗号、顿号和空格等)。可以通过实型 KIND 值确定实数的存储空间大小、取值范围和最大有效位数,参见表 3.3。实型 KIND 值有 4、8 两种,分别表示单精度实数和双精度实数。

【例 3-4】 下列实数哪些是合法的?哪些是非法的?说明原因。

+0、0.0、.0、23.587_4、654._5、−.、−.01200、−34.6￥、1,234,897.00、$125.5

合法实数有:0.0、.0、23.587_4、−.01200。

非法实数有:+0(合法整数,没有小数点)

     654._5(非法的实型 KIND 值)

     −.(小数点前后不能同时没有数字)

     −34.6￥、1,234,897.00、$125.5(整数、小数部分不能有非数值字符)

(2) 指数形式的实数由三部分组成:有效数字、E(或 e)和指数。例如:

+0.125E+2、−132.48e−1、243E−3、.12e+2、1.2e+1

指数形式的实数有下列四种表达方式:

±n. mE±S

±n. E±S

±nE±S

±. mE±S

其中,n 代表有效数字的整数部分,m 代表有效数字的小数部分,最前面的正负号表示数值的正负。字符 E 后面是指数部分,正负号确定指数的正负,指数必须是十进制整数,表示 10 的多少次方。字符 E 前后均不能为空。有效数字部分和指数部分的数字遵循整数和小数形式实数的要求。若指数标识为 D 或 d，则表示该实数为双精度实数，等价于 KIND 值为 8，但不能再指定 KIND 值，即 D 指数不允许指定实型 KIND 值。

指数形式是科学计算中实数的常用形式，这种形式的实数也称为科学计数法实数，它通常用来表示一个非常大或非常小的实数。如电子的质量可表示为 0.91×10^{-30} 千克。由于在计算机设备中上下标无法表示，故 FORTRAN 采用 Exponent(指数)的第一个字母 E 来表示以 10 为底的指数，即字符 E 作为指数标识，如 0.91×10^{-30} 在 FORTRAN 程序中可表示为 0.91E−30。

【例 3-5】　下列哪些是合法实数？哪些是非法实数？说明原因。

0e0、0.e0、−234e−5_8、23.58e−2.5、9.8e3_3、1,234,567e−6、.123e−1、12.3e\$3、￥125.5e001、e+5、−2.34e2、4.5 6e2、1.35e+3、11.24e+3、12.5d34、15.6d45_8

合法实数有：0e0、0.e0、−234e−5_8、.123e−1、−2.34e2、1.35e+3、12.5d34。

非法实数有：

23.58e−2.5(指数部分不能为实数)

9.8e3_3(非法的实型 KIND 值)

1,234,567e−6(不能含非数值字符)

12.3e\$3(不能含非数值字符)

￥125.5e001(不能含非数值字符)

e+5(e 前面不能为空)

4.5　6e2(不能含非数值字符空格)

11.24e+　3(指数部分的正负号与数字之间不能有空格)

15.6d45_8(d 指数不允许指定实型 KIND 值)

同一个实数可以有多种指数形式，但在计算机输出数据时，只能按照一种标准的指数形式进行输出。不同的计算机系统采用不同的标准化指数形式，常用的标准化形式有以下两种。

(1) 数字部分的绝对值小于 1(即小数点前面的数字必须为 0)，且小数点后第一个数字必须为一个非 0 的数字。例如，0.1234E4、0.56E−3 是标准化指数形式。对于不符合标准化条件的实数，可以通过改变指数部分的数值使其转变为标准化指数形式。例如，实数 0.000 123 4 的标准化指数形式是 0.1234E−3。

(2) 数字部分的绝对值小于 10 且大于 1(即小数点前只能有且只有一个非 0 数字)。例如，1.234E3、5.6E−4 是标准化指数形式。对于不符合标准化条件的实数，可以通过增大或减小指数部分的值使其转变为标准化指数形式。例如，实数 0.000 1234 的标准化指数形式是 1.234E−5。

3) 复型常量

复型常量采用坐标形式表示，即采用圆括号将两个以逗号分隔的实数或整数括起来表示一个复数，其中第一个实数或整数表示复数中的实部，第二个实数或整数表示复数中的虚部。例如，(2,2.5)表示复数 2+2.5i，(0.0,−4)表示复数 −4i。

另外，复型常量中的实部和虚部也可以是有确定结果的表达式，如(3+2.5,4.35−2)表示复数 5.5+2.35i。

在 FORTRAN 语言中，复型常量的实部和虚部的数据类型被自动识别为实型。当复数实部和虚部的数据类型不一致,或它们的 KIND 值不同时,编译系统会自动将其转换。转换原则是:遇整变实,向高看齐。即,将整数变为实数,实数的 KIND 值由实部或虚部的高 KIND 值确定。总之,在复数的存储方面,实部和虚部始终占据同样多的字节数。当复数的实、虚部均占 4 个字节时,复数为单精度复数;复数的实、虚部均占 8 个字节时,复数为双精度复数。

4)字符型常量

字符型常量即字符串,是用单引号或双引号括起来的若干字符序列。例如:

"a"、'123'、"I'm a student. "、'China'、"我是中国人! "

字符串首尾的引号称为字符串分隔符,字符串分隔符只能使用西文单引号或双引号。当字符串内有引号时,会与字符串分隔符产生冲突,解决的办法如下。

(1) 交替使用法,即:若字符串内出现单引号,则分隔符采用双引号;若字符串内出现双引号,则分隔符采用单引号。例如,下面两个字符串为合法字符串:

" I'm a student. "

'He said:"I am feeling well."'

(2) 重复使用法,即:若字符串内出现单引号或双引号,则在其后再增加一个单引号或双引号,两个单引号或两个双引号被视为一个单引号或双引号。例如,下面两个字符串为合法字符串:

'I"m a student. '

" He said:"I'm feeling well." "

字符串内的字符不受 FORTRAN95 字符集的限制,而是受计算机系统允许使用的字符限制,因此,只要能从键盘(或其他输入设备)输入给计算机系统的字符都可以出现在字符串中。例如下面的字符串都是合法的:

" CHINA "、'中国'、'U. S. A'、'X+Y > C'、'你好吗?'、'♯@a'、'A+B; B+C'、'1234'

字符串内的字母区分大小写,如'China'与'CHina'是不同的字符串。

字符串内的空格不能忽略,每一个空格都是一个字符。如'China'与'CHi na'是不同的字符串。字符串中字符的个数(引号内所有的字符的个数,包括空格,但不能包括字符型常量的标志——引号)称为字符串的长度。长度为 0 的字符串(''或"")称为空串。字符串中的一个西文字符占据一个字节的存储空间,一个汉字(含中文标点符号)占据 2 个字节的存储空间,且按两个西文字符计算长度,如字符串'中国'的长度是 4。

【例 3-6】 确定下列字符串的长度。

"I'm a student. "、"我是一个学生。"、"x+y*z>100"、"他说:"我是一个学生。""

长度分别为:14、14、9、24。

字符是以其 ASCII 代码的二进制形式存储在内存中的。

FORTRAN95 支持 C 字符串,所谓 C 字符串就是 C 语言中的字符串。C 字符串中允许出现非打印字符(控制字符),如回车符、换行符、退格符等。C 字符串中使用特殊字符"\"后跟非打印字符的 ASCII 码或标志符来表示非打印字符。表 3.4 给出 C 字符串中非打印字符的表示形式。

表 3.4　非打印字符表示形式

表示形式	非打印字符	表示形式	非打印字符
\a 或 \A	BELL	\v 或 \V	垂直 Tab
\b 或 \B	退格	\\	输出"\"
\f 或 \F	进格	\xhh	输出十六进制编码为 hh 的任意 ASCII 字符
\n 或 \N	换行		
\r 或 \R	回车	\ddd	输出八进制编码为 ddd 的任意 ASCII 字符
\t 或 \T	水平 tab		

　　FORTRAN95 中,如果一个字符串的后面紧接一个字符 C,那么这个字符串就是 C 字符串。通过 C 字符串可表示任何可输出的字母字符、专用字符、图形字符和控制字符。

　　例如,'中国\N'C,'CHINA'C 都是 C 字符串。

　　5)逻辑型常量

　　逻辑型常量只有两个:. TRUE. 和. FALSE. 。

　　需要注意的是:逻辑值两边的小数点"."必须有;逻辑值中字母不区分大小写。逻辑型 KIND 值确定逻辑值的存储单元大小。逻辑型 KIND 值有四种,分别是 1、2、4 和 8(仅对 Alpha 系统有效)。对于逻辑值. TRUE. ,在其存储单元字节内每个二进制位上都是 1,可视为整数 -1;对于逻辑值. FALSE. ,在其存储单元字节内每个二进制位上都是 0,可视为整数 0。因此,逻辑值可以参与数值型数据的运算,如 4.0 + . TRUE. 的值是 3.0。

2. 符号常量

　　符号常量是一种特殊类型的常量,是程序单元内代表常量的标识符。

　　符号常量必须通过 PARAMETER 语句进行定义后才可使用,定义的一般格式为:

PARAMETER(标识符 = 常量,标识符 = 常量,…)

【例 3-7】　符号常量的使用示例。

```
PARAMETER (G = 9.80655)
T = 10
V = G * T
PRINT * , V
END
```

　　该语句定义了符号常量 G,在该语句所在的程序单元内,G 都代表 9.80655,和常量一样进行运算,在程序运行过程中其值不能改变。程序运行结果如图 3.3 所示。

　　定义符号常量的 PARAMETER 语句是一个非执行语句,按照 FORTRAN 语言的规定,它必须放在可执行语句的前面。符号常量在程序单元编译时,系统并不会为其分配存储空间,而是将程序单元中凡是出现符号常量的位置都

图 3.3　例 3-7 运行结果

用其所代表的具体常量进行替换。如"V = G * T"语句在编译时被翻译成 V = 9.80655 * T。如果在程序中需要多次用到同一个常量,以及在编程过程中对复杂常数项的输入(如重力加速度、圆周率、传热系数、雷诺数等),为了简化程序,这些重复性常量或复杂常数项通常用符

号常量来表示。符号常量也可以在需要改变一个常量的值时做到"一改全改"。

3.4.2 变量

1. 变量的概念

变量是指在程序运行期间其值可以发生改变的量,是程序主要处理的对象。系统为程序中的每一个变量开辟一个存储单元,用来存放变量的值。如:

X = 1.5
X = 6.3

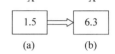

图 3.4 变量的赋值

在执行第一个语句后,变量 X 的值为 1.5,见图 3.4(a),在执行第二个语句后,变量 X 的值为 6.3,见图 3.4(b)。

需要注意的是,在每一个瞬间,一个变量只能有一个确定的值。当 X 被赋予新值 6.3 时,原来的值 1.5 便被取代了。

在程序中用到的变量,应该给它赋予确定的值,否则计算机系统便会给它一个不确定的随机值。如:

PRINT * , A

由于 A 未曾被赋予确定的值,因此打印输出的 A 值是不可预料的(也有些系统将未被程序赋值的数值型变量的初值设为零)。

2. 变量名

一个变量需要用一个名字(变量名)来识别。在同一个程序单元中不能用同一个变量名代表两个不同的变量。FORTRAN 的变量名按以下规则选定:只能由字母、数字、下画线"_"和美元符号"＄"组成,且起始字符必须是英语字母。

选用变量名时需要注意以下几点。

(1) 在变量名中大写字母与小写字母是等价的,可以互相代替。例如,SUM、sum、Sum 都代表同一个变量。

(2) 变量名的字符之间可以插入空格,但这些空格不起作用。例如,T O T A L 和 TOTAL 代表同一个变量。

(3) 变量名应尽量做到"见名知义",即用一些有含义的英文单词(或汉语拼音)来命名变量。如用 COUNT 代表计数器,用 AVER 代表平均值,等等。

(4) FORTRAN 没有规定保留字,即可以用 FORTRAN 中的函数名或语句定义符作变量名。如 SIN 是正弦函数的名字,如果有以下语句:

SIN = 1.5
PRINT * , SIN

则语句中的 SIN 是变量名而不代表正弦函数,系统会根据它后面有无自变量而做出判断。又如:

READ * , PRINT

此时 PRINT 是一个变量名而不代表"打印输出"的操作。系统会认定语句的第一个字 READ 为代表操作的语句定义符,而把 PRINT 作为 READ 语句中读取的变量。

但在同一个程序单元(主程序或子程序分别是不同的程序单元)中,变量名和函数名或语句定义符不能同名。例如,以下语句是错误的:

```
SIN = 1.5
FACT = SIN * SIN(2.0)
PRINT * , PRINT
```

为了避免混淆,建议不要使用 FORTRAN 中已有特定含义的字作变量名。

3. 变量的类型

变量是用来存放常量的,直接常量有 6 类,所以变量也相应地分为 6 类,即整型变量、实型变量、双精度型变量、逻辑型变量、字符型变量。整型变量用来存放整型常量,实型变量用来存放实型常量,以此类推。

变量是用来存放常量的,所以需要给变量分配存储空间,这个存储空间需要多大,需要提前说明,即在使用变量之前,必须先说明变量的数据类型,以便编译器能够依照变量类型给每个变量分配相应大小的存储空间以存放常量的值,即对变量应"先说明,后使用"。变量在内存中所占的字节数和数据存储形式与相应类型的常量相同。

说明变量类型的方法有以下三种。

1)隐含约定

FORTRAN 规定:程序中的变量名凡是以字母 I、J、K、L、M、N(不区分大小写)六个字母开头的,即认为该变量为整型变量,以其他字母开头的变量为实型变量。例如,下面的变量为整型变量:

```
I,J,MAX,N1,NUM
```

而下面的变量为实型变量:

```
A,B,C,X,Y,SUM,AVER,COUNT,TOTAL
```

可以将这个隐含约定称为"I-N 规则",表示以 I 到 N 之间的字母开头的变量为整型变量。

很多初学者往往忘记了这个"I-N 规则",写程序时会不假思索地写出这样的语句:

```
IMAX = 3.6
```

而按照"I-N 规则",IMAX 是整型变量,无法存储 3.6 这样的实数。如果改为:

```
AMAX = 3.6
```

就没有问题了,但有时又不符合"见名知义"的原则。例如,用 IMAX 表示最大电流比较直观,而用 AMAX 表示就不太直观。

2)用类型说明语句指定变量类型

如果想改变"I-N 规则"对变量类型的约束,可以用类型说明语句强制指定某些变量的类型。例如:

```
INTEGER A,B,SUM
REAL I,J,K,IMAX
COMPLEX M
CHARACTER * 8 C
```

变量 A,B,SUM 按"I-N 规则"原为实型变量,现用类型说明语句——INTEGER 语句将 A,B,SUM 强制规定为整型变量。同理,用 REAL 语句、COMPLEX 语句、CHARACTER 语句分别将 I,J,K,IMAX 规定为实型变量,将 M 规定为复型变量,将 C 规定为字符型变量,字符长度为 8。经过这样的类型说明之后,在程序中出现:

```
IMAX = 3.6
```

就没有问题了,实数 3.6 存放在实型变量 IMAX 中。这样既可以保持 IMAX 的"见名知义",又可使它改为实型。

FORTRAN 有六个类型说明语句:

```
INTEGER 语句 (整型说明语句)
REAL 语句 (实型说明语句)
DOUBLE PRECISION 语句 (双精度型说明语句)
COMPLEX 语句 (复型说明语句)
CHARACTER 语句 (字符型说明语句)
LOGICAL 语句 (逻辑型说明语句)
```

下面举例说明类型说明语句的用法:

```
INTEGER X,Y,Z              !定义 X、Y 和 Z 是整型变量
CHARACTER * 6 name         !定义 name 是字符型变量,字符长度为 6
COMPLEX :: S = (1.5,8.9)   !定义 S 是单精度复型变量,并对其赋初值(1.5,8.9)
INTEGER(2) :: A = 1,B      !定义 A、B 是短整型变量,对变量 A 赋初值 1
REAL * 8 L                 !定义 L 是双精度型变量
```

注意:

(1) 类型说明符后括号中的数字 2 和" * "号后的数字 8 是类别类型参数(KIND 值),其取值要符合数据类型的规定,如整型不能有 1、2、4、8 以外的 KIND 值。

(2) 符号": :"在变量定义语句中可有可无。若有可对变量赋初值,否则不能赋初值,赋初值则会出错。

(3) 用 IMPLICIT 语句(隐含说明语句)指定变量类型

IMPLICIT 语句可以将以某个或某些字母开头的变量指定为所需要的类型。

例如:

```
IMPLICIT INTEGER(A,F,C,T - V)
IMPLICIT REAL(I,J)
```

即指定以字母 A,F 和 C 开头的全部变量和以 T 到 V(即 T、U、V)开头的全部变量为整型变量。指定以字母 I,J 开头的变量为实型变量。可以用一个 IMPLICIT 语句指定几种类型,如:

```
IMPLICIT INTEGER(A,B,X - Z), REAL(I,K),CHARACTER(C,N)
```

说明:

(1) 以上三种说明变量类型的方法中,以类型说明语句最优先,IMPLICIT 语句次之,"I-N 规则"的级别最低。如:

```
IMPLICIT REAL(I,J)
CHARACTER IMAX
```

如果没有这两条语句,则 IMAX 按"I-N 规则"为整型,第一个语句(IMPLICIT 语句)指定以 I,J 开头的所有变量为实型,但第二个语句(CHARACTER 语句)又指定 IMAX 为字符型,由于类型说明语句比 IMPLICIT 语句优先级别高,因此最后以 CHARACTER 语句的指定为准。

(2) 在一个程序中,一个字母不能同时出现在两个或两个以上的 IMPLICIT 语句中,即不能利用 IMPLICIT 语句定义矛盾的类型说明。例如,有如下连续说明语句:

```
IMPLICIT INTEGER(A - D)        !合法
IMPLICIT REAL(C,F)             !非法,以 C 和 D 开头的变量已被隐含定义为整型变量
```

(3) 隐含约定具有一定的副作用。如与第一种、第二种说明混合使用,容易使变量类型不清晰,影响程序的阅读,因此 FORTRAN95 不提倡使用。在程序单元中的变量说明之前加入 IMPLICIT NONE 语句可以取消 I-N 规则。

(4) 类型说明语句和 IMPLICIT 语句都是非执行语句,它们的作用在于通知编译系统按指定的类型分配内存单元和确定数据的存放方式。

(5) 类型说明语句只在本程序单元内有效。

(6) IMPLICIT 语句和类型说明语句应该出现在本程序单元的所有可执行语句的前面,其中 IMPLICIT 语句又应放在所有的类型说明语句的前面。

(7) 需要特别指出的是,对于字符型变量的说明通常采用的格式为:

```
CHARACTER([len = ]n) 变量表
```

格式中的[len=]n 代表被说明变量的长度,常省略[len=]。

例如:

```
CHARACTER(20) NAME        !定义了一个长度为 20 的字符型变量 NAME
```

当 n=1 时,字符型变量的定义格式可简化为:

```
CHARACTER 变量表
```

例如:

```
CHARACTER A(10)           !定义了一个包含 10 个字符型元素的数组,并且每个
                          !数组元素的长度都为 1
```

字符型数据定义时还可以单独指定变量表中某个变量的长度,遇到这种情况时,遵循的原则是"特殊优于一般"。

例如:

```
CHARACTER(8) A * 10,B,C * 13   !定义了三个字符型变量,根据上面的原
                              !则可知 A 的长度为 10,B 的长度为 8,C 的长度为 13
```

4. 给变量赋初值

1) 直接赋值

通常一个变量是先定义,然后再给它赋值,例如:

```
INTEGER A
A = 20
```

前面已提到,在 FORTRAN 语言中可以在说明变量的同时对其赋初值,即初始化,如上例可改为:

```
INTEGER:: A = 10
```

同理,其他类型的变量也可以在说明的同时对其初始化。需要注意的是,用这个方法设置初值时,中间的两个冒号不能省略。

2) 用 DATA 语句给变量赋初值

一般格式为:

```
DATA 变量 1,变量 2,…,变量 n/常量 1,常量 2,…,常量 n /
```

说明:

(1) DATA 可以给多个变量同时赋初值,中间用逗号隔开。

(2) 被赋值的常量一定要放在一对"//"之中。

(3) 被赋值的常量与对应的变量数据类型要一致。

(4) 被赋值的常量中还可以使用"＊"来表示数据的重复。

例如:

```
REAL A,B,C
DATA A,B,C/1.0,2.0,3.0/
```

通过此 DATA 赋值语句有 A＝1.0,B＝2.0,C＝3.0。

又如下面的语句:

```
DATA M,N,K/3 * 5/
```

执行此语句后,M、N、K 的值都为 5。

3.5　FORTRAN95 的算术运算符与算术表达式

运算符是对同类型的数据进行运算操作的符号。用运算符将常量、变量和函数等数据连接起来的式子称为表达式。表达式的类型由运算符的类型决定,每个表达式按照规定的运算规则产生一个唯一的值。

FORTRAN 的运算符有算术运算符、关系运算符、逻辑运算符、字符运算符。本节只介绍算术运算符和算术表达式。

3.5.1　算术运算符

FORTRAN95 提供 5 种算术运算符,如表 3.5 所示,它们的作用与数学中的算术运算符相同。

表 3.5　算术运算符

运　算　符	名　　称	运　算　符	名　　称
＊＊	乘方	＋	加
＊	乘	－	减
/	除		

算术运算符的优先级为：括号→乘方→乘、除→加、减，其中乘和除同级，加和减同级，分别从左到右进行计算。对于连续多次乘方，按"先右后左"的原则处理。

3.5.2　算术表达式

算术表达式是用算术运算符将数值型常量、变量和返回数值型数据的函数等连接起来的式子，其结果是数值型数据。

例如，$3+2*5/4$、$-5.5*4**2$ 和 $\sin((a+1)**2)/(n**2+1)$ 都是算术表达式。

【例 3-8】　给出下列算术表达式的计算顺序和各顺序对应的值。

(1)　$-10+2*3/5+2**3$

计算顺序是：

① $2**3$ 的结果为 8；

② $2*3$ 的结果为 6；

③ $6/5$ 的结果为 1；

④ 10 先与-结合；

⑤ $-10+1$ 的结果为 -9；

⑥ $-9+8$ 的结果是 -1；

表达式计算结果为：-1。

(2)　$2**3**2/2$

计算顺序是：① $3**2$ 的结果为 9；

② $2**9$ 的结果为 512；

③ $512/2$ 的结果为 256。

表达式计算结果为：256。

【例 3-9】　给出下面表达式的计算顺序和各顺序对应的值及数据类型。

$2**3*2.0-10.0\_8$

计算顺序是：

① $2**3$，结果为 8(整型)；

② $8*2.0$，结果为 16.0(单精度)；

③ $16.0-10.0\_8$　结果为 6.0(双精度)。

关于算术表达式的几点说明如下。

1. 算术表达式的写法

(1) 表达式中常量的表示、变量的命名以及函数的引用要符合 FORTRAN 语言的规定。

(2) FORTRAN 表达式只能在行上从左到右书写，即所有字符都必须写在一行，FORTRAN 表达式中没有带有下标的变量、分式等。例如数学表达式 $\dfrac{x_1}{y_1}+\dfrac{x_2}{y_2}$，写成 FORTRAN 表达式应为：x1/y1+x2/y2。

(3) 算术表达式中的乘号不能省略。

(4) FORTRAN 表达式只允许用小括号，不能使用大、中括号。根据需要用括号表明运算顺序。例如数学表达式 $\{[(a+b)^2+(a-b)^2]^3+C\}+8$，写成 FORTRAN 表达式应为：

$(((a+b)**2+(a-b)**2)**3+c)+8。$

2. 算术表达式运算中的类型问题

据前面所述,FORTRAN 中的常量和变量是分类型的,能不能在不同类型的运算量之间进行算术运算呢?FORTRAN 允许不同类型的算术量(包括整型、实型、双精度型、复型)之间进行算术运算(也允许算术量和逻辑量之间进行算术运算)。例如,2 * 3.5 是允许的。2 为整型量,3.5 为实型量,它们的乘积是什么类型的呢?

FORTRAN 有如下规定。

(1) 同类型的算术量进行运算,其结果保持原类型。例如,2 * 3 的结果为整型数 6,而 2.5 * 2.0 的值为实型数 5.0(请注意,5.0 是实型数而不是整型数)。2 ** 3 的值为整型数 8,而 2.0 ** 3.0 的值为实型数 8.0。

应当特别注意的是,FORTRAN 规定两个整数相除的商一定也为整数,小数部分自动舍去。也就是说,一个整型量除以另一个整型量,其商仍为整型量。例如,5/2 的值是 2,而不是 2.5(因为 2.5 不是整数,只取其整数部分得 2),再如 6/4,在数学上等于 1.5,而在 FORTRAN 中,只取其商的整数部分而将小数部分舍去,结果为 1。同理,$-8/3$ 的值为 -2。当分子小于分母时结果一律为 0。如 $-1/2$ 得到的不是 -0.5,而是 0,这一点要特别注意。

如果不希望丢掉小数部分,应改用实型量相除,如 6.0/4.0,得到 1.5,$-1.0/2.0$ 得到 -0.5,等等。

如果表达式中包括整数的除法,则在用整数相除时,必须注意它们的运算顺序。例如:

(a) $I*J/K$ (b) $I/K*J$

都代表代数式 $\dfrac{I \times J}{K}$,但由于运算顺序不同,可能会得到不同的结果。例如,当 $I=4, J=8, K=5$ 时,按(a)表达式计算,4 * 8/5 的值为 6,按(b)表达式计算,4/5 * 8 的值为 0。而在实型量的运算中,这种改变次序是允许的,不会产生大的误差。如上式改用实数相除就不会有这种情况,4.0 * 8.0/5.0 和 4.0/5.0 * 8.0 的值都是 6.4。因此,在编写 FORTRAN 程序中,不要轻易使用整型量相除。如 $x^{\frac{1}{2}}$,若写成 $X**(1/2)$,就等效于 x^0 了,应写成 $X**(1.0/2.0)$ 或 $X**0.5$。同理,$\dfrac{\sin x}{2}$ 不应写成 $(1/2)*SIN(X)$,而应写成 $0.5*SIN(X)$ 或 $SIN(X)/2.0$。对于这类表达式,只要在写法上改变整/整的形式就可以了,写法不唯一。

一个整型量的整次方,结果也是一个整数。例如,2 ** 3 的结果为 8,2 ** (-1)的结果不是 * 0.5 而是 0,17 ** (-2)的结果也是 0,都是因为在运算后舍去了小数部分。

(2) 如果参加运算的两个算术量为不同类型,则编译系统会自动将它们转换成同一类型,然后进行运算。转换原则是将低级类型转换成高级类型。类型的级别如下:

$$整型 \longrightarrow 实型$$
$$(低) \qquad (高)$$

例如,计算 2+4.0 时,先将 2 转化为 2.0,然后计算,表达式的结果是 6.0;计算 2_2+4 时,先将 2 转化为 4 个字节整数,然后计算,表达式的结果是 6,在内存中占 4 个字节。

类型的转换是从左至右进行的,在遇到不同类型的算术量时才进行转换。例如:

$1/4*20.0$

并不是一开始就同时将 1 和 4 转化成实数 1.0 和 4.0,然后进行实数运算(得 5.0),而是先进行整数运算 1/4 得 0,0 再乘以 20.0,最后结果也为 0。

(3) 运算的误差问题

整型量的运算是准确的,没有任何误差(只要在整数范围内)。而实型量的运算会出现一些误差。例如,11 111.1×1 111.11 本应得 12 345 654.321,但由于受实数有效位数的限制,只能得到 $0.123\,456\times10^8$(假定所用的 FORTRAN 允许有效位数为 7 位)。又如:

$0.001+1\,246\,825.0-1\,246\,820.0$

本应得到 5.001。但由于有效位数的限制,在进行前两项相加时,不可能得到 1 246 825.001(因为它需要 10 个有效位数),而只能得到 1 246 825.0,之后再进行减法运算得到 5.0,显然有误差,即所谓的大数吃小数问题。这个误差也来源于有效位数,也就是说由于实数在内存的存储方式引起的。如果将表达式的运算顺序换一下,就不会出现这个问题。例如:

$1\,246\,825.0-1\,246\,820.0+0.001$

结果为 5.001。这是因为每次运算所得到的结果的数字位数都不超过有效位数。因此,在写表达式时应尽量使每一次运算结果都在有效位数范围之内,否则就会出现误差。在运算中应尽量不要使两个相差很大的数值直接相加或相减,以避免大数吃小数。又如:

$1.0/3.0*3.0$

结果不是 1.0。这是由于 1.0/3.0 得到 0.333 333 3,再乘以 3,得 0.999 999 9。因此,有两个理论上本应相等的实数 A 和 B,如果判断"A−B=0?",可能得到的结果为不等于 0,即 A≠B。所以要慎重地判断两个实数的相等或不相等。在判断两实数的相等或不等时,最好把上式的减法运算改为"|A−B|≤ε",即 A 和 B 之差的绝对值如果小于 ε(ε 为一个很小的数,如 10^{-6}),则认为 A 和 B 相等。

总之,在实数运算中应充分考虑到其可能出现的误差,而且在运算过程中误差会不断积累而增大,有时可能达到一个可观的程度。

整型量的运算速度比实数快而且不出现误差,但整数的范围有限。用实数运算速度慢而且有误差。如果想保持大的数的范围又有较高的准确度,应增加有效位数,可采用双精度型数,其有效位数可达 16～17 位。

3.6　FORTRAN95 标准函数

函数在科学计算领域有广泛的应用,数学等学科为我们提供了大量的函数,如三角函数、对数函数、双曲函数、字符串处理函数等等。计算机语言中提到的函数是对数学等学科中函数的计算机实现,它实际上是具有独立功能的程序模块。

FORTRAN 语言是以科学计算为特长的计算机语言,它为用户提供了丰富的内部函数库(标准函数库)。它将三角函数、平方根函数、指数及对数函数等一些专门用于计算的函数分别编成一个个子程序,放在程序库中供调用,这些子程序就称为内部函数或标准函数。用户在使用时不必重新编写实现这些函数运算的源程序,只要写出相应的函数名和该函数所要求的自变量(变元、参数)即可。例如:

SQRT(4.0) 求出 4.0 的平方根,即 $\sqrt{4}$

SIN(2.0)　　求出 2(弧度)的正弦值

EXP(3.5)　　求出 $e^{3.5}$

LOG(3.0)　　求出 ln3

FORTRAN95 提供了 130 多个标准函数,表 3.6 给出了部分常用标准函数。

使用标准函数要注意以下几点。

(1) 在使用标准函数时,自变量必须要用括号括起来。如数学表达式"sinx+cosy",用 FORTRAN 语言表示必须写成"sin(x)+cos(y)",不加括号就是错误的。

(2) 标准函数的自变量个数可能不止一个,使用时必须与其要求相匹配。如平方根函数、三角函数等只有一个自变量,MOD 和 SIGN 函数必须要有两个自变量,MAX 和 MIN 函数需要两个或两个以上自变量。注意:当自变量个数规定为 2 时,自变量的顺序不能任意颠倒。例如,MOD(8,3)表示 8 被 3 除的余数,其值为 2,而 MOD(3,8)表示 3 被 8 除的余数,其值为 3。当自变量个数大于等于 3 时,函数结果和自变量的顺序无关。如 MAX(6,8,10) 和 MAX(10,6,8)的结果是一样的。

(3) 函数的自变量是有类型的,函数值也是有类型的。如 MOD(8,3)中,自变量 8 和自变量 3 是整型,函数 MOD(8,3)的值"2"也是整型,如果写成 MOD(8.0,3.0),自变量是实型的,函数值也是实型的,其值为 2.0。表 3.6 列出了所给标准函数的自变量类型和相应的函数值类型。

表 3.6　部分常用标准函数

函　数　名	含　　义	自变量类型	函数值类型
ABS(X)	求绝对值	整、实	与自变量相同
COS(X)	余弦	实、虚	与自变量相同
SIN(X)	正弦	实、虚	与自变量相同
TAN(X)	正切	实、虚	与自变量相同
ACOS(X)	反余弦	实、虚	与自变量相同
ASIN(X)	反正弦	实、虚	与自变量相同
ATAN(X)	反正切	实、虚	与自变量相同
LOG(X)	自然对数	实、虚	与自变量相同
LOG10(X)	常用对数	实、虚	与自变量相同
EXP(X)	指数	实、虚	与自变量相同
SQRT(X)	平方根	实、虚	实、虚
INT(X)	向零取整	整、实、虚	整型
MOD(X,Y)	求余	同整、实	与自变量相同
MAX(X_1,X_2…X_n)	求 X_1,X_2…X_n 中最大值	同整、实	与自变量相同
MIN(X_1,X_2…X_n)	求 X_1,X_2…X_n 中最小值	同整、实	与自变量相同
SIGN(X,Y)	求 X 的绝对值乘 Y 的符号	同整、实	与自变量相同
REAL(X,[实型 KIND 值])	将 X 转换为实型 KIND 值的实数	整、实、虚	实型
HUGE(X)	查询 X 所属类型的最大值	整、实	与自变量相同
TINY(X)	查询 X 所属类型的最小值	整、实	与自变量相同
KIND(X)	查询 X 的 KIND 参数值	基本数据类型	整型
CHAR(N)	将 ASCII 码 N 转换为对应的字符	整型	字符型
ICHAR(C)或 IACHAR(C)	将字符 C 转换为对应的 ASCII 码	字符型	整型
LEN(S)	求字符串 S 的长度	字符型	整型
SIZEOF(X)	查询 X 的存储字节数	内部数据类型	整型

(4) 自变量可以是常量、变量或表达式。如 SQRT(4.0)、SQRT(A)、SQRT(2.0+2.0) 均为合法。但类型应符合要求,例如 SQRT(I)就不合法,因为 I 为整型变量,而 SQRT 函数的自变量不能是整型量。

　　(5) 三角函数中角度的单位是"弧度",而不是"度°"。例如,SIN(1.0)表示的不是 sin1°,而是 sin57.29578°。1 弧度=57.29578°,sin30°应写成 SIN(30 * 3.14159/180)。

　　(6) 每个标准函数的函数值只有一个,且有明确的数据类型规定。绝大多数标准函数的函数值类型与自变量类型相同,如函数 SQRT(4.0D0)= 2.0D0,类型都为双精度型,也有个别标准函数的函数值类型与自变量类型不同,如函数 INT(8.6)= 8,自变量类型为实型,而函数值类型为整型。当 X 是 6 种基本数据类型之一时,SIZEOF(X)的类型均是整型。

　　(7) IMPLICIT 语句不能改变内部函数的类型。

　　(8) 函数引用的结果只是得到一个函数值,因此,函数引用不能作为一个单独的语句,而只能作为表达式的一部分。它可以出现在任何可以出现表达式的地方(如出现在赋值语句的右边、输出语句的输出表中,等等,当然也可以在函数调用中作为实际参数)。

　　下面通过例题来学习标准函数的使用。

　　【例 3-10】　标准函数的应用示例。

函数引用	结　　果	说　　明
SIN(3.141 592 6/2)	1.000 000	求正弦
INT(3.7)	3	趋向零取整
NINT(3.7)	4	四舍五入取整
LOG(1.5732,−1.5732)	(0.799 685 4,−0.785 398 2)	复数(1.5732,−1.5732)的自然对数
ICHAR('c')	99	小写字母 c 转换为其 ASCII 码值
CHAR(99)	c	将 ASCII 码值转换为对应的字符
MOD(3.5,−2.5)	1.000 000	求两个实型数 3.5 除以−2.5 的余数
MOD(−3,2)	−1	求两个整型数−3 除以 2 的余数
SIGN(−3,2)	3	将第二个数的符号传递给第一个数
SIZEOF(.TRUE.)	4	逻辑型数据的存储字节数
SIZEOF(3.6)	4	单精度型数据的存储字节数
SIZEOF(2)	4	整型数据的存储字节数
SIZEOF(2.3_8,2)	16	双精度复型数据的存储字节数

习　题　3

　　1. FORTRAN95 的字符集包括哪些内容?

　　2. 判定下列标识符中哪些是合法的、哪些是非法的,并解释非法标识符的错误原因。

　　(1) A12C　　　　　(2) C％50　　　　　(3) DZD~1　　　　　(4) SIN(X)

　　(5) D.2　　　　　(6) 'ONE'　　　　　(7) AX_12　　　　　(8) 23CS

　　(9) PRINT　　　　(10) 兰州　　　　　(11) C$D　　　　　(12) _HEL

　　3. FORTRAN95 的基本数据类型有哪些?

　　4. 简述符号常量与变量的区别。

5. 下列数据中哪些是合法的 FORTRAN95 常量？

(1) 34 　　　　　　　(2) 3.1415926 　　　　　(3) −129_1

(4) 3.96e−2 　　　　　(5) +256_3 　　　　　　(6) PARAMETER(n=10)

(7) 'CHINA' 　　　　　(8) "中国" 　　　　　　(9) (2.3,5.7)

(10) f 　　　　　　　(11) .TURE. 　　　　　　(12) .23

(13) 23. 　　　　　　(14) 3.96 * e−2 　　　　　(15) 3.96e−2.5

(16) .e−2

6. 已知 A=2、B=3、C=5.0，且 I=2，J=3，求下列表达式的值。

(1) A * B+C/I 　　　　(2) A * (B+C) 　　　　(3) A/I/J

(4) A ** J ** I 　　　　(5) A * B/C 　　　　　(6) A * (B ** I/J)

(7) A * B ** I/A ** J * 2

7. 将下列数学表达式转换成 FORTRAN95 表达式。

(1) $x \in (2,7)$

(2) $2.24 \leqslant x < 5.78$

(3) $2x+3y+6xy=0$

(4) $\dfrac{-b+\sqrt{b^2-4ac}}{2a}$

(5) e^{ay^2+by+c}

(6) $\cos^3\left(\dfrac{ax+b}{x^2+b^2}\right)$

(7) $|a-b| \leqslant c^2$

(8) 实数 a、b 和 c 能构成三角形的条件

第 4 章

顺序结构程序设计

教学目标：

- 掌握 FORTRAN 程序的基本框架；
- 掌握赋值语句的使用方法；
- 掌握表控输入输出语句的使用方法；
- 掌握 END 语句的使用方法；
- 了解 STOP 语句、PAUSE 语句的使用方法。

前两章讲述了程序中的一些基本要素，它们是构成 FORTRAN 语言程序的基本组成部分。从本章开始学习编程。首先从顺序结构开始。顺序结构是三种基本结构中最简单的一种，只须自上而下顺序执行每一条语句即可。

本章主要介绍实现顺序结构的基本语句：赋值语句、简单输入输出语句等，帮助初学者掌握 FORTRAN 程序的基本框架。

先从一个简单的例子开始学习编程。

【例 4-1】 已知 A＝1，B＝2，C＝A＋B，编写程序计算 C 的值。

程序编写如下：

```
INTEGER A,B,C              !定义整型变量 A,B,C
A = 1                      !给 A 赋值 1
B = 2                      !给 B 赋值 2
C = A + B                  !计算 A、B 的和
PRINT * ,'C = ',A,' + ',B,' = ',C    !输出 C 的值
END
```

程序运行结果如图 4.1 所示。

这个实例程序很简单，程序的实际执行命令有四行（第 2 至 5 行）。

第 2 行到第 3 行是赋值语句，分别将原始数据赋值给变量 A、B，以待后续处理；第 4 行也是赋值语句，是对原始数据的加工处理，即求

图 4.1　例 4-1 运行结果

和，求和后的结果保存到变量 C 中；第 5 行是输出语句，将运行结果显示到屏幕上。

程序执行时按顺序依次执行每一个语句的命令，直到程序结束。这种程序结构称为顺序结构，它是最简单的程序设计结构。

从本例也可以看出，FORTRAN 程序的基本框架是：类型说明、数据准备、算法实现、输出结果、结束程序。

下面介绍实现顺序结构的最基本语句。

4.1 赋 值 语 句

4.1.1 赋值语句的性质和作用

赋值的作用是将一个确定的值赋给一个变量。其一般格式为：

```
V = e
```

V 代表一个变量名（V 是"变量"的英文单词 Variable 的第一个字母），"＝"称为赋值号，e 代表一个表达式（e 是"表达式"的英文单词 expression 的第一个字母）。也可以写成：

变量 = 表达式

例如：

```
X = 1.2
Y = X
Z = ( - B + SQRT(6 ** 2 - 4 * A * C))/(2 * A)
```

都是正确的赋值语句。

对赋值语句说明如下。

（1）FORTRAN 的赋值语句有三类：算术赋值语句；逻辑赋值语句；字符赋值语句。

（2）赋值语句中的"＝"是赋值的符号，而不是等号。它的作用是将赋值号右边的表达式的值赋给其左边的变量。例如，赋值语句"A＝3.6"的作用是 3.6⇒A（将 3.6 送到变量 A 中）。因此在阅读程序时对赋值号的理解应是带方向的，"A＝3.6"应理解为"A⇐3.6"。

（3）算术赋值语句兼有计算和赋值的双重功能。先计算出表达式的值；然后将该值赋给一个变量。FORTRAN 程序中的求值计算主要是用赋值语句实现的。本章例 4-1 中的第 2、3、4 行都是赋值语句，可以看出赋值语句在程序中的作用。

（4）赋值语句给变量赋值的过程是"覆盖"的过程，即在变量对应的存储单元中用新的值去替换原有的值。例如：

```
N = N + 1
```

在数学中是错误的，但在 FORTRAN 语言中却是一句正确的赋值语句。该赋值语句作用是取出与变量 N 对应的存储单元中的数值，加上 1，再将新的值存入变量 N 对应的存储单元中，覆盖原来的值。如果 N 原来为 2，执行上面的赋值语句后，N 的值是 3，再执行一次，N 的值是 4，以此类推。

（5）根据赋值语句的性质，可以看出，赋值号左边只能是变量名（或数组名、数组元素名），而不能是表达式。赋值号右边可以是常量、变量或表达式（常量或变量是表达式的最简单的形式）。下面的赋值语句是不合法的：

```
X + Y = 3.6
```

因为找不到一个"X＋Y"的单元来存放 3.6 这个数值。显然，赋值号两侧的内容不能任意调换。下面两个程序的作用是不同的：

```
程序 1                         程序 2
A = 1.0                       A = 1.0
B = 2.0                       B = 2.0
A = B                         B = A
PRINT * ,A,B                  PRINT * ,A,B
END                           END
```

程序 1 打印出的 A 和 B 的值均为 2.0,而程序 2 打印出的 A 和 B 的值均为 1.0。

(6) 赋值语句不能连等,即赋值语句只允许出现一个赋值号,不允许有两个赋值号。例如,a＝b＝3 在数学上是合法的,但在 FORTRAN 中是非法的赋值语句。

(7) 复型变量的赋值语句中,如果实部和虚部不都是常数,而是表达式,应该用 CMPLX 函数将实部和虚部组成复型数据再赋给复型变量。

例如:

```
INTEGER C
COMPLEX A,B
A = (2.5,3.0)
B = CMPLX(2.5 * C,3.0)
```

如果 CMPLX 函数只有一个自变量,则它代表实部,如 CMPLX(3.0)的作用是将实数 3.0 转换成复数(3.0,0.0)。

4.1.2　执行算术赋值语句时的类型转换问题

一个算术赋值语句中的被赋值的变量(V)和表达式(e)的类型可以相同,也可以不同。FORTRAN 有如下规定。

(1) 如果变量 V 与表达式的类型相同,则直接进行赋值。如:

```
I = 3          (I 和 3 都是整型)
A = 5.7 * T    (A、5.7、T 都是实型)
```

(2) 如果类型不同,则应先算出表达式的值,然后将该表达式的值转化成被赋值变量的类型,最后再进行赋值。如:

```
I = 3.5 * 2.1
```

先计算表达式的值,3.5 * 2.1 的值为 7.35,实型。而赋值号前面的变量 I 为整型(I-N 规则),因此系统先自动将 7.35 转化成整数 7(与赋值号前面的变量 I 类型相同),再赋值给变量 I,I 的值等于 7。又如:

```
T = 3 * 5/7
```

表达式的值为 2,整型,赋值号前面的变量 T 为实型(I-N 规则),故系统先将整数 2 转化成实数 2.0,再赋给变量 T,T 的值为 2.0(在数学上 2 和 2.0 是等价的,但在 FORTRAN 中二者在内存中的存储形式不同)。

从以上两例可以看出,对赋值号两侧类型不同的赋值语句,其赋值过程是“先算后化再赋值”,即把表达式的结果先转化成被赋值变量的类型,然后再进行赋值。再如:

```
INTEGER: : N = 3
N = N * 1.5 + N/4
```

执行后,N 的值为 4。

赋值过程为:先计算表达式 N∗1.5+N/4,表达式计算分 3 步;第 1 步计算 N∗1.5,结果为 4.5;第 2 步计算 N/4,结果为 0,第 3 步计算 4.5+0,结果为 4.5。然后将表达式结果 4.5 转换为整型值 4,再赋值给整型变量 N。

当赋值号两侧的类型不同时,往往会产生程序设计者预想不到的结果。如:

```
IMAX = 13.7 * 2.5
```

本应得到 34.25,但由于被赋值的变量为整型,因此 IMAX 的值为 34。所以在编写程序时,应尽可能使赋值语句两侧保持相同类型。还应说明的是,如果类型不同而进行转换,将多耗费机器运行时间。

4.1.3 字符赋值语句和字符运算符

对于字符赋值语句,赋值时应遵循以下规律。

右边字符表达式长度与左边变量长度相同时,直接赋值;

右边字符表达式长度小于左边变量长度时,在表达式字符串后面补空格,使其和变量等长,然后赋值,即"左对齐,右补空格";

右边字符表达式长度大于左边变量长度时,将表达式字符串从左侧开始截取与变量长度相同的字符串,然后赋值,剩余舍去,即"左对齐,右截掉"。

【例 4-2】 字符型赋值语句练习。

```
CHARACTER * 5 CH1,CH2,CH3,CH4 * 1,CH5 * 11
CH1 = 'LOVE'
CH2 = 'CHINA'
CH3 = 'STUDENT'
CH4 = 'I'
CH5 = CH4//' '//CH1//'YOU! '
```

执行后,CH1 为'LOVE_ '(_表示空格),CH 2 为'CHINA',CH 3 为'STUDE',CH 4 为'I',CH 5 为'I _ LOVE_ YOU!'。

需要注意的是:

(1) 例 4-2 中出现的字符连接符"//",作用是将两个字符型数据连接起来,组成一个新字符型数据,如例 4-2 中的 CH 5。它是唯一的一个字符运算符。

(2) CH2(3:3)表示 CH 2 的一个子串,即一个字符串的一部分称为该字符串的子串。通常表示为:

字符变量名(*m:n*)

其中 *m* 和 *n* 是整数或整型表达式,用来表示子串在字符串中的起止位置,取值范围为:字符串长度≥*n*≥*m*≥1。

4.2 简单的输出语句

4.2.1 输出语句的作用和分类

程序的作用是对输入的数据进行加工处理,然后将结果输出。最常用的输出是"打印"(或显示)。FORTRAN 中常用 PRINT 语句或 WRITE 语句实现打印输出。

要输出一个(或多个)数据时,需要通知系统以下信息。

(1) 在什么设备上输出。

(2) 用什么格式输出(每个数据如何表示、占多少列、数据间如何分隔等)。

(3) 输出哪些数据,即输出的内容。

如果已明确用打印机或显示器输出,就可以用 PRINT 语句,或者反过来说,用 PRINT 语句只能在打印机或显示器输出。这样,在 PRINT 语句中还要将上面提到的第(2)、(3)个信息通知系统。

FORTRAN 的输出格式有以下三类。

(1) 按系统隐含的标准格式输出,又称表控格式输出。

(2) 按用户指定的格式输出,即有格式输出。

(3) 无格式的输出。它是以二进制的形式输出数据,只适用于向磁盘、磁带等输出。

本章只介绍前两种输出格式。

4.2.2 表控输出语句

表控输出是"表控格式"输出(List Directed Format)的简称,即由计算机系统隐含规定了输出的格式,即标准格式。用这种方式输出数据时,系统自动地分别为每一个不同类型的数据规定所占的列数和数据的表示形式(例如,实数是用小数形式输出还是用指数形式输出,小数点位置在何处,等等)。表控输出是最简单的输出方式,用户不必说明输出格式,系统自动按隐含的标准格式输出,因此表控输出也称为固定格式输出。

表控输出语句一般格式为:

`PRINT *,输出项表列`

"*"表示在系统隐含指定的输出设备(一般为显示器)上按系统隐含的标准格式输出数据。

输出项表列由若干输出项组成,输出项可以是常量、变量、表达式,各输出项之间用逗号间隔。

例如"PRINT *,A,35.0,A*2"是合法输出语句。执行此输出语句时,计算机按系统隐含规定的格式在显示器上输出 3 个实型数据。

说明:

(1)"*"后可以无任何输出项,如"PRINT *"输出一空白行,相当于一个换行语句。

(2) 系统隐含规定的输出格式非常简单,数据按规定的输出列数及显示形式输出,数据之间不添加分隔符。

(3) 可以在一个 PRINT 语句中输出不同类型的数据。如:

```
PRINT * ,A,B,C,I,J,K,'CH&$ # '
```

当一个 PRINT 语句的输出在一行内打印不下时,会自动换行再打印,直到把全部输出的数据打印完。

(4) 输出语句中输出项如果是字符串,则字符串中内容原样输出。

例如:

```
X = 1.5; Y = 2.5; Z = 6.5
PRINT * ,' 平均值 = ',(X + Y + Z)/3.0
END
```

输出结果如图 4.2 所示。

(5) 有多个输出语句时,每个 PRINT 语句都从新的一行开始输出数据。

例如,执行下面语句:

```
I = 12; J = - 25; A = 12.345; B = 245.5e2
PRINT * ,I,J
PRINT * ,A
PRINT * ,B
END
```

输出结果如图 4.3 所示。

图 4.2 运行结果示例 1

图 4.3 运行结果示例 2

程序中有三个 PRINT 语句,所以分三行输出。

(6) 在输出时,如果一个实数的整数部分的位数多于系统规定的有效位数,或实数的数值小于1,则在输出时会自动转换成规范化的指数形式输出。

(7) 表控输出语句也可以写为以下形式:

```
WRITE( * , * )输出项表列
```

其中,第一个"*"表示系统隐含指定的输出设备(显示器),第二个"*"表示用表控格式输出。

注意,不同的计算机系统对表控输出有不同的规定。例如对一个整型数,有的系统分配13列,有的分配 10 列,也有的不规定固定的列数而按数据的实际长度打印,在两个数据之间空一个空格。请读者自己上机体会。

4.3　简单的输入语句

4.3.1　输入语句的作用和分类

所谓输入是指从外部设备上将数据输到计算机内存中。向计算机输入数据又叫做"计算机从外部设备读入数据",输出数据又叫做"向外部设备写数据"。

FORTRAN 用 READ 语句实现输入数据。与输出一样,输入也有以下三种类型。

(1)用自由格式输入,又称表控格式输入。

(2)按用户指定的格式输入。

(3)无格式的输入。即以二进制形式输入,只适用于从磁盘、磁带等输入。

据前文所述,赋值语句可以对变量赋初值,那为什么还要引入 READ 语句输入数据呢?先来看下面的例子。

【例 4-3】 用输入语句实现例 4-1。

在例 4-1 中,我们通过赋值语句将需要计算的原始数据 1 和 2 分别保存到了变量 A 和 B 中,那么除了通过赋值语句,还有其他方法可以将数据 1 和 2 保存到变量 A 和 B 中吗? 如果要用这个程序求 3 和 4 的和值,或者其他两个整数的和值时,应该如何修改程序呢?

上述问题可以通过输入语句解决。

程序修改如下:

```
INTEGER A, B, C              !定义整型变量 A,B,C
READ * , A, B                !从键盘输入数据到变量 A 和 B
C = A + B                    !计算 A、B 的和
PRINT * ,'C = ',A,' + ',B,' = ',C   !输出 C 的值
END
```

程序运行结果如图 4.4 所示。

再次运行程序,如图 4.5 所示。

图 4.4 例 4-3 运行结果 1   图 4.5 例 4-3 运行结果 2

通过执行输入语句,每次运行程序时从键盘上输入两个不同整型数据到变量 A 和 B 中,增加了程序的灵活性,程序可以计算任意两个由用户从键盘输入的数据之和。所以和赋值语句相比,输入语句增加了程序的灵活性和通用性。

4.3.2 表控输入语句

表控输入又称自由格式输入,用户不必指定输入数据的格式,只须将数据按其合法形式依次输入即可,数据间以逗号或空格间隔。

表控输入语句的一般格式为:

READ * ,输入项表列

"*"表示从系统隐含指定的输入设备(一般为键盘)上按表控格式输入数据。

例如"READ * ,A,B,C"是合法输入语句。执行此输入语句要求用户从键盘输入 3 个实型数据,分别给变量 A、B、C。

说明：

（1）"＊"后面可以为空，即"READ ＊"是合法输入语句，执行该语句，等待用户按 Enter 键。

（2）输入项表列必须由变量组成（即 READ 语句只能给变量（数组、数组元素）输入数据），可以有一个或多个变量，变量之间用逗号间隔，且可以是多个不同类型的变量。

下面语句是合法的变量说明语句和输入语句：

```
INTEGER I,J
REAL A,B
CHARACTER * 8 STR1, STR2 * 5
LOGICAL LOG1,LOG2
READ * , STR1,I,J,STR2,A,LOG1,B,LOG2
```

（3）输入数据时，数据按合法形式表示，输入数据的次序和类型要与输入表中各变量的次序和类型相一致。如果只输入一个数据，直接输入后回车确定；如果输入多个数据，数据之间用逗号、空格或回车键间隔。

例如：

```
READ * ,A
```

输入方式：12.5↙ （↙表示回车，下同）

```
READ * ,A,B,C
```

输入方式：

```
12.5,2.6,31.4↙
```

或

```
12.5 2.6 31.4↙
```

或

```
12.5 ↙
2.6 ↙
31.4 ↙
```

（4）如果输入时输入数据个数少于输入表中变量的个数，则计算机将等待用户继续输入（光标闪烁），如果输入数据多于输入表中变量个数，则多余数据不起作用。

（5）如果有多个输入语句时，每个 READ 语句都从新的一行开始读数据。

例如：

```
READ * ,I,J
READ * ,A
READ * ,B
```

执行上面语句时，应按以下方式输入 4 个数据：

```
12,25 ↙
25.5 ↙
3.6 ↙
```

第一个 READ 语句依次读 12 和 25，赋予 I 和 J；第二个 READ 语句从第二行开始读数，读入 25.5，赋予 A；第三个 READ 语句从第三行开始读数，读入 3.6，赋予 B。

（6）表控输入也可以写为以下形式：

```
READ(*,*)输入表
```

其中，第一个"*"表示系统隐含指定的输入设备（键盘），第二个"*"表示表控输入。

4.4　END 语句、STOP 语句和 PAUSE 语句

4.4.1　END 语句

END 语句即结束语句。它的作用为以下两点。

（1）结束本程序单元的运行。

（2）作为一个程序单元的结束标志，END 语句应写在其所在程序单元的最后一行。

END 语句在主程序中兼有 STOP 语句的作用（使程序停止运行），在子程序中兼有 RETURN 语句的功能（控制返回到调用程序）。

4.4.2　STOP 语句

STOP 语句可在主程序单元、模块单元和外部子程序单元中使用。STOP 语句即停止语句，它的功能是随时终止程序运行，返回操作系统控制状态。一个程序单元中可有多个 STOP 语句，STOP 语句可以像任何可执行语句一样出现在程序任何可执行语句处。

STOP 语句的一般格式为：

```
STOP [n]
```

其中 n 是一个不超过 5 位数的数字或一个字符串，执行 STOP 语句时输出整数或字符串，供程序员辨别程序流程。

除非必要，不要将 STOP 命令使用在主程序结束之外的其他地方，因为一个程序如果有太多的终止点会容易出错。STOP 命令并不是必要的，因为程序执行完毕会自动终止。

4.4.3　PAUSE 语句

PAUSE 语句即暂停语句，其功能是暂时停止程序运行，而不是结束运行。PAUSE 语句只是让系统把程序暂时"挂起"，等待程序员完成其他工作。

一个 PAUSE 语句就是程序中的一个"断点"，可根据需要写几个 PAUSE 语句，即将程序根据需要分成几个运行段，便于调试程序。在调试程序时，按照 PAUSE 语句的设置逐段检查运行程序，从中发现程序中的错误。在调试完成后，一般将 PAUSE 语句删除。

PAUSE 语句的一般格式为：

```
PAUSE [n]
```

其中 n 的含义与 STOP 语句中的相同。

由于现在的编译环境中可直接设置"断点",因此 PAUSE 语句一般不再使用。

4.5 程序举例

【例 4-4】 已知三角形的三个边长,试计算三角形的面积。

分析:用 x、y、z 分别表示三角形的三个边长,s 表示三角形的面积。

根据公式 $s=\sqrt{c(c-x)(c-y)(c-z)}$,其中 $c=\dfrac{x+y+z}{2}$。

程序编写如下:

```
REAL X,Y,Z,C,S
X = 3
Y = 4
Z = 5
C = (X + Y + Z)/2
S = SQRT(C * (C - X) * (C - Y) * (C - Z))
PRINT * ,' 三角形的面积为: ',S
END
```

程序运行结果如图 4.6 所示。

图 4.6　例 4-4 运行结果

【例 4-5】 将两个变量的值互换。

分析:用变量 A 和 B 存放待交换的数据,用临时变量 T 保存其中一个变量(如 A)的值,T = A,再通过 A=B 和 B=T 实现交换。

程序编写如下:

```
INTEGER A,B
READ * ,A,B
PRINT * , ' 交换前 A 和 B 的值分别为: ','A = ',A,'B = ',B
T = A
A = B
B = T
PRINT * ,' 交换后 A 和 B 的值分别为: ','A = ',A,' B = ',B
END
```

程序运行结果如图 4.7 所示。

图 4.7　例 4-5 运行结果

注意：该程序也可以不用设中间变量 T，直接用 A 和 B 两个变量来完成。

程序修改如下：

```
INTEGER A, B
READ * , A, B
PRINT * ,'交换前 A 和 B 的值分别为：','A = ',A,'B = ',B
A = A + B
B = A - B
A = A - B
PRINT * ,'交换后 A 和 B 的值分别为：','A = ',A,'B = ', B
END
```

【例 4-6】　任意输入两个数，求它们的和、差、积、商。

分析：用变量 A 和 B 存储待输入的两个数，用变量 H、C、J、S 分别表示和、差、积、商。

程序编写如下：

```
REAL A,B
READ * , A,B
H = A + B
C = A - B
J = A * B
S = A/B
PRINT * ,'A,B 两数之和为：',H
PRINT * ,'A,B 两数之差为：',C
PRINT * ,'A,B 两数之积为：',J
PRINT * ,'A,B 两数之商为：',S
END
```

程序运行结果如图 4.8 所示。

图 4.8　例 4-6 运行结果

注意：该程序的计算表达式可直接写在 PRINT 语句中。

程序修改如下：

```
REAL A,B,H,C,J,S
READ * , A,B
PRINT * ,'A,B 两数之和为：',A + B
PRINT * ,'A,B 两数之差为：',A - B
PRINT * ,'A,B 两数之积为：',A * B
PRINT * ,'A,B 两数之商为：',A/B
END
```

【例 4-7】　输入一个三位整数，输出其每一位位数的平方值。如输入 135，分别输出 5^2、3^2、1^2 值，即输出 25、9、1。

分析：用 N 表示原始输入的三位整数，I、J、K 分别代表其个位、十位、百位数字，在输出语句中直接输出 I、J、K 的平方值，可以采用求余法和拆数法。

方法 1：求余法

```
INTEGER N, I, J, K, M
READ * , N
PRINT * , ' 原来的三位整数为：',N
I = MOD(N,10)                        !求 N 的个位数字
J = MOD(N/10,10)                     !求 N 的十位数字
K = N/100                            !求 N 的百位数字
PRINT * ,' 个位数字的平方是：',I ** 2
PRINT * ,' 十位数字的平方是：',J ** 2
PRINT * ,' 百位数字的平方是：',K ** 2
END
```

可以看出，用求余法计算各位数字时，先计算任何一位数字都可以，即求解个位、十位、百位的顺序不受限制。

程序运行如图 4.9 所示。

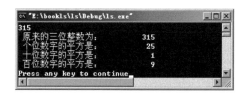

图 4.9　例 4-7 运行结果

方法 2：拆数法

解决该题目的关键在于如何表示数字 N 的各位数字，也可根据数的大小的表示方法，结合数学知识，用如下方法计算，简称拆数法。如 $123 = 1 \times 10^2 + 2 \times 10 + 3$，即百位上的数字代表几个百，十位上的数字代表几个十，个位上的数字代表几个一。由此可以分别求出每个数字各个位上的数字。本例采用拆数法求得的各位上数字的过程如下：

```
K = N/100                        !求 N 的百位数字
J = (N − K * 100)/10             !求 N 的十位数字
I = N − K * 100 − J * 10         !求 N 的个位数字
```

可以看出，除了采用数字大小的表示方法外，还利用了整除整得整的 FORTRAN 规定。和求余法相比，用拆数法求解个位、十位、百位的顺序受限，即应先求高位上的数字，再求低位上的数字。

在求解各位上的数字时，求余法和拆数法可以混用。也可以采用别的方法来表示 N 的各位数字，请读者自己动手写一下。

习　题　4

1. 判断下列赋值语句的正误，如果错误，请说明理由。变量的类型遵循 I-N 规则。

(1) V ＝ v

（2）X＝2A＋B

（3）M＊N＝4＊A＊＊2－2＊B－A＊A＊C

（4）X＝Y＝Z＋2.0

（5）I＝.TRUE.

2. 写出执行下列赋值语句后变量中的值。变量的类型遵循 I-N 规则。设 I＝9,J＝3, K＝－4,T＝2.5,X＝6。

（1）L＝I/J＊X　　　　　　　（2）M＝J＊T＋I　　　　　　　（3）Y＝1.0＊K/X

（4）Z＝J＋K＊T　　　　　　　（5）A＝1/K＊K＋K＊＊2

3. 写出以下程序的运行结果。

（1）A = 12.58
　　A = (A－.15)＊10
　　I = A
　　A = I
　　A = A/10
　　PRINT ＊,A
　　END

（2）K = 2.5＊2/5＊3/2
　　WRITE(＊ , ＊) 9/10,MOD(9,10),K
　　END

（3）CHARACTER ＊ 5 CH1,CH 2,CH 3 ＊ 10
　　CH 1 = ' easy '
　　CH 2 = ' difficult '
　　CH 3 = CH 1//CH2
　　CH 1 = CH 3(6:9)
　　CH 2 = CH 3(:5)
　　PRINT ＊ ,CH 1,CH 2,CH 3
　　END

4. 编写程序,解决下面的问题。

（1）输入一个小写字母,将其转换为大写字母后输出。

（2）任意输入一个两位数,求其个位数字和十位数字的和为多少;将个位数字和十位数字互换,求得到的新的两位数是多少。

（3）已知 $f(x)＝x^3＋\sin^2 x＋\ln(x^4＋1)$,输入自变量的值,求函数值。

（4）某地 2017 年人均收入为 15 000 元,求:

① 如果到 2030 年人均收入翻两番,则年平均增长速度为多少?

② 如果年平均增长速度为 5%,几年后人均收入可以翻两番?

第5章

选择结构程序设计

教学目标：

- 掌握 6 个关系运算符和 6 个逻辑运算符；
- 学会运算常见的关系表达式和逻辑表达式；
- 熟练掌握逻辑 IF 语句；
- 熟练掌握块 IF 结构；
- 灵活使用块 IF 结构的嵌套；
- 理解块 CASE 结构。

顺序结构由上而下依次执行每一条语句，只能解决简单的问题。在实际问题中常常要根据不同的条件执行不同的语句，这就需要引入选择结构。

选择结构：根据给定的条件是否成立，选择执行某一部分的操作。故选择结构又叫分支结构。

本章先介绍用于条件准备的关系表达式和逻辑表达式，再介绍用逻辑 IF 语句、块 IF 结构和 CASE 结构来实现选择。

5.1 选择结构中的条件准备

用选择结构，必须先准备条件。准备条件常用关系表达式和逻辑表达式来实现。什么是表达式？表达式就是用运算符将常量、变量和函数等连接起来的式子。运算符是对同类型的数据进行运算操作的符号。表达式的类型由运算符的类型决定。每个表达式按照规定的运算规则产生一个唯一的值。

FORTRAN 共有四种表达式，即算术表达式、字符表达式、关系表达式和逻辑表达式。前面章节里我们介绍了算术表达式和字符表达式（字符运算符只有一个"//"字符连接符），本章介绍关系表达式和逻辑表达式。

5.1.1 关系运算符和关系表达式

1. 关系运算符

FORTRAN95 提供了 6 个关系运算符，如表 5.1 所示。

使用关系运算符时要注意以下几点。

(1) 两种格式可以单独使用，也可以混合使用。

(2) 使用字母格式时，两边黑点不能省略。

(3) 各关系运算符优先级别相同，从前向后依次运算即可。

表 5.1　FORTRAN95 支持的关系运算符

关系运算符		英 语 含 义	数学意义
字母格式	符号格式		
. lt.	<	less than	小于
. le.	<=	less than or equal to	小于等于
. eq.	= =	equal to	等于
. ne.	/=	not equal to	不等于
. gt.	>	greater than	大于
. ge.	>=	greater than or equal to	大于等于

2. 关系表达式

由关系运算符把两个算术量或字符量连接起的式子称为关系表达式。关系运算即"比较运算"。

关系表达式结果是逻辑常量,故关系表达式是最简单的逻辑表达式。一般格式为:

<算术量 1> 关系运算符 <算术量 2>

例如,5>3、A<B、A+B>=C−D、'china'>'canada'、MOD(M,2).EQ.0 等都是合法的关系表达式。

说明:

(1) 关系表达式中,算术量一般是算术型的常量、变量、函数和算术表达式。

(2) 关系运算符两侧还可以是字符型量。如果是字符型量,则称为字符型关系表达式。

(3) 关系表达式的结果是逻辑常量,即. TRUE. 或. FALSE. 。

逻辑值在内存中用−1(. TRUE.)或 0(. FALSE.)来进行存储,因而从语法而言,逻辑值可以作为关系运算符的算术量,即 6>5>4 是合法的关系表达式。但不主张这样做,因为在 FORTRAN 中,6>5>4 的结果是假,这与数学上的结果不同,易造成错误,这一点要特别注意。实际使用中,一个关系表达式最好只使用一个关系运算符。如果要表示上述 6>5>4 条件,应用逻辑运算符连接,5.12 节将会介绍。

(4) 关系运算符两边的算术量类型不一致时,将自动进行类型转换,转换原则是低级向高级转换。

(5) 谨慎使用等于或不等于关系运算符来判断实型数据之间的关系。由于实型数据在存储时是用近似值表示的,可能存在误差,因此在判定两个实型算术量是否相等时,通常采用差值比较方式。如 A. EQ. B 可以改写为 ABS(A−B)<1E−6 的形式,当 A 与 B 的差值小于某个很小的数(通常取 1E−6)时,可以认为 A 与 B 相等。

(6) 算术运算符的优先级别高于关系运算符。

(7) 算术量是字符串的关系表达式是字符关系表达式。字符串比较大小时,遵循以下原则。

① 单个字符进行比较时,比较的是这两个字符的 ACSII 码值。

例如:

'C'>'B'的值为真
'E'>'e'的值为假

② 两个字符串比较时,比较的是第一对不同字符的 ACSII 码值。

例如,'CHINA'与'CANADA'比较大小时,先比较两字符串的第一个字符'C'的 ASCII 码,由于相同,接着比较第二个字符'H'与'A'的 ASCII 码,'H'的 ASCII 码是 72,而'A'的 ASCII 码是 65,因此'CHINA'>'CANADA'的结果为真。

③ 若两个字符串中字符个数不相等时,则将较短的字符串后面补空格后再比较。

例如,'the'与'there'比较大小时,前面的三个字符完全相同,无法比较出大小,需要在第一个字符串后加空格,然后与第二个字符的'r'进行比较,由于空格的 ASCII 码值最小,故'the'<'there'的值为真。

【例 5-1】 给出下列关系表达式的值。

关系表达式	运算结果
6 > 4	真(T)
3.0 + SQRT(2.0)> 6	假(F)
.FALSE. = = 0	真(T)
SQRT(3.0)/ = 1.732	真(T)
'THis'<'THIN'	假(F)

5.1.2 逻辑运算符和逻辑表达式

1. 逻辑运算符

逻辑运算符是连接两个逻辑量的运算符,FORTRAN95 提供了 6 种逻辑运算符,如表 5.2 所示。

表 5.2 逻辑运算符及运算规则

逻辑运算符	名称	逻辑运算举例	运 算 规 则
.AND.	逻辑与	A.AND.B	交集,当且仅当 A、B 均为真时,逻辑表达式 A.AND.B 的值才为真,否则为假
.OR.	逻辑或	A.OR.B	并集,A 或 B 之一为真,逻辑表达式 A.OR.B 的值就为真,否则为假
.NOT.	逻辑非	NOT.A	逻辑值 A 取反,A 为真时,逻辑表达式 NOT.A 的值为假,A 为假时,逻辑表达式 NOT.A 的值为真
.EQV.	逻辑等	A.EQV.B	A、B 的逻辑值相同时为真,否则为假
.NEQV.	逻辑不等	A.NEQV.B	A、B 的逻辑值不同时为真,否则为假
.XOR.	逻辑异或	A.XOR.B	A、B 的逻辑值不同时为真,否则为假

注:表 5.2 假设 A、B 均为逻辑变量。

为方便理解,表 5.3 列举了当 A 和 B 的逻辑值为不同组合时各种逻辑运算的结果。

表 5.3 不同组合的逻辑运算值

A	B	.NOT.A	.NOT.B	A.AND.B	A.OR.B	A.EQV.B	A.NEQV.B	A.XOR.B
真	真	假	假	真	真	真	假	假
真	假	假	真	假	真	假	真	真
假	真	真	假	假	真	假	真	真
假	假	真	真	假	假	真	假	假

逻辑运算符的优先级如下：

.NOT.

.AND.

.OR.

.EQV. .NEQV. .XOR.

2. 逻辑表达式

逻辑表达式是用逻辑运算符对逻辑量进行运算的表达式，一般格式为：

<逻辑量 1> 逻辑运算符 <逻辑量 2>

FORTRAN95 提供的逻辑量可以是：逻辑常量、逻辑变量、逻辑表达式和关系表达式（关系表达式的结果为逻辑值）。

例如，TRUE. AND. TRUE.、A. OR. B、2 > 1. AND. 3 < 4、.NOT. (. TRUE.. AND.. FALSE.)等都是合法的逻辑表达式。

运算符不只有一类的表达式为混合表达式。混合表达式的运算次序为：先算术，再关系，最后是逻辑。逻辑的顺序是 .NOT.、.AND.、.OR. 的顺序。

【例 5-2】 设 A＝4.2，B＝5，C＝3.5，D＝1.0。指出表达式的运算次序和结果。

A >= 0.0 .AND. A+C>B+D .OR. .NOT. .TRUE.

解：该表达式是混合表达式，按以下次序进行计算。

（1）A＋C 的值是 7.7

（2）B＋D 的值是 6.0

（3）A>=0 的值是 .TRUE.

（4）A＋C>B＋D 即 7.7>6.0 的值是 .TRUE.

（5）.NOT. .TRUE. 的值是 .FALSE.

（6）A >= 0.0 .AND. A+C>B+D 即 .TRUE. .AND. .TRUE. 的值是 .TRUE.

（7）A >= 0.0 .AND. A+C>B+D .OR. .NOT. .TRUE. 即 .TRUE. .OR. .FALSE. 的值，是 .TRUE.

上述过程可以表示为：

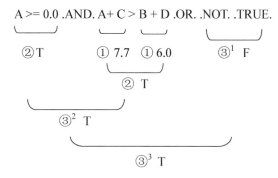

合理使用逻辑表达式可以简化判定条件，从而简化语句书写。

5.2 逻辑 IF 语句

逻辑 IF 语句是用来实现最简单的选择结构的语句,一般格式为:

IF(表达式 e)可执行语句 s

逻辑 IF 语句的执行过程是:先计算表达式 e 的值,当表达式 e 的值为真时,执行可执行语句 s,s 执行后,终止该逻辑 IF 语句,继续执行逻辑 IF 语句后面的其他操作;若表达式 e 的值为假,则终止该逻辑 IF 语句,不执行其后可执行语句 s 而直接执行逻辑 IF 语句后面的其他操作。图 5.1 描述了逻辑 IF 语句的执行过程。

使用逻辑 IF 语句时应注意以下几点。

(1) 逻辑 IF 语句中的可执行语句 s 只能是一条语句。它可以是赋值语句、输入输出语句、STOP 语句等,但不能是 END 语句、其他逻辑 IF 语句、DO 语句、块 IF 语句、ELSE IF 语句、ELSE 语句、END IF 语句和非执行语句。

(2) 表达式 e 的结果必须是一个逻辑值,因此表达式 e 一般是一个关系表达式或逻辑表达式,但也可以是一个整型常量。编译系统将非零整型常量当作.TRUE.,将零当做.FALSE.。

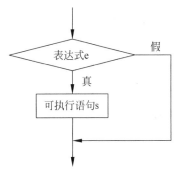

图 5.1 逻辑 IF 语句执行过程

【例 5-3】 输入两个整型数到 A、B 变量,如果 A>B,输出 A−B 的值,否则结束。

程序编写如下:

```
INTEGER A,B
READ *,A,B
IF(A>B) PRINT *,A-B
END
```

(1) 输入 A=5,B=3 时,程序运行结果如图 5.2 所示。

(2) 输入 A=3,B=5 时,程序运行结果如图 5.3 所示。

图 5.2 例 5-3 运行结果 1

图 5.3 例 5-3 运行结果 2

由上面的计算结果可以看到,当 A>B 为假时,则不执行语句"PRINT *,A−B"。

【例 5-4】 已知三个整数 A、B、C,试编写程序,输出它们的最大值。

流程图见图 5.4。

程序编写如下:

```
INTEGER A,B,C,MAX
PRINT *,"请输入三个整数"
```

```
READ * ,A,B,C
MAX = A
IF(B > MAX) MAX = B
IF(C > MAX) MAX = C
PRINT * , MAX
END
```

程序运行结果如图 5.5 所示。

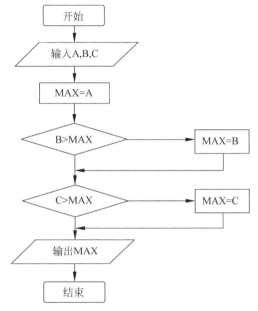

图 5.4　三个数找最大值的流程图　　　　　图 5.5　例 5-4 运行结果

5.3　块 IF 结构

逻辑 IF 语句中的可执行语句只有一个,不能描述复杂的操作。若要描述多于一条语句的操作,可用块 IF 结构实现。块 IF 结构分为单分支、双分支和多分支三种情况。

5.3.1　单分支块 IF 结构

一般格式为:

```
IF(表达式 e)THEN
    <THEN 块>
ENDIF
```

块 IF 结构的入口是 IF(表达式 e)THEN 语句,出口是 ENDIF 语句,入口、出口必须配对,结构才完整。

单分支块 IF 结构的执行过程:如果表达式 e 的值为真,则执行 THEN 块,否则什么都不做。THEN 块中可以包含一条或多条可执行语句。

单分支选择结构的流程图见图 5.6。

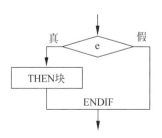

图 5.6　单分支选择结构

【**例 5-5**】 用单分支块 IF 结构实现例 5-3。

程序编写如下：

```
INTEGER A,B
READ *,A,B
IF(A>B) THEN
  PRINT *,A-B
ENDIF
END
```

程序运行结果如图 5.7 所示。

图 5.7　例 5-5 运行结果

【**例 5-6**】 输入学生的姓名和计算机课成绩，如果成绩大于 60 分，就输出学生的姓名、计算机课成绩和等级合格。

程序编写如下：

```
REAL SCORE
CHARACTER * 8,NAME
PRINT *,'请输入学生姓名和计算机课成绩'
READ *, NAME,SCORE
IF(SCORE>60.0)THEN
  PRINT *, NAME,'的计算机课成绩是',SCORE
  PRINT *,'等级成绩：合格'
ENDIF
END
```

程序运行如图 5.8 所示。

如果输入的成绩小于 60 分，则程序运行结果会变为图 5.9。

图 5.8　例 5-6 运行结果 1

图 5.9　例 5-6 运行结果 2

5.3.2　双分支选择块 IF 结构

一般格式如下：

```
IF(表达式 e)THEN
  <THEN 块>
```

ELSE
  <ELSE 块>
ENDIF

如果表达式 e 的值为真,执行 THEN 块,否则执行 ELSE 块。THEN 块和 ELSE 块都可以包含一条或多条可执行语句。

双分支选择结构的流程图见图 5.10。

【例 5-7】 小学算术减法运算,输入两个整型数到 A、B 变量,判断条件 A>B 是否成立。如果成立则执行 A−B,否则执行 B−A,输出计算结果。

程序编写如下:

```
INTEGER A,B,C
PRINT * ,'请输入任意两个整数'
READ * , A,B
IF(A>B)THEN
  C = A − B
ELSE
  C = B − A
ENDIF
PRINT * ,"两数之差为: ",C
END
```

图 5.10 双分支选择结构

程序运行结果如图 5.11 所示。

【例 5-8】 输入一个整数,判断它是奇数还是偶数。

程序编写如下:

```
INTEGER NUM
PRINT * ,'请输入任意一个整数 '
READ * , NUM
IF(MOD(NUM,2) = = 0)THEN
    PRINT * , NUM,"是一个偶数"
ELSE
    PRINT * , NUM,"是一个奇数"
ENDIF
END
```

程序运行结果如图 5.12 所示。

图 5.11 例 5-7 运行结果   图 5.12 例 5-8 运行结果

5.3.3 多分支块 IF 结构

当需要判断两个或两个以上的条件,即"多重判断"时,需要通过多分支选择结构来实现。

一般格式如下:

```
IF(表达式 e1)THEN
    <THEN 块 1>
ELSE IF(表达式 e2)THEN
    <THEN 块 2>
ELSE IF(表达式 e3)THEN
    <THEN 块 3>
...
ELSE IF(表达式 en)THEN
    <THEN 块 n>
ELSE
    <ELSE 块>
ENDIF
```

多分支选择块 IF 结构的执行过程是:先计算表达式 e1 的值,当表达式 e1 的值为真时,执行 THEN 块 1,执行完后跳到 ENDIF 语句,结束块 IF 结构;当表达式 e1 的值为假时,计算表达式 e2 的值,当其值为真时,执行 THEN 块 2,执行完后跳到 ENDIF 语句,结束块 IF 结构;否则接着判断表达式 e3 的真假。如此不断重复,直到最后一个条件为真时执行最后一个 THEN 块,否则执行唯一的一个 ELSE 块并结束块 IF 结构。

【例 5-9】 某电视台晚上 9 点的节目安排如下:

星期一、四:卡通片

星期二、五:电视剧

星期三、六:文艺综艺节目

星期日:周日影院

编程实现:当输入星期几时,可查询输出当天晚上的节目。

分析:为简单起见,用整型数 1～7 代表星期一到星期日。

程序编写如下:

```
INTEGER WEEK
PRINT *,"请输入查询数字 1-7,对应查询每日节目: "
READ *,WEEK
IF(WEEK = =1.OR.WEEK = =4) THEN
  PRINT *,"今日节目为:卡通片."
ELSE IF(WEEK = =2.OR.WEEK = =5) THEN
  PRINT *,"今日节目为:电视剧."
ELSE IF(WEEK = =3.OR.WEEK = =6) THEN
  PRINT *,"今日节目为:文艺综艺节目."
ELSE IF(WEEK = =7) THEN
  PRINT *,"今日节目为:周日影院."
ELSE
  PRINT *,"输入查询数字有误!"
ENDIF
END
```

程序运行结果如图 5.13 所示。

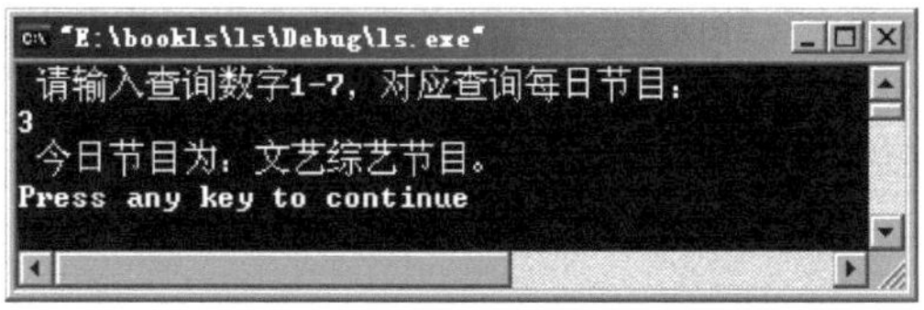

图 5.13 例 5-9 运行结果

使用块 IF 结构的说明如下。

(1) 双分支选择块 IF 结构是块 IF 结构的基本结构。一个基本块 IF 结构由 IF 语句、THEN 块、ELSE 语句和 END IF 语句组成。IF 语句、ELSE 语句和 END IF 语句都要单独占一行。

(2) 单分支块 IF 结构缺少 THEN 块或 ELSE 语句、ELSE 块；多分支块 IF 结构则比基本块 IF 结构多 ELSE IF…THEN 语句。不管是哪一种块 IF 结构，IF 语句和 END IF 语句必不可少，如果有 ELSE 语句，则 ELSE 语句和 ELSE 块都只能有一个。

(3) IF 语句行代表块 IF 结构的开始，END IF 语句表示块 IF 结构的结束。块 IF 结构的 THEN 块和 ELSE 块一般由多个可执行语句组成，它们也可以是一个块 IF 结构，这就是 5.4 节要阐述的块 IF 的嵌套。

5.4 块 IF 结构的嵌套

一个块 IF 结构中又完整地包含另一个或多个块 IF 结构，称为块 IF 的嵌套。

使用嵌套的块 IF 结构应注意以下几点。

(1) 在嵌套的块 IF 结构中，内层的块 IF 结构不能和外层的块 IF 结构相互交叉，只能是包含与被包含关系。

为了使程序清晰，一般在书写时应将每一个内嵌的块 IF 结构向右缩进几格，同一层块 IF 结构的 IF 语句、ELSE 语句和 END IF 语句列对齐。

(2) 流程不允许从块 IF 结构外控制转移到块 IF 结构内的任何位置。

一般格式为：

```
IF(..) THEN
  IF(..) THEN
    IF(..) THEN
    ...
    ELSE IF(..) THEN
    ...
    ELSE
    ...
    ENDIF
  ENDIF
ELSE
  IF(..) THEN
  ...
  ELSE
  ...
  ENDIF
ENDIF
```

【**例 5-10**】 输入学生成绩,按下列条件判断成绩等级: 80~100 分为"A",70~79 分为 "B",60~69 分为"C",小于 60 分为"D"。

程序编写如下:

```
READ * , GRADE
IF(GRADE > = 60) THEN
     IF(GRADE > = 70) THEN
        IF(GRADE > = 80) THEN
          PRINT * ,"A"
        ELSE
          PRINT * ,"B"
        ENDIF
     ELSE
      PRINT * ,"C"
     ENDIF
ELSE
     PRINT * ,"D"
ENDIF
END
```

程序运行结果如图 5.14 所示。

图 5.14 例 5-10 运行结果

用多层块 IF 结构嵌套编写程序比较复杂,可以通过改变判断条件、使用多分支选择结构、改变算法等尽可能减少使用块 IF 结构嵌套的层次。

5.5 块 CASE 结构

写程序时有时会使用"多重判断",前面已经学习使用块 IF 结构来完成"多重判断"的方法,现在来学习用另一个在语法上更简洁的方法——块 CASE 结构来做这个工作。

块 CASE 结构与多分支选择块 IF 结构非常类似,它可以根据表达式的计算结果,从多个分支中选择一个分支执行。

块 CASE 结构的一般格式为:

```
SELECT CASE(表达式 e)
CASE(数值 1)
   块 1
CASE(数值 2)
   块 2
…
CASE(数值 n)
   块 n
```

```
CASE DEFAULT
   块 n + 1
END SELECT
```

块 CASE 结构的执行过程:首先计算 SELECT CASE 语句中表达式 e 的值 m,接着依次从各数值中寻找 m,如果 m 属于数值 $i(n \geqslant i \geqslant 1)$,则执行块 i,并结束块 CASE 结构;若在所有数值内都找不到与 m 相等的常量值,则执行 CASE DEFAULT 下面的块 $n+1$,然后结束块 CASE 结构。

【例 5-11】 用 SELECT CASE 结构实现例 5-9。

程序编写如下:

```
INTEGER WEEK
PRINT *,"请输入查询数字 1-7,对应查询每日节目:"
READ *,WEEK
SELECT CASE(WEEK)
CASE (1,4)
   PRINT *,"今日节目为:卡通片."
CASE (2,5)
   PRINT *,"今日节目为:电视剧."
CASE (3,6)
   PRINT *,"今日节目为:文艺综艺节目."
CASE (7)
   PRINT *,"今日节目为:周日影院."
CASE DEFAULT
   PRINT *,"输入查询数字有误!"
END SELECT
END
```

程序运行结果如图 5.15 所示。

图 5.15 例 5-11 运行结果

使用块 CASE 结构来取代某些多分支块 IF 结构实现多重判断,会让程序看起来更简单,但是使用 CASE 结构有限制,并不是所有的多分支选择结构都能用其来取代。

块 CASE 结构说明如下。

(1)块 CASE 结构从 SELECT CASE 语句开始,到 END SELECT 语句结束。

(2)SELECT CASE 语句中的表达式 e 只能是整型、字符型或逻辑型。

(3)每个 CASE 语句中所使用的数值必须是固定的常量,类型要与表达式 e 的类型一致,不能使用变量。

(4)数值可以是一个常量值,如 5;可以是用逗号","间隔的几个常量值,如 1,5,8(共 3 个值);也可以是采用冒号":"分隔表示的常量值的区间,如 1:5(表示 1、2、3、4、5 共 5 个值)。

（5）各 CASE 语句中所使用的数值不能有相同的部分，即块 CASE 结构中表达式 e 的值只能与一个 CASE 语句中的某个常量值相等。

（6）CASE DEFAULT 以及其后的块 $n+1$ 可有可无。如果没有，则在前面所有 CASE 中的数值都与表达式 e 的值不相等的情况下，不执行任何操作。

【例 5-12】　输入两个算术量和算术运算符，输出运算结果。

程序编写如下：

```
INTEGER A,B,C
CHARACTER * 2 OPER
PRINT * ,'请输入两个整数和一个算术运算符'
READ * ,A,B,OPER
SELECT CASE(OPER)
  CASE('+')
    C = A + B
  CASE('-')
    C = A - B
  CASE('*')
    C = A * B
  CASE('/')
    C = A/B
  CASE('**')
    C = A ** B
  CASE DEFAULT
    WRITE( * ,'("输入运算符不正确")')
END SELECT
PRINT * ,A,OPER,B,' = ',C
END
```

程序运行结果如图 5.16 所示。

图 5.16　例 5-12 运行结果

5.6　程 序 举 例

【例 5-13】　给定一个学生成绩 S，评判该学生等级，输出结果。假定成绩等级划分如下：

优：95≤S≤100；良：80≤S<95；中：70≤S<80；及格：60≤S<70；不及格：S<60。

分析：为简单起见，假定学生成绩为整数，用整型变量来处理。解决该问题的算法见图 5.17。同一个问题可以用多种选择结构来实现。这里分别采用逻辑 IF 语句、块 IF 结构、块 IF 结构嵌套和块 CASE 结构编写程序，并对它们进行比较。

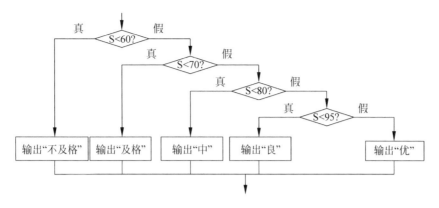

图 5.17 评定学生成绩等级的流程图

程序编写一（采用逻辑 IF 语句实现）：

```
INTEGER S
PRINT *,"输入学生成绩："
READ *,S
IF (S<60) PRINT *,"该学生成绩为：不及格."
IF (S>=60 .AND. S<70) PRINT *,"该学生成绩为：及格."
IF (S>=70 .AND. S<80) PRINT *,"该学生成绩为：中."
IF (S>=80 .AND. S<95) PRINT *,"该学生成绩为：良."
IF (S>=95) PRINT *,'该学生成绩为：优.'
END
```

程序编写二（采用多分支块 IF 结构实现）：

```
INTEGER S
PRINT *,"输入学生成绩："
READ *,S
IF (S<60) THEN
    PRINT *,"该学生成绩为：不及格."
 ELSE IF (S<70) THEN
    PRINT *,"该学生成绩为：及格."
 ELSE IF (S<80) THEN
    PRINT *,"该学生成绩为：中."
 ELSE IF (S<95) THEN
    PRINT *,"该学生成绩为：良."
 ELSE
    PRINT *,'该学生成绩为：优.'
ENDIF
END
```

程序编写三（采用块 IF 结构的嵌套实现）：

```
INTEGER S
PRINT *,"输入学生成绩："
READ *,S
IF (S<60) THEN
```

```
PRINT *,"该学生成绩为：不及格."
ELSE
   IF (S<70) THEN
      PRINT *,"该学生成绩为：及格."
   ELSE
      IF (S<80) THEN
         PRINT *,"该学生成绩为：中."
      ELSE
         IF (S<95) THEN
            PRINT *,"该学生成绩为：良."
         ELSE
            PRINT *,'该学生成绩为：优.'
         END IF
      END IF
   END IF
END IF
END
```

程序编写四(采用块 CASE 结构来实现)：

```
INTEGER S
PRINT *,"输入学生成绩："
READ *,S
SELECT CASE(S)
CASE(0:59)
   PRINT *,"该学生成绩为：不及格."
CASE(60:69)
   PRINT *,"该学生成绩为：及格."
CASE(70:79)
   PRINT *,"该学生成绩为：中."
CASE(80:94)
   PRINT *,"该学生成绩为：良."
CASE(95:100)
   PRINT *,'该学生成绩为：优.'
END SELECT
END
```

以上四段程序中,程序一采用了并列的 5 个逻辑 IF 语句,程序短小简单,可读性高,缺点是由于需要执行每个逻辑表达式,所以运行效率低。

程序三采用块 IF 结构嵌套,运行时只需要计算关系表达式的值,运行效率较高,但程序结构臃肿杂乱。

程序二和程序四运行效率高,且结构层次明晰、简洁,是程序设计的首选。

【例 5-14】 计算下面分段函数的值,编写程序实现。

$$Y = \begin{cases} e^{2\sqrt{|X|}} + \cos X & X < 0 & (1) \\ 2 & X = 0 & (2) \\ \dfrac{X}{\sqrt{1+X^2}} & X > 0 & (3) \end{cases}$$

分析：对于分段函数的计算，首先要判断其自变量的取值范围，根据自变量不同的取值范围来确定执行哪一个计算公式，计算 Y 的值。该类问题求解算法比较简单，使用选择结构实现。

程序编写如下：

```
REAL X,Y
PRINT *,'请输入 X 的值:'
READ *,X
IF(X<0) THEN
    Y = EXP(2 * SQRT(ABS(X))) + COS(X)
ELSE IF(X == 0) THEN
    Y = 2
ELSE
    Y = X/SQRT(1 + X ** 2)
END IF
PRINT *,'Y = ',Y
END
```

程序运行结果如图 5.18 所示。

图 5.18　例 5-14 运行结果

【例 5-15】　输入三角形的三条边长 A、B、C，先判断是否构成三角形，若能构成三角形，则计算三角形的三个角 α、β、γ。编写程序实现。

分析：定义三个实型变量，用来存放三角形的三条边，按照三角形的组成规则"任意两边之和大于第三边"建立逻辑表达式：A+B>C. AND. A+C>B. AND. B+C>A。采用反余弦函数计算角度值。

程序编写如下：

```
REAL :: A,B,C,ALFA,BETA,GAMA,X,Y,Z
PRINT *,'请输入三角形三条边的值:'
READ *,A,B,C
IF(A + B > C. AND. B + C > A. AND. C + A > B)THEN
    X = (B ** 2 + C ** 2 - A ** 2)/(2 * B * C)
    Y = (A ** 2 + C ** 2 - B ** 2)/(2 * A * C)
    Z = (A ** 2 + B ** 2 - C ** 2)/(2 * A * B)
    ALFA = ACOSD(X)
    BETA = ACOSD(Y)
    GAMA = ACOSD(Z)
    PRINT *,'角 A = ',ALFA
    PRINT *,'角 B = ',BETA
    PRINT *,'角 C = ',GAMA
ELSE
```

```
    PRINT *,"不构成三角形!"
END IF
END
```

程序运行结果如图 5.19 所示。

图 5.19 例 5-15 运行结果

【例 5-16】 输入任意三个实数 A、B、C,按从小到大的顺序输出。

分析:这是一个简单的排序问题,采用交换算法进行编程。即若 A>B,则 A、B 发生互换,若 A>C,则 A、C 发生互换,这样 A 就是 A、B、C 中的最小者;若 B>C,则 B、C 发生互换,这样 B 就是 B、C 中的最小者。按 A、B、C 顺序打印即可得到从小到大的顺序输出。

程序编写如下:

```
REAL A,B,C,T
PRINT *,'输入任意三个实数给 A,B,C'
READ *,A,B,C
IF(A>B)THEN
  T=A
  A=B
  B=T
ENDIF
IF(A>C)THEN
  T=A
  A=C
  C=T
ENDIF
IF(B>C)THEN
  T=B
  B=C
  C=T
ENDIF
PRINT *,'输入的三个实数按从小到大是:',A,B,C
END
```

程序运行结果如图 5.20 所示。

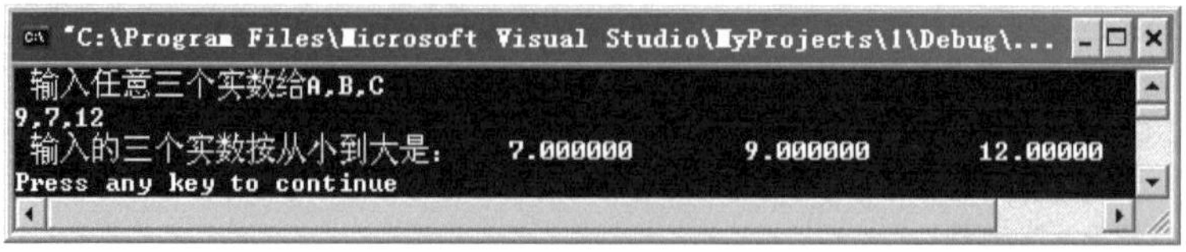

图 5.20 例 5-16 运行结果

习　题　5

1. 如果 a＝2.7,b＝6.1,c＝5.5,d＝6,l＝.false.,m＝.true.,求下列逻辑表达式的值。

(1) (a－b).lt.(b－c).and.a.eq.2.7

(2) a＋2*b.ne.b＋c.or.c.ne.d

(3) .not.l.and.m

(4) a>＝b.or.c<＝d.and.l＝＝.not.m

(5) c/2＋d<a.and..not..true..or.c＝＝d

2. 阅读下列程序,给出运行结果。

(1)
```
READ *, N
   X = 1.0
   IF(N >= 0) X = 2 * X
   IF(N >= 5) X = 2 * X + 1.0
   IF(N > 15) X = 3 * X - 1.0
   PRINT *, X
   END
```

如果从键盘输入 15,输出程序运行结果。

(2)
```
READ *, A
   IF(A.GE.3.5)THEN
      Y = 3.0
   ELSE
         IF(A.GE.4.5)THEN
            Y = 4.5
         ELSE
            Y = 4.0
         ENDIF
   ENDIF
   PRINT *, Y
   END
```

如果从键盘输入 5.0,输出程序运行结果。

(3)
```
LOGICAL P,Q
   READ *, X,Y
   P = (X.GE.0.0).AND.(Y.GE.0.0)
   Q = X + Y > 7.5.AND.(Y >= 0.0)
   P = .FALSE.
   IF(.NOT.P.AND.Q)THEN
      Z = 0.0
   ELSE IF(.NOT.Q) THEN
      Z = 0.0
   ELSE IF(P) THEN
      Z = 2.0
   ELSE
      Z = 3.0
   ENDIF
```

```
      PRINT * , Z
      END
```

如果从键盘输入 3.5,4.5,输出程序运行结果。

(4)
```
   CHARACTER A,C
      READ * ,A
      SELECT CASE(A)
      CASE('a':'z')
          C = CHAR(ICHAR(A) - 32)
      CASE('A':'Z')
          C = CHAR(ICHAR(A) + 32)
      CASE DEFAULT
          C = A
      END SELECT
      PRINT * ,A,C
      END
```

如果从键盘输入 E,输出程序运行结果。

3. 填空题

(1)下面程序判断任意两个整数能否同时被 5 整除,若能,则输出"YES",否则输出"NO"。请填空。

```
INTEGER M,N
READ( * , * ) M,N
IF( _____ ) THEN
  PRINT * ,'YES'
ELSE
  PRINT * ,'NO'
_____
END
```

(2)下面程序判断一个三位整型数是否满足其各位数字之和等于 10。如果满足条件,则输出"YES",否则不进行任何操作。

```
INTEGER M,I,J,K
READ * ,M
I = M/100
J = _____
K = _____
IF(_____) PRINT * ,'YES'
END
```

4. 计算职工工资。工人每周工作 40h,超过 40h 的部分应该按加班工资计算(为正常工资的 2 倍)。输入工作时间和单位报酬,计算出该职工应得的工资并输出(假定基本工资为 10 元/h)。

5. 有下列函数：

$$y = \begin{cases} 3x - 1, & 0 \leqslant x < 1 \\ 2x + 5, & 1 \leqslant x < 2 \\ x + 7, & 2 \leqslant x < 3 \\ 0, & \text{其他} \end{cases}$$

编写程序,输入 x,输出 y 值。

6. 从键盘输入三个整数,输出其中最大的数。

7. 假定个人所得税有三个等级,且随年龄不同有不同算法。

第 1 类:不满 50 岁

月收入 2000 元以下的税率为 5%,2000~8000 元的税率为 10%,8000 元以上的税率为 15%。

第 2 类:50 岁以上

月收入在 2000 元以下的税率为 3%,2000~8000 元的税率为 7%,8000 元以上的税率为 10%。

编写程序,输入某人的年龄和年收入,计算他(她)一年所应缴纳的税金。

第6章

循环结构程序设计

教学目标：

- 理解循环的概念；
- 掌握 DO 循环结构的用法；
- 掌握 DO WHILE 循环结构的用法；
- 理解循环控制语句 EXIT 和 CYCLE 的用法；
- 掌握循环嵌套的用法；
- 掌握循环结构程序设计方法。

重复执行一组指令（或一个程序段）称为循环操作。程序中存在两类循环：无条件的循环和有条件的循环。前者是无休止地执行一个程序段，后者是在满足一定条件时才执行的循环。

在实际应用（无论科学计算或事务管理）中经常会遇到循环类型的问题。例如，对全班学生求平均成绩、求累加和、求阶乘等都需要用到循环处理。因此循环是程序设计的基本技巧之一，必须熟练掌握。善用循环可以使程序精简并提高编程效率。

本章主要介绍用 DO 语句和 DO WHILE 语句实现循环结构。

6.1 用 DO 语句实现循环结构

需要执行的重复次数（循环次数）已知时，用 DO 语句实现循环结构比较方便。用 DO 语句实现的循环结构称为 DO 循环结构，简称 DO 循环。

引例：连续打印 10 次 HELLO。用顺序结构编写程序，需要连续用 10 个 PRINT 语句来显示 10 行 HELLO。很显然，本例需要重复执行 PRINT 语句 10 次，即循环次数已知为 10 次，使用循环结构就会非常简练。故改用 DO 循环实现上述要求。

【例 6-1】 显示 10 行"HELLO!"。

程序如下：

```
DO I = 1,10,1
    PRINT * ,"HELLO!",I,"次"
ENDDO
END
```

程序运行结果如图 6.1 所示。

这类题目是事先已知重复次数（循环次数）的问题。对于这类问题，采用 DO 循环结构可以很容易地实现 PRINT 语句的 10 次甚至是 100 次的重复操作。

图 6.1　例 6-1 运行结果

下面详细讨论用 DO 语句实现循环结构。

6.1.1　循环语句(DO 语句)和循环次数的计算

用 DO 语句实现的循环称为 DO 循环。DO 循环由一个 DO 语句、循环体和 ENDDO 语句组成。如：

```
DO I = 1,5,1              (DO 语句)
  J = I * I               (循环体)
ENDDO                     (循环结束语句)
```

说明：

(1) DO 循环结构由三部分组成：DO 语句、循环体和 ENDDO 语句。

(2) DO 语句是 DO 循环的起始语句，给出控制循环执行的循环变量的初值、终值和步长。

(3) 循环体是 DO 循环的主体，是在循环过程中被重复执行的语句组。

(4) ENDDO 语句是 DO 循环结构的终端语句，表明本次的循环体执行到此结束。之后循环变量增加步长，循环次数减 1，若循环变量仍在初值到终值的范围内(或循环次数仍大于零)，则继续执行循环体，直到循环变量超出[初值，终值]的范围(或循环次数小于等于零)时结束整个 DO 循环，接着执行 ENDDO 语句下面的第一个可执行语句。

以下都是合法的 DO 循环：

(1)
```
DO I = 1,10,2
    S = S + I
ENDDO
```

(2)
```
DO N = 1,5
    F = F * N
ENDDO
```

(3)
```
A = 2.5; B = 3.0
DO T = 1,A + B,2.0
    PRINT * ,T
ENDDO
```

DO 语句的一般形式为：

```
DO 循环变量 = 表达式 1,表达式 2[,表达式 3]
```

或写成：

```
DO V = e1, e2[,e3]
```

上式中 V、e 分别是 Variable 和 expression 的首字母,代表"变量"和"表达式"。其中 V 表示循环控制变量,简称循环变量;$e1$ 表示循环变量的初值;$e2$ 表示循环变量的终值,$e3$ 表示循环变量的增量(步长)。下面的 DO 语句是合法的:

```
DO I = 1,10,2
DO N = 1,5
DO L = 1.2,5.6,2.3
DO X = 2.5 * 2,10.1/2.1,0.8
DO T = 1.5,5.4,0.2
```

说明:

(1) 在上述 DO 语句的一般形式中,表达式 3(即 $e3$)为可选项。当省略 $e3$ 时,意味着 $e3 = 1$,即循环变量的增量(步长值)为 1,例如,DO I=1,10,1 和 DO I=1,10 的含义相同。

(2) 循环变量的初值、终值和步长可以是常量、变量或表达式。如果是变量,则该变量应预先被赋值;如果是表达式,则先计算出表达式的值。例如:

```
DO X = 2.5 * 2,20.0/2.0,0.8
```

相当于

```
DO X = 5.0,10.0,0.8
```

(3) 循环次数可以由循环初值、终值和步长计算出来,即 $r = \text{INT}((e2-e1+e3)/e3)$。例如:

```
DO I = 1,10,1
```

的循环次数为 $r = \text{INT}((e2-e1+e3)/e3) = \text{INT}((10-1+1)/1) = 10$ 次。

又如:

```
DO I = 1,10,2
```

的循环次数为 $r = \text{INT}((e2-e1+e3)/e3) = \text{INT}((10-1+2)/2) = \text{INT}(5.5) = 5$ 次。

可以从图 6.2 中直观形象地看到:当循环变量 I 在 1~10 范围内时就执行循环;如果 I>10,则不再执行循环。

```
DO I = 1,10,2
PRINT * ,I
ENDDO
```

当循环控制变量 I 在由初值到终值的范围内时(可用数学表达式表示为 I∈[$e1,e2$]),即 I=1,3,5,7,9 时,应执行循环体,每次分别打印出 I 的值 1、3、5、7、9(每次打印一行,共打印 5 行)。当 I 变化到 11 时(可表示为 I∉[$e1,e2$]),不再执行循环体,因此不会打印出"11"。显然,循环了 5 次。同理,例 6-1 中,在每次循环中除了显示 HELLO 外,还显示了循环变量 I 的值。可以看出,循环变量每经过一次循环,数值就会累加上步长 1。执行到第 10 次循环时,I=10,进行第 11 次循环前,I 累加变成 11,这个时候 I≤10 的条件不成立,循环也就不再执行下去。

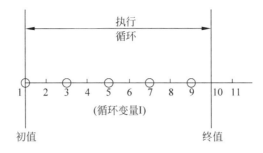

图 6.2　循环变量 I 的取值

（4）循环变量的步长 $e3$ 不能等于 0。因为在求循环次数 r 的公式中，$e3$ 为分母，当 $e3=0$ 时，r 会趋向无穷大。直观地说，循环变量本应从其初值 $e1$ 为起点，以每次为 $e3$ 的值为增量而进行变化，直到超过终值 $e2$ 为止。如果 $e3$ 的值为零，则循环变量的值永远不会超过终值 $e2$，因此会无终止地执行循环体，形成死循环。

（5）$e1$、$e2$、$e3$ 的值可以为正，也可以为负，$e1$、$e2$ 的值可以为零。例如：

```
DO I = -1, -3, -1
```

的循环次数为 $r=\mathrm{INT}((e2-e1+e3)/e3)=\mathrm{INT}((-3)-(-1)+(-1)/(-1))=3$。即当 I 的值为 -1、-2、-3 时，循环正常执行，当 I 的值变为 -4 时，不再执行循环。

（6）由此可以知道，脱离循环（即不再继续执行循环）的条件是：循环变量沿变化的方向超过终值。

如果步长（$e3$）的值为正，则"超过"意味着"大于"，如果步长的值为负，则"超过"意味着"小于"，见图 6.3。图 6.3（a）表示初值为 0、终值为 10、步长为正时，则循环变量 I 从 0 开始逐渐增加，一直到 I 大于（不是等于）10 时，循环才终止。图 6.3（b）表示初值为 10、终值为 0、步长为负时，循环变量 I 从 10 开始逐渐减小，一直到 I 小于（不是等于）0 时，循环才终止。

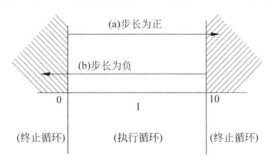

图 6.3　循环变量 I 的变化方向

（7）如果计算出的循环次数 $r<0$，则按 $r=0$ 处理，即循环一次也不执行。例如：

```
DO I = 10,1,2
```

的循环次数 $r=\mathrm{INT}((e2-e1+e3)/e3)=\mathrm{INT}((1-10+2)/2)=-3$，循环一次也不执行。直观地看，要从初值 10"走向"终值 1，步长为 2，即沿着 I 增值的方向变化，到什么时候就算"超过"终值呢？事实上，I=10（初值）时就大于终值 1，因此一次也不执行循环体。同理：

```
DO I = 1,10, -2
```

也一次不执行循环体。因为循环变量 I 的值为初值 1 时,已经小于终值 10 了(注意此时步长为负)。

(8) 如果循环变量的类型和 $e1$、$e2$、$e3$ 的类型不一致,则按赋值的规则"先算后化再赋值"处理,即先将 $e1$、$e2$、$e3$ 的类型化成循环变量的类型,然后再进行赋值。例如:

```
DO I = 1.5,3.6,1.2
```

不要根据 $r=\text{INT}((e2-e1+e3)/e3)=\text{INT}(3.6-1.5+1.2 /1.2)=2$ 而认为循环次数为 2,而应当先将实型量转化为整型量,即变成下面的循环语句:

```
DO I = 1,3, 1
```

则循环次数为 3,而不是 2。但请注意,如果循环变量不是整型而是实型,如:

```
DO X = 1.5,3.6, 1.2
```

则循环次数为 2。

为避免错误,应尽量使循环变量的类型与初值、终值、步长的类型一致。由于实型数在运算和存储时有一些误差,因而循环次数的理论值与实际值之间会有一些差别。例如:

```
DO X = 0.0,50.0, 0.1
   PRINT * ,X
ENDDO
```

按公式计算,$r=\text{INT}(50.0-0.0+0.1 /0.1)=501$,应循环 501 次,但实际上在许多计算机上它只执行 500 次循环。原因是 X 从初值 0.0 开始,每次增加 0.1,但 0.1 在内存中的存储是有误差的(无法用一个有限的二进制数准确地表示十进制数 0.1),因此每次增加的不是 0.1,而是与 0.1 相接近的一个数,每次的误差相积累,在执行完 500 次循环后,理论上 X 的值为 50.0,由于未超过终值,所以应再执行一次循环体,共 501 次。但在实际上,由于上述误差积累,到执行完 500 次循环后,X 的值已超过 50.0,因而停止执行循环,循环次数少一次。这种情况在程序设计中常有发生,而且隐蔽、不易发现。如果用循环来进行计算,则少一次会影响计算结果。因而应避免使用实型的循环变量。用整型的循环变量时,计算出的循环次数是绝对准确的。如果在循环体中需要用到实型的 $e1$、$e2$、$e3$,则可以进行转换,如上面的循环可以改写成:

```
DO I = 0,500,1
   X = I/10.0
PRINT * ,X
ENDDO
```

这样既能保证循环执行 501 次,又能满足打印各个 X(实数)的值的要求。用整型变量 I 来控制循环次数,建立 I 与 X 的关系。注意不要写成"X=I/10"(整型量相除,结果为整数)。

(9) 循环变量 V、循环初值 $e1$、终值 $e2$ 和步长 $e3$ 可以是整型,也可以是实型或双精度型。

6.1.2　DO 循环的执行过程

DO 循环的执行过程可以分以下几个步骤,如图 6.4 所示。

(1) 计算 $e1$、$e2$、$e3$ 各表达式的值,并将它们转换成循环变量的类型。

(2) 将初值 $e1$ 赋予循环变量 V。

(3) 计算循环次数 r。

(4) 检查循环次数,若 $r=0$(或 $r<0$)时,则跳过循环体,执行 ENDDO 语句后面的第一条语句;如果 $r>0$,则继续执行循环体。

(5) 执行 ENDDO 语句时,循环变量 V 增加步长,即 $V+e3 \Rightarrow V$。

(6) 循环次数 $r-1 \Rightarrow r$,即计算出还应执行的循环次数。

(7) 返回步骤(4),重复执行步骤(4)、(5)、(6)、(7)。

从上述步骤和流程图可知,ENDDO 语句除了完成该语句的功能(结束本次循环)外,还有两个作用:①使循环变量 V 增加步长 $e3$;②使循环次数 r 减 1。

上述过程也可以理解为如图 6.5 所示的过程,它们的作用是相同的。

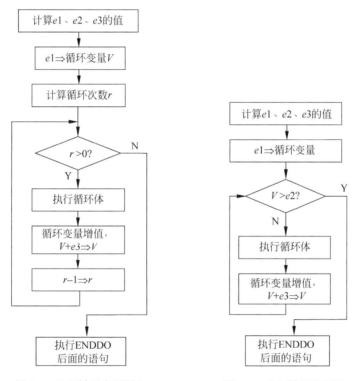

图 6.4 DO 循环流程图 1　　　　图 6.5 DO 循环流程图 2

下面看几个 DO 循环的例子。

【例 6-2】 求 $1+2+3+\cdots+N$ 的和。

分析:这是自然数求和问题,需要把求和运算进行若干次。很明显这是一个重复计算问题,需要重复做 N 次加法运算。重复计算问题可以很方便地用 DO 循环实现。程序如下:

```
INTEGER SUM
READ * , N
SUM = 0
DO I = 1, N, 1
```

```
    SUM = SUM + I
ENDDO
PRINT * ,SUM
END
```

【例 6-3】 求 5!。

分析：5!＝1×2×3×4×5。对于 $N!$ 的问题,计算公式是：$N!＝1×2×3×\cdots×(N-1)×N$。显然这仍是一个重复计算问题,需要重复做 $N-1$ 次乘法运算。用 DO 循环结构实现。

程序如下：

```
INTEGER FACT
FACT = 1
DO I = 1,5
  FACT = FACT * I
ENDDO
PRINT * ,'5! = ',FACT
END
```

图 6.6 例 6-3 运行结果

程序运行结果如图 6.6 所示。

下面以此例为例,详细分析 DO 循环的执行过程。

从 DO 语句可以知道,循环变量的初值 $e1$、终值 $e2$、步长 $e3$ 分别为 1、5、1,则循环次数 $r＝INT((e2-e1+e3)/e3)＝INT(5-1+1/1)＝5$,可知循环需要执行 5 次,下面开始执行循环。

第一次循环：循环变量 I 取初值 1。1 在闭区间[1,5]的范围内,执行循环体 FACT＝FACT * I,得到 FACT 的值为 1；之后执行 ENDDO 语句,结束本次循环,同时循环变量增加步长,即 I＝I+1,此时循环变量 I 的值为 2。2 仍在闭区间[1,5]的范围内,所以开始第二次循环。

第二次循环：I＝2,FACT＝ FACT * I,得到 FACT 的值为 2,之后执行 ENDDO 语句,结束本次循环,同时循环变量增加步长,即 I＝I+1,此时循环变量 I 的值为 3。3 仍在闭区间[1,5]的范围内,所以开始第三次循环。

第三次循环：I＝3,FACT＝ FACT * I,得到 FACT 的值为 6,之后执行 ENDDO 语句,结束本次循环,并且循环变量增加步长,即 I＝I+1,此时循环变量 I 的值为 4。4 仍在闭区间[1,5]的范围内,所以开始第四次循环。

第四次循环：I＝4,FACT＝ FACT * I,得到 FACT 的值为 24,之后执行 ENDDO 语句,结束本次循环,并且循环变量增加步长,即 I＝I+1,此时循环变量 I 的值为 5。5 仍在闭区间[1,5]的范围内,所以开始第五次循环。

第五次循环：I＝5,FACT＝ FACT * I,得到 FACT 的值为 120,之后执行 ENDDO 语句,结束本次循环,并且循环变量增加步长,即 I＝I+1,此时循环变量 I 的值为 6。6 已超出闭区间[1,5]的范围,所以结束整个 DO 循环,接下来执行 ENDDO 后面的第一个可执行语句。

以上循环执行过程也可以表示为如下所示。

$r＝5$,需要执行循环体 5 次。

① I=1∈[1,5],则 FACT= FACT * I =1,I= I+1=2;

② I=2∈[1,5],则 FACT= FACT * I =2,I= I+1=3;

③ I=3∈[1,5],则 FACT= FACT * I =6,I= I+1=4;

④ I=4∈[1,5],则 FACT= FACT * I =24,I= I+1=5;

⑤ I=5∈[1,5],则 FACT= FACT * I =120,I= I+1=6。

I=6∉[1,5],已超出循环范围,所以结束整个 DO 循环,接下来执行 ENDDO 后面的第一个可执行语句。

读者也可以从另一个角度来理解 DO 循环的执行过程,即循环次数 r 依次减小,直到 $r \leqslant 0$。请读者自己分析该过程。

另外,由于 5!等于 120,在可表示的整数范围内,故 FACT 可以用整型变量。但如果求10!,其值为 3 628 800,对于某些计算机来说,该值已超出可表示的整数范围,无法用整型变量 FACT 来存储,必须将 FACT 改为实型变量。如果未超出整数范围,则用整型量来处理比较好,准确度高。

【例 6-4】 求 1!+2!+3!+ … +N!的和。

分析:本例是例 6-2 和例 6-3 的组合。应先求出要累加的每一项(即每个自然数的阶乘),然后再进行累加。程序如下:

```
INTEGER FACT,SUM
READ * ,n
FACT = 1
SUM = 0
DO I = 1,n
  FACT = FACT * I
  SUM = SUM + fact
ENDDO
PRINT * ,SUM
END
```

【例 6-5】 求 $e^x = 1 + x + \dfrac{x^2}{2!} + \dfrac{x^3}{3!} \cdots + \dfrac{x^n}{n!}$ 的值,n 由键盘输入。

本例类似于例 6-4,同样需要先求出要累加的每一项,然后再进行累加。程序如下:

```
READ * , n,X
TERM = 1.0
E = 1.0
DO I = 1,n
  TERM = TERM * X/I
  E = E + TERM
ENDDO
PRINT * , "EXP(X) = ", E
END
```

由例 6-2 至例 6-5 可以看出,利用 DO 循环可以很方便地解决累加和累乘问题。读者可以自己编程求解下列问题:

$$\frac{1}{2} + \frac{1}{4} + \frac{1}{6} + \cdots + \frac{1}{100}$$

6.1.3 DO 循环的一些说明

（1）循环变量在循环体中只能引用，不能再被赋值。下面的程序段是正确的：

```
DO N = 1,100
  M = N * 2                    !对循环变量引用
ENDDO
```

它打印出 2,4,6,8,10,…,200。如果将程序段写成下面这样，则是不正确的：

```
DO N = 1,100
  N = N * 2                    !对循环变量赋值
ENDDO                          !改变循环变量的值,在编译时会出现错误
```

在编译时会出现错误。错误提示"Error：An assignment to a DO variable within a DO body is invalid."。因为 N 是循环变量，在循环体内再被赋值，就破坏了原有的循环过程。循环变量 N 只能在执行 ENDDO 语句时增值（增加步长），不能在循环体中任意改变它的值。

（2）循环次数是根据循环变量的初值、终值和步长计算出来的，在执行循环体期间是确定不变。如果初始 K=1，J=100，M=1，要执行下面的循环：

```
DO I = K,J, M + 1
  K = 2 * K
  J = J + 1
  M = 2/M
  PRINT * , K,J, M
ENDDO
```

在执行循环体之前，循环次数已计算好，共执行 50 次循环，不因 K、J、M 值的改变而改变，不能企图在循环执行期间通过改变循环变量的初值、终值和步长的值来改变循环的次数。即：循环变量的初值、终值和步长可以用变量（或表达式）表示，这些变量在进入循环之前已被赋值，那么在循环体内改变初值、终值和步长中的这些变量的值，不影响循环体的执行。

（3）循环结束后，循环变量的值有意义，其值为执行最后一次循环体时的值再增加一个步长。例如：

```
K = 0
DO  I = 1,5,2
   K = I
ENDDO
PRINT * ,K,I
END
```

图 6.7　示例程序运行结果

程序运行结果如图 6.7 所示。

分析：PRINT 语句为循环结束后的语句，PRINT 中 K 值为最后一次执行循环体时的 I 值，即最后一次执行的 I 值为 5，则 K 值为 5，而循环变量 I 的值则为退出（脱离）循环后的循环变量值，即执行完最后一次循环体后增加一个步长 2 后所得到的值，为 7。

（4）正常出口和非正常出口：未执行完应执行的循环次数而脱离循环的，称为"非正常出口"（或强制出口），有关内容参见 6.3 节。执行完全部应执行的循环次数而脱离循环的，

称为"正常出口"。

下面再来看几个 DO 循环结构和选择结构相结合的例子。

【**例 6-6**】 编写程序,输出 100～999 的所有"水仙花数"。

分析:"水仙花数"是指任何一个三位数,其各位数字的立方和等于该数本身(例如 $153=1^3+5^3+3^3$,故 153 是水仙花数)。从这个条件出发,对 100～999 的所有数一一验证是否符合这个条件就可以了。很明显,这是一个循环次数确定的循环,可以用 DO 循环结构编写程序。

程序编写如下:

```
INTEGER N,N1,N2,N3
DO  N = 100,999
   N1 = N/100
   N2 = MOD(N/10,10)
   N3 = MOD(N,10)
   IF(N1 ** 3 + N2 ** 3 + N3 ** 3 =  = N)THEN
    PRINT * ,N,'是水仙花数'
   END IF
ENDDO
END
```

程序运行结果如图 6.8 所示。

图 6.8 例 6-6 运行结果

【**例 6-7**】 输入某班 50 位同学一门课程的成绩,并统计各分数段人数。分数段划分为: 90～100 分,80～89 分,70～79 分,60～69 分,60 分以下

分析:本程序可用 DO 循环结构来编写,采用边输入边判断的方式统计各分数段人数。

程序编写如下:

```
INTEGER N,N90,N80,N70,N60,NS60,G
N90 = 0
N80 = 0
N70 = 0
N60 = 0
NS60 = 0
DO N = 1,50
   READ * ,G
   IF(G> = 90.AND.G<100) N90 = N90 + 1
   IF(G> = 80.AND.G<90) N80 = N80 + 1
   IF(G> = 70.AND.G<80) N70 = N70 + 1
   IF(G> = 60.AND.G<70) N60 = N60 + 1
   IF(G<60) NS60 = NS60 + 1
ENDDO
```

```
PRINT *,"分数段 90～100 的学生数为",N90
PRINT *,"分数段 80～89 的学生数为",N80
PRINT *,"分数段 70～79 的学生数为",N70
PRINT *,"分数段 60～69 的学生数为",N60
PRINT *,"分数段<60 的学生数为",NS60
END
```

6.1.4 DO 循环结构的嵌套

一个 DO 循环结构中又完整地包含另一个或多个 DO 循环结构，称为 DO 循环结构的嵌套。

```
DO I = 1,10
    …
    DO J = 1,5
        …          内循环   外循环
    ENDDO
    …
ENDDO
```

通常把处在外层的循环结构称为外循环，处在内层的循环结构称为内循环。由于循环结构可以多层嵌套（也称多重循环），所以，内循环和外循环是相对的。嵌套的循环层数原则上不限，但不宜太多。如果有 N 重循环，且从外到内每层的循环次数都能事先确定，分别为 r_1、r_2、$\cdots$、r_N，则最内层循环结构中循环体的执行次数为：$r_1 \times r_2 \times \cdots \times r_N$。若各重循环的次数不能事先确定，则按"外循环每执行一次，内循环全部执行一遍"的原则计算总循环次数。

【例 6-8】 观察以下程序中循环嵌套的执行情况和循环变量的变化情况。

```
INTEGER I, J
DO I = 1,3
    DO J = 1,3
        PRINT *, I,J
    ENDDO
    PRINT *,"下一次循环"
ENDDO
END
```

分析：程序中，I 是外循环控制变量，J 是内循环控制变量，每执行一次内循环，就会把循环变量 I、J 的值显示出来，每执行完一次外层循环，就会显示"下一次循环"。程序运行结果如图 6.9 所示。

由图 6.9 可以看到，在循环嵌套中，外循环每执行一次，内循环都要重新执行其所有的循环次数。以本例来说，外循环共执行 3 次，每执行一次都会令内循环执行 3 次，因此内循环总共会重复执行 3×3=9 次。

把例 6-8 稍作修改，内循环由 DO J＝1,3 改为 DO J＝I,3，问内循环共执行了多少次？

图 6.9 例 6-8 运行结果

```
INTEGER I, J
DO I = 1,3
  DO J = I,3
    PRINT *, I,J
  ENDDO
ENDDO
END
```

此时,内循环的次数和外循环变量 I 有关,也即内循环的次数随着外循环变量 I 值的变化而变化,不是一个定值,那么内循环的总次数就不能再用公式 $r_1 \times r_2$ 计算了。这种情况可按"外循环每执行一次,内循环全部执行一遍"的原则进行。下面按该原则分析以上程序段:

第一次外循环,I＝1,内循环为 DO J＝I,3,内循环共执行 3 次。

第二次外循环,I＝2,内循环为 DO J＝I,3,内循环共执行 2 次。

第三次外循环,I＝3,内循环为 DO J＝I,3,内循环共执行 1 次。

所以内循环的执行总次数为 1＋2＋3＝6,即内循环共执行了 6 次。

【例 6-9】 求 1!,3!,5!,7!。

求阶乘的方法在前面已介绍过,可用一个 DO 循环来解决。现在需要求 4 个数的阶乘,而且间隔是固定的(1,3,5,7,每两个数之间的间隔为 2),因而很容易设想用嵌套的 DO 循环来实现,用外循环控制自然数的变化,内循环用于求自然数的阶乘。有人编写出以下程序:

```
FACT = 1.0
DO J = 1,7,2
  DO K = 1,J
    FACT = FACT * K
  ENDDO
  PRINT *, J, '!= ', FACT
ENDDO
END
```

请读者仔细检查一下上述程序有无问题。如果没有把握,可以试运行一下,得到结果如下:

```
1!=         1.0000000
3!=         6.0000000
5!=       720.0000000
7!=         3.628800E + 006
```

可以看出,计算出的 1!和 3!的值是正确的,而 5!和 7!的值不对(5!应为 120,7!应为 5040)。请读者检查错误在何处(在纸上用人工检查称为"静态检查")。如果查不出来,可以在计算机上检查:可以加两个打印(输出)语句以检查程序执行过程中各步骤的有关变量的值。两个打印语句一个加在内循环 DO 语句之前,一个加在"FACT＝FACT ＊ K"语句之后。即:

```
FACT = 1.0
DO J = 1,5,2
PRINT * , 'VALUE OF FACT BEFORE INNER LOOP IS : ',FACT, 'J = ',J
 DO K = 1,J
   FACT = FACT * K
   PRINT * , 'J = ',J, ' K = ',K, ' FACT = ', FACT
 ENDDO
PRINT * ,J, '!= ' ,FACT
ENDDO
END
```

为节省篇幅，这里只求 1!、3!、5!，只要把求 5!过程中的错误找出来，问题就得到解决。上述程序运行情况如图 6.10 所示。

```
"G:\book\51\Debug\51.exe"
VALUE OF FACT BEFORE INNER LOOP IS :    1.000000     J=           1
J=            1  K=            1  FACT=    1.000000
          1!=    1.000000
VALUE OF FACT BEFORE INNER LOOP IS :    1.000000     J=           3
J=            3  K=            1  FACT=    1.000000
J=            3  K=            2  FACT=    2.000000
J=            3  K=            3  FACT=    6.000000
          3!=    6.000000
VALUE OF FACT BEFORE INNER LOOP IS :    6.000000     J=           5
J=            5  K=            1  FACT=    6.000000
J=            5  K=            2  FACT=    12.00000
J=            5  K=            3  FACT=    36.00000
J=            5  K=            4  FACT=    144.0000
J=            5  K=            5  FACT=    720.0000
          5!=    720.0000
Press any key to continue
```

图 6.10 例 6-9 运行结果

可以看到，当 J=1 和 J=3 时是没有问题的。当 J=5 时，在进入内循环之前 FACT 的初值为 6，而不是 1。这就有问题了，在每次进入内循环之前 FACT 的初值都应当为 1。检查一下这个 6 是从哪里来的？这个 6 就是 3!的值。在求 5!时，本应从 FACT=1 开始进行连乘 1×2×3×4×5，而现在却变成了 6×2×3×4×5，所以得到 720。问题就出在 FACT 的初值上，应保证在每次进入内循环之前 FACT 的值为 1。程序修改如下：

```
DO J = 1,7,2
  FACT = 1.0
 DO K = 1,J
   FACT = FACT * K
 ENDDO
PRINT * ,J, '!= ' ,FACT
ENDDO
END
```

再次运行，结果就正确了：

```
1!=          1.0000000
3!=          6.0000000
5!=        120.0000000
7!=       5040.0000000
```

通过这个例子,读者可以体会怎样检查和调试程序。在机器上检查称为"动态检查"。读者应该熟悉上机调试程序的方法和技巧,即上机找错。这是学习计算机课程的一个基本要求。

【例 6-10】　求 $\sum\limits_{i=1}^{n} n!$,n 的值通过键盘输入。

分析:从整体上看这仍然是累加求和的问题,需要重复进行求和运算,运算的次数是可以确定的,而累加的每一项是阶乘值,又属于累乘的问题,因此可用循环嵌套解决。内循环用于求每个自然数的阶乘,外循环把内循环求得的每个自然数的阶乘(即每一项)累加起来。

```
INTEGER I,J,F,SUM
SUM = 0
READ * ,N
DO I = 1,N
  F = 1
  DO J = 1,I
    F = F * J
  ENDDO
  SUM = SUM + F
ENDDO
PRINT * ,'自然数的阶乘和 = ', SUM
END
```

程序运行如图 6.11 所示。

图 6.11　例 6-10 运行结果

本例也可以用单层 DO 循环实现,见例 6-4。

我们再来看例 6-5 如何用 DO 循环嵌套来实现。

【例 6-11】　求 $e^x = 1 + x + \dfrac{x^2}{2!} + \dfrac{x^3}{3!} + \cdots + \dfrac{x^n}{n!}$,可以改用 DO 循环嵌套来编写:

```
READ * , n,X
E = 1.0
DO I = 1,n
  FACT = 1.0
  P = 1.0
  DO J = 1,I
    FACT = FACT * J
    P = P * X
  ENDDO
  TERM = P/ FACT
  E = E + TERM
ENDDO
PRINT * , "EXP(X) = ", E
END
```

用内循环分别求出 I!和分子 X^I(分别用变量 FACT 和 P 表示)。TERM 表示第 I 项的值。请读者自己比较本程序和例 6-5 的优劣。

两重循环的执行过程如下。

① 先计算外循环应执行的次数 r_1(即执行外循环体的次数),若 $r_1 > 0$,则外循环控制变量取初值。

② 如果 $r_1 > 0$,则执行外循环体(顺序执行外循环体中各语句,即执行下面第③到第⑥步骤),如果 $r_1 \leqslant 0$,则结束外循环过程,转去执行外循环终端语句 ENDDO 语句的下一语句。

③ 在执行外循环体的各语句序列过程中,遇内循环的 DO 语句时,计算内循环应执行的次数 r_2,内循环控制变量取初值。

④ 如果 $r_2 > 0$,执行内循环体各语句,共执行 r_2 次,每执行一次,内循环变量增值一次。$r_2 - 1 \Rightarrow r_2$。当执行完应有次数后,$r_2 = 0$,从"正常出口"脱离内循环。

⑤ 接着执行内循环终端语句 ENDDO 语句后面的外循环体内的语句,直到外循环的终端语句 ENDDO 语句。

⑥ 外循环变量增值,$r_1 - 1 \Rightarrow r_1$,返回第②步骤重新执行。

可以看出以下两点。

(1) 外循环每执行一次,就要执行 r_2 次 DO 内循环(即外循环每执行一次,内循环全部执行一遍)。

(2) 一个 DO 内循环的执行应包括执行 r_2 次内循环体。如果在执行外循环的过程中 r_2 的值不变(即内循环的次数能事先确知),则在执行一个两重循环过程中,内循环体中的语句应执行 $r_1 \times r_2$ 次。

【例 6-12】 百钱买百鸡问题。

公元 5 世纪末,我国古代数学家张丘建在《算经》中提出了"百鸡问题":"鸡翁一,值钱五;鸡母一,值钱三;鸡雏三,值钱一。百钱买百鸡,问鸡翁、母、雏各几何?"意为:公鸡每只 5 元,母鸡 3 元,小鸡 1 元 3 只,用 100 元买 100 只鸡。

设 X 为公鸡数,Y 为母鸡数,Z 为小鸡数。根据题意有:

$$X + Y + Z = 100$$
$$5X + 3Y + Z/3 = 100$$

3 个未知数,2 个方程,是一个不定方程组,它的解不唯一,而是有多组解。对这类问题无法用解析法解,只能将所有可能的 X、Y、Z 值一个个地去试,看是否满足上面两个方程式,如满足就是一组解。

在程序中,为避免实数运算出现的误差,可以采用整型量进行运算。将上面第二个方程改写为 $15X + 9Y + Z = 300$,编写程序如下:

```
INTEGER X,Y,Z
DO X = 0,100
 DO Y = 0,100
  DO Z = 0,100
   IF((X + Y + Z).EQ.100) THEN
    IF(15 * X + 9 * Y + Z = 300) PRINT * ,'X = ',X, 'Y = ',Y, 'Z = ',Z
```

```
        ENDIF
      ENDDO
    ENDDO
  ENDDO
END
```

这种方法称为"枚举法"或"穷举法",是在用其他方法无法解决时的一种方法。上面的程序用了三重循环,循环次数为 $101 \times 101 \times 101 \approx 100$ 万次,对微机来说显然循环次数太多了,能否减少一些呢? 事实上,100 元不可能买 100 只公鸡,因为全部用来买公鸡,最多才能买20 只,还要再买母鸡和小鸡,那么最多只能买 19 只;同理,母鸡最多能买 33 只(其实比这还少)。程序可修改为:

```
INTEGER X,Y,Z
DO X = 0,19
 DO Y = 0,33
  Z = 100 - X - Y
  IF(15 * X + 9 * Y + Z = 300) PRINT * ,'X = ',X, 'Y = ',Y, 'Z = ',Z
 ENDDO
ENDDO
END
```

修改后的程序只有两重循环,循环次数为 20×34 次,不到 100 万次的万分之七(0.068%),显然程序的效率大大提高了。所以只要对题目稍做分析,便可大大提高编程效率。

6.1.5　隐含 DO 循环结构

通过前面的例题不难看出:利用 DO 循环或 DO 循环嵌套进行输入或输出时,由于每次都要重新执行输入或输出语句,因此每行只能输入或输出一次执行的结果。

【例 6-13】　打印数字 $1 \sim 10$ 中所有的奇数。

利用 DO 循环结构,编写程序如下:

```
DO I = 1,10,2
  PRINT * ,I
ENDDO
END
```

图 6.12　例 6-13 运行结果

运行结果如图 6.12 所示。

分析:对于此类问题,如果计算结果行数较多,就会分多屏显示,查看时非常不方便。这时就需要新的方法来改变具有一定规律的一系列数据的输入或输出方式。

利用隐含 DO 循环结构就可以很方便地实现对数据输入和输出方式的控制。

隐含 DO 循环结构是 DO 循环结构的一种特殊表现形式,一般只出现在输入或输出语句中。

1. 隐含 DO 循环结构的一般格式

隐含 DO 循环结构的一般格式如下:

```
PRINT * ,(W,V = e1,e2[,e3])
```

或

```
READ *,(W,V=e1,e2[,e3])
```

说明:

(1) V 为循环变量,用来控制循环次数。e1、e2 和 e3 为表达式,分别表示循环变量 V 的初值、终值及步长。

(2) W 为输入或输出项表列,输入或输出项的数目可根据需要自行设定。它表示要输出(或输入)的内容,可以是常量,也可以是包含循环变量的表达式,输入输出元素的个数由循环次数决定。

(3) 循环次数计算方法、循环执行的过程、使用该种循环应注意的事项等与一般格式的 DO 循环结构完全一样。

【例 6-14】 打印数字 1~10 中所有奇数。程序可改为:

```
PRINT *,(I,I=1,10,2)
END
```

程序运行结果如图 6.13 所示。

图 6.13 例 6-14 运行结果

再看一个例子,进一步理解隐含 DO 循环结构对输出方式的控制。

【例 6-15】 打印九九乘法表。

$$1\times1=1$$
$$1\times2=2 \quad 2\times2=4$$
$$1\times3=3 \quad 2\times3=6 \quad 3\times3=9$$
$$\cdots$$

分析:很明显,程序中需要用到两个变量 I 和 J 来分别表示乘数和被乘数,这两个变量都很有规律,解决此类问题可以用二重嵌套的 DO 循环结构。另外,程序中可使用 FORMAT 语句来控制输出数据的格式,FORMAT 语句中的<I>为可变重复系数,其值可根据循环变量发生变化。需要注意的是,用变量作重复系数时,一对尖括号"<>"不可省略。

程序编写如下:

```
INTEGER I,J
DO I=1,9
  PRINT 10,(J,'*',I,'=',I*J,J=1,I)
ENDDO
10 FORMAT (<I>(I1,A,I1,A,I2,2X))
END
```

程序运行结果如图 6.14 所示。

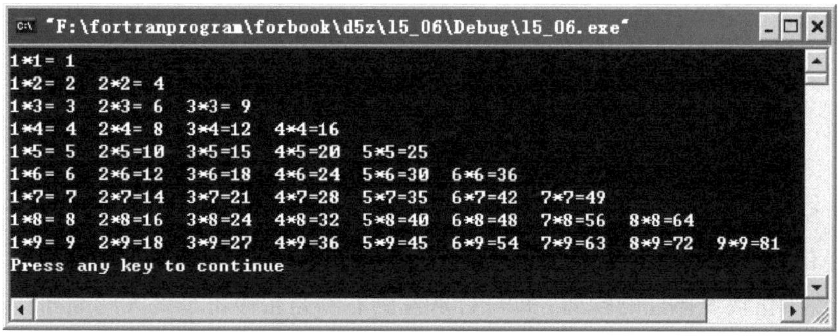
"F:\fortranprogram\forbook\d5z\l5_06\Debug\l5_06.exe"
1*1= 1
1*2= 2 2*2= 4
1*3= 3 2*3= 6 3*3= 9
1*4= 4 2*4= 8 3*4=12 4*4=16
1*5= 5 2*5=10 3*5=15 4*5=20 5*5=25
1*6= 6 2*6=12 3*6=18 4*6=24 5*6=30 6*6=36
1*7= 7 2*7=14 3*7=21 4*7=28 5*7=35 6*7=42 7*7=49
1*8= 8 2*8=16 3*8=24 4*8=32 5*8=40 6*8=48 7*8=56 8*8=64
1*9= 9 2*9=18 3*9=27 4*9=36 5*9=45 6*9=54 7*9=63 8*9=72 9*9=81
Press any key to continue

图 6.14　例 6-15 运行结果

2. 隐含 DO 循环结构的嵌套

与 DO 循环结构的嵌套一样，隐含 DO 循环结构也可以有嵌套，而且同样可以出现多重嵌套。其嵌套是以括号划分的，内层括号称为内循环，外层括号称为外循环。

隐含 DO 循环结构的嵌套一般格式为：

```
PRINT *,((W,V1 = e1,e2[,e3]),V2 = e1,e2[,e3])
```

或

```
READ *,(( W,V1 = e1,e2[,e3]),V2 = e1,e2[,e3])
```

说明：

(1) V2 为外循环的循环变量，用来控制外循环次数；V1 为内循环的循环变量，用来控制内循环次数。e1、e2 和 e3 为表达式，分别表示循环变量 V2 和 V1 的初值、终值及步长。内循环体实际执行的次数为内、外循环各自可以执行的次数之积(即 $r_1 \times r_2$ 次)。

(2) 无论有多少重循环嵌套，都只能用小括号，且括号一定要成对出现，不允许出现其他括号形式。

【例 6-16】　用隐含 DO 循环结构的嵌套打印"AB"六次。

程序编写如下：

```
PRINT *,(('A','B',I = 1,3),J = 1,2)
END
```

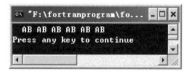

"F:\fortranprogram\fo...
AB AB AB AB AB AB
Press any key to continue

图 6.15　例 6-16 运行结果

程序运行结果如图 6.15 所示。

程序中 I 为内层循环变量，J 为外层循环变量，内层循环次数为 3 次，外层循环次数为 2 次，所以输出项字符 AB 共显示 2×3=6 次。

3. 隐含 DO 循环结构及 DO 循环结构嵌套的应用

利用隐含循环不但可以改变输入输出的方式、数组元素输入输出的先后顺序(详见第 8 章)，而且可以打印具有一定变化规律的图形，这类问题中通常要配套使用 FORMAT 语句来对数据进行格式输出。

【例 6-17】 打印以下由数字组成的图形。

```
1
12
123
1234
12345
```

分析：利用循环结构实现输出图形的功能，重要的是先观察图形的形状，然后再看图形中字符的变化规律。本题从图形形状上看是一个直角三角形，字符组成相对比较简单，只有数字，而且数字呈现规律性的排列：每一行从左到右都是按照由小到大的顺序排列，并且数字的个数和所在行号相同。因此可以利用循环嵌套编写程序，其中外循环控制行数，每循环一次，执行一次输出，隐含 DO 循环作为内循环，控制输出每一行的内容。程序中 FORMAT 语句控制数据输出格式，每个数据占一个列宽。

程序编写如下：

```
    DO I = 1,5
    PRINT 10,(J,J = 1,I)
    ENDDO
10  FORMAT(< I > I1)
    END
```

图 6.16　例 6-17 运行结果

程序运行结果如图 6.16 所示。

6.2　DO WHILE 循环结构

对于循环次数能事先确定的循环，可以用 DO 循环很方便地实现，但是有些问题的循环次数并不能事先确定，只能通过给定的条件来决定是否进行循环，这时就可以用 DO WHILE 循环来实现。

6.2.1　DO WHILE 循环的组成

DO WHILE 循环的一般格式如下：

```
DO WHILE(逻辑表达式)
    循环体
ENDDO
```

说明：

（1）DO WHILE 循环由三部分组成：DO WHILE 语句、循环体和 ENDDO 语句。

（2）DO WHILE 语句是 DO WHILE 循环的起始语句，其中逻辑表达式是表示循环的控制条件，必须全部放在括号里面。

（3）循环体是 DO WHILE 循环结构的主体，是在循环过程中被重复执行的语句组。

（4）ENDDO 语句是 DO WHILE 循环的终端语句，表明本次的循环体执行到此结束，之后又转到 DO WHILE 语句继续执行循环结构。

（5）使用 DO WHILE 循环语句时要特别注意避免死循环的产生，要保证循环体中至少有一条语句对循环控制条件有影响，否则将产生死循环。如下列程序：

```
SUM = 0
READ *, X
DO WHILE (0 <= X .AND. X <= 100)
   SUM = SUM + X
   PRINT *, X
ENDDO
PRINT *, 'SUM = ', SUM
END
```

程序运行时，若第 1 个输入数据为 0 至 100 以内的数，程序产生死循环，无法终止。

（6）DO WHILE 循环也可以多重嵌套，用法及注意事项同 DO 循环。

6.2.2　DO WHILE 循环的执行过程

DO WHILE 循环的执行过程如图 6.17 所示。

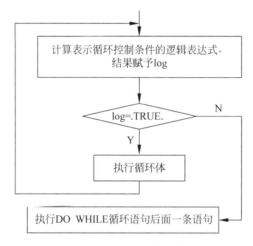

图 6.17　DO WHILE 循环执行过程

（1）先计算表示循环控制条件的逻辑表达式的值，结果赋予 log。

（2）若 log ＝.TRUE.，则执行循环体直到 ENDDO 语句，否则终止循环，转去执行 ENDDO 语句下面的第一条可执行语句。

（3）执行 ENDDO 语句，控制转至（1）继续执行。DO WHILE 循环结构在每次循环体执行前都要计算表示循环控制条件的逻辑表达式，其计算结果决定循环体是否继续执行。循环体的执行过程必须对循环控制条件产生影响。

下面再来看几个 DO WHILE 循环结构的例子。

【例 6-18】　用 DO WHILE 循环结构改写例 6-3，计算 5！。

程序编写如下：

```
PARAMETER(N = 5)
INTEGER F
I = 1
F = 1
```

```
DO WHILE(I<=N)
 F = F * I
 I = I + 1
ENDDO
PRINT * , '5! = ',F
END
```

图 6.18　例 6-18 运行结果

程序运行结果如图 6.18 所示。

分析：程序执行结果和例 6-3 完全相同，同样会算出正确的结果，不过程序语句看起来更复杂一点。改用 DO WHILE 循环结构编写程序，循环变量的初值设置（程序中第 3 行）和改变（第 7 行）都需要用命令明确表示出来，循环终止条件的判断表达式也要明确写清楚（第 5 行）。即 DO WHILE 循环把 DO 循环的隐含条件都用明确的语句显示出来。

这个循环同样会执行 5 次，请读者自己分析循环的执行过程。

这里使用 DO WHILE 循环结构并不比前面使用 DO 循环结构所编写出来的程序精简和美观。因为 DO WHILE 循环结构的目的并不是用来处理这种"计数累加循环"情况的。DO WHILE 循环结构所处理的是无法预先确定循环次数、只能通过给定条件判断的循环，即用 DO WHILE 循环结构实现的是当型循环。

下面再看另外一道例题。

【例 6-19】　求 $\sin x = x - \dfrac{x^3}{3!} + \dfrac{x^5}{5!} - \dfrac{x^7}{7!} + \cdots + (-1)^{n-1} \cdot \dfrac{x^{2n-1}}{(2n-1)!}$，直到最后一项的绝对值小于 10^{-6} 时，停止计算。X 由键盘输入。

分析：这显然是一个累加求和问题，关键是如何表示出各累加项。公式中给出的累加项表示很复杂，较好的方法是找到递推公式，利用前一项来求下一项，会简化程序设计。

这里首先推导出递推公式，用 f 表示要累加的项：

第 1 项：$f_1 = x$

第 i 项：$f_i = (-1)^{i-1} \dfrac{x^{2i-1}}{(2i-1)!}$ $(i \geqslant 2)$

第 $i-1$ 项：$f_{i-1} = (-1)^{i-2} \dfrac{x^{2i-3}}{(2i-3)!}$ $(i \geqslant 2)$

若已知 $(n-1)!$，求 $n!$ 公式为：$n \times (n-1)!$。

同理可推：已知 $(n-2)!$，$n! = (n-1) \times n \times (n-2)!$。

所以第 i 项和第 $i-1$ 项之间的递推公式为：

$$f_i = -\frac{x^2}{(2i-2)(2i-1)} f_{i-1} \quad (i = 2, 3, \cdots)$$

本次循环的累加项可以在上一次循环累加项的基础上递推出来，递推公式要比原公式简单。

程序编写如下：

```
PARAMETER (PI = 3.1415926)
REAl X,F,SIN
INTEGER : : I = 1
READ * ,X                     !输入角度值
X = X * PI/180                !将角度换算为弧度值
SIN = X
F = X
```

```
    DO WHILE(ABS(F)>1.0E-6)        !循环条件判断
     I = I+1
     F = -X*X/((2*I-2)*(2*I-1))*F
     SIN = SIN+F
    ENDDO
    PRINT 10,SIN
10  FORMAT(F4.2)
    END
```

程序运行结果如图 6.19 所示。

【例 6-20】 输入一个正整数,统计并输出其位数。

分析:利用整数相除得到整数的计算规则来求位数。把输入的整数存入变量 N 中,用变量 K 来统计 N 的位数,使用 DO WHILE 循环结构来实现。

程序编写如下:

```
INTEGER N,K
K = 0
READ*,N
DO WHILE(N>0)
 K = K+1
 N = N/10
ENDDO
PRINT*,'K = ',K
END
```

程序运行结果如图 6.20 所示。

图 6.19　例 6-19 运行结果　　　　图 6.20　例 6-20 运行结果

6.3　循环的流程控制

在前面的示例程序中,循环过程都是正常结束。有些特殊问题,如在循环处理过程中需要提前终止本次循环或整个循环时,则需要在循环中进行流程控制。下面介绍两个循环流程控制语句:EXIT 语句和 CYCLE 语句。

6.3.1　EXIT 语句

EXIT 语句的功能是可以直接"跳出"一个正在运行的循环,转到循环结构 ENDDO 后的下一个语句执行。DO 循环和 DO WHILE 循环结构内都可以使用 EXIT 语句。

【例 6-21】 用 EXIT 语句改写例 6-20,求正整数位数。

程序编写如下:

```
INTEGER N,K
K = 0
```

```
READ * , N
DO WHILE(.TRUE.)
  K = K + 1
  N = N/10
  IF(N <= 0) EXIT
ENDDO
PRINT * , 'K = ',K
END
```

程序中,循环的逻辑表达式(循环控制条件)直接设置为.TRUE.,这是允许的,表示这个循环执行的条件永远成立,如果不在循环中加入跳出循环的控制语句,会造成死循环。所以在循环体内设置了 EXIT 语句,当条件 N≤0 满足时执行 EXIT 语句,跳出循环。

EXIT 语句不提倡使用,因为它破坏了程序的结构化特性。有些情况下,高水平的设计人员可用 EXIT 语句简化程序。合理使用 EXIT 语句是从死循环中退出的有效途径。

6.3.2 CYCLE 语句

CYCLE 语句的功能是略过循环体中 CYCLE 语句后面的所有语句,直接跳回循环的开头来进行下一次循环(即结束本次循环,开始下一次循环)。在 DO 循环和 DO WHILE 循环内都可以使用 CYCLE 语句。来看下面的示例。

【例 6-22】 打印出 1~10 内的数字,3 和 6 不打印。

分析:在程序中通过条件设定跳过输出 3 和 6 的操作。

程序编写如下:

图 6.21 例 6-22 运行结果

```
DO I = 1,10
  IF(I == 3.OR.I == 6) CYCLE
  PRINT * ,I
ENDDO
END
```

程序运行结果如图 6.21 所示。

在程序中使用 DO 循环,从 1 到 10,每一次循环都将循环变量的值显示出来,在循环体输出语句前加入条件判断,循环变量的值为 3 或 6 时执行 CYCLE 语句,略过后面的输出语句,再跳回循环的入口,继续执行新一轮的循环。

如果需要略过目前的循环,直接进入下一次循环,可以使用 CYCLE 语句。

6.4 几种循环形式的关系和比较

(1) DO 循环用来处理循环次数已确定的问题。DO WHILE 循环既可处理已知循环次数的循环问题,也可用来处理循环次数不确定的问题。一般而言,对事先能确定循环次数的循环,用 DO 循环比较方便,它能使循环变量自动增值,不需要用户写逻辑表达式,只需要写出循环变量的初值、终值和步长即可,使用方便。对事先不能确定循环次数的循环可以用 DO WHILE 循环。但这并不是绝对的,很多情况下它们是可以相互代替的。

(2) DO 循环实质上也是一种"当型循环",它也是先判断(条件)、后执行(循环体)。但这种"当型循环"的循环条件只能是"当 r≠0"(r 为循环次数,每执行一次循环体,r 的值减 1)。

(3) 几种形式的循环可以相互转换,或者说,同一个问题可以用任一种循环来处理。下面以判断素数为例来说明这个问题。

输入一个整数 M(M≥3),判断它是否是素数。

这个问题既可以用 DO 循环实现,也可以用 DO WHILE 循环实现,还可以用无条件 DO 循环和 EXIT 语句结合来实现。所谓素数是指只能被 1 和自身整除而不能被其他数整除的整数(除 1 以外)。根据素数定义,判断一个数 M 是否是素数的基本方法为:将 N 作为被除数,将 2 到(N−1)之间各个整数轮流作为除数,如果都不能整除,则 N 为素数。实际上,从数学的角度分析,N 不必被 2 到(N−1)之间的整数整除,只需要被 2 到 N/2 之间的整数整除即可,甚至只需要被 2 到 SQRT(N∗1.0)之间的数整除即可。这样就可以大大节省运行时间,提高程序效率。编写程序如下。

程序 1:用 DO 循环实现。

```
READ *,M
J = SQRT(REAL(M))
DO I = 2,J
 IF (MOD(M,I) == 0) EXIT
ENDDO
IF (I > J.AND.M > 1) THEN
 PRINT *,M, 'is a prime number'
ELSE
 PRINT *, M,'is not prime number'
END IF
END
```

程序 2:用 DO WHILE 循环实现。

```
READ *,M
I = 2
J = SQRT(REAL(M))
DO WHILE(I <= J.AND.MOD(M,I)/ = 0)
 I = I + 1
ENDDO
IF (I > J.AND.M > 1) THEN
 PRINT *,M,'is a prime number'
ELSE
 PRINT *,M,'is not prime number'
END IF
END
```

程序 3:用无条件 DO 循环和 EXIT 语句结合来实现。

```
READ *,M
I = 2
J = SQRT(REAL(M))
DO
 IF (MOD(M,I) == 0.OR.I > J) EXIT
 I = I + 1
ENDDO
IF (I > J.AND.M > 1) THEN
```

```
 PRINT *,M,'is a prime number'
ELSE
 PRINT *, M,'is not prime number'
END IF
END
```

（4）各种循环可以相互嵌套，但一个循环必须完整地包含在另一个循环之内。

【例 6-23】 求 3～100 的全部素数。

分析：3 以上的素数必然是奇数，而且奇数的因子只能是奇数。判断一个数是否是素数需要用一重循环，要找出 3～100 的全部素数需要用到循环嵌套。

程序编写如下：

```
DO N = 3,100,2
  J = SQRT(N * 1.0)
  I = 3
  DO WHILE (I <= J.AND.(MOD(N,I)/ = 0))
    I = I + 2
  ENDDO
  IF(I > J) PRINT *, N
ENDDO
  END
```

6.5 程 序 举 例

循环结构是编写程序不可缺少的重要结构之一，程序设计者一定要熟悉有关循环的各种用法，才能更好地进行程序编写与阅读。下面是一些使用循环解决问题的实例示范。

【例 6-24】 斐波纳契（Fibonacci）数列问题是一个著名的古典数学问题。问题是这样提出的：某人第一个月有一对兔子，假定到第三个月时这对兔子会生下一对小兔子，以后每月都生一对小兔子，而小兔子生下后到第三个月又会生一对小兔子，以此规律繁殖。显然，第一个月、第二个月时只有一对兔子，第三个月共有两对（生了一对），第四个月有三对（老的再生下一对，小的不生），第五个月有五对（老的已生两对，小的生一对），如此繁殖下去。可以这样归纳此数列的规律：它的前两个数是 1，1，从第三个数开始每个数是其前两个数之和。则此数列的前几个数是 1，1，2，3，5，8，13，21，34，…。编写程序，求斐波纳契数列前 20 个数。

这个问题仍是"递推问题"，即要从前面已知的数推出后面的数，或者说，在一个数的序列中，下一项的值对前一项有某种依赖关系，求某一项的值要从第一项逐项推算而得（前面的累加、累乘问题中都用到了递推的概念）。再如序列：1，2，4，8，16，32，64，128，256，…，后一项是前一项乘以 2。可以找出这个数列的规律：

$$\begin{cases} a_1 = 1 & (n = 1) \\ a_n = a_{n-1} \times 2 & (n > 1) \end{cases}$$

表示后项对前项的依赖关系的式子称为"递推关系式"，上面的"$a_n = a_{n-1} \times 2$"就是递推关系式，$a_1 = 1$ 称为"初始条件"或"边界条件"。

有些递推问题可以直接用公式求出第 n 项的值，例如，用 2^{n-1} 可求得上面数列第 n 项的值。但有些问题无法直接用公式求出第 n 项的值,如 Fibonacci 数列就是无法直接用公式求出第 n 项的值,必须从第 3 项起一项项地从其前两项推出第 3 项,其递推关系式为:

$$F_n = F_{n-1} + F_{n-2} \quad (n \geqslant 3)$$

初始条件为:

$$F_1 = 1 \quad (n = 1)$$
$$F_2 = 1 \quad (n = 2)$$

因为递推关系有一定规律,故用循环来处理递推问题是很方便的。

求解上述 Fibonacci 数列的计算方法已给出,其思路是从 F1、F2 推出下一个数 F3,再将原来的 F2 作为 F1、F3 作为 F2,推出下一个新的 F3,以此类推,可得到 Fibonacci 数列的各项值。

程序编写如下:

```
INTEGER:: F1 = 1,F2 = 1,F3
PRINT * , F1,F2
DO I = 3,20
 F3 = F2 + F1
 PRINT * ,F3
 F1 = F2
 F2 = F3
ENDDO
END
```

【例 6-25】　求 2～10 000 范围内的守形数(同构数)。

分析:所谓守形数是指该数平方的低位数等于该数本身。例如 $25^2 = 625$,而 625 的低位 25 与原数相同,则称 25 为守形数,又称同构数。

可以用穷举法解决这类问题,即在 2～10 000 范围内,对所有的数逐一验证是否符合守形数的条件。问题的关键就是如何判断一个任意数 N 是否是它平方的低位数,换句话说,对任意两个有内在联系的自然数 M 和 N,怎样判断 N 是否为 M 的低位数。判断的方法是对 M 用求余函数截取与 N 相同的位数进行比较。

程序编写如下:

```
DO I = 2,10000
  K = I * I
  IF(I < 10)THEN
    M = MOD(K,10)
  ELSE IF(I < 100)THEN
    M = MOD(K,100)
  ELSEIF(I < 1000)THEN
    M = MOD(K,1000)
  ELSE
    M = MOD(K,10000)
  END IF
  IF(M = = I)PRINT * ,I
ENDDO
END
```

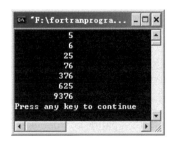

程序运行结果如图 6.22 所示。

图 6.22　例 6-25 运行结果

请读者思考,如果要找出任意范围内的守形数,范围由键盘输入,程序如何编写?

【例 6-26】 编写程序,验证下面公式:

$$1^2 + 2^2 + \cdots + n^2 = \frac{1}{6}n(n+1)(2n+1)$$

分析:设用 L 表示等式左端的值,R 表示等式右端的值。分别计算 L 和 R,判断它们是否相等,如果相等,则等式成立,否则不成立。采用实数是否相等的判断方法。

计算 L 通过 DO 循环结构实现。计算 R 通过赋值语句实现。

程序编写如下:

```
L = 0
PRINT *,'输入项数 N: '
READ *, N
DO I = 1,N                        !计算等式左端值 L
 L = L + I * I
ENDDO
R = N * (N + 1) * (2 * N + 1)/6.  !计算等式右端值 R
IF(ABS(L - R)< 1E - 6) THEN
   PRINT *,'公式正确!!!'
ELSE
   PRINT *,'公式不正确!!!'
ENDIF
END
```

图 6.23 例 6-26 运行结果

程序运行结果如图 6.23 所示。

【例 6-27】 编写一个小型计算器程序,用键盘输入两个数字,再根据运算符号判断这两个数字做加减乘除的哪一项运算,每做完一次计算后,让用户来决定是否还要进行新的计算。

程序编写如下:

```
CHARACTER KEY,CODE
KEY = 'y'
DO WHILE(KEY == ' Y '.OR.KEY == ' y ')
  PRINT *
  PRINT *,"请输入计算数据和运算符: "
  READ *,A
  READ "(A1)",CODE
  READ *,B
  SELECT CASE(CODE)
    CASE (' + ')
      ANS = A + B
    CASE (' - ')
      ANS = A - B
    CASE (' * ')
      ANS = A * B
    CASE ('/')
      ANS = A/B
    CASE DEFAULT
      PRINT *, "Unknown Operator:",CODE
      STOP
    ENDSELECT
```

```
      PRINT 10,A,CODE,B,ANS
10    FORMAT(F6.2,A1,F6.2,' = ',F6.2)
      PRINT *
      PRINT *,"输入 (Y/y) 继续计算,输入其他字符退出"
      READ *,KEY
  ENDDO
  END
```

程序运行结果如图 6.24 所示。

图 6.24　例 6-27 运行结果

习　题　6

1. 写出下列程序的运行结果。

（1）
```
  S = 1.0
  DO  K = 2,10,4
    S = S + 1/K
  ENDDO
  PRINT *,S
  END
```

（2）
```
  S = 1.0
   DO  K = 3, 1, -1
    DO  N = -1, -3
     S = 2 * S
   ENDDO
  ENDDO
  PRINT *,S
  END
```

（3）
```
  DO N = 10,99
    NA = N/10
    NB = MOD(N,10)
    IF (NA + NB .EQ. 10) THEN
       PRINT *, 'N = ',N
    ENDIF
```

```
        ENDDO
        END
（4） M = 0
        DO  I = 1,4
         J = I
          DO  K = 1,3
            L = K
            M = M + 1
          ENDDO
        ENDDO
        PRINT *, I, J, K, L, M
        END
```

2. 编写程序，求 100 之内所有奇数之和。

3. 利用下式计算 π 的近似值。

$$\frac{\pi}{4} = 1 - \frac{1}{3} + \frac{1}{5} - \frac{1}{7} + \cdots + \frac{1}{4n-3} - \frac{1}{4n-1} \quad (n = 1000)$$

4. 输入 20 个数，统计其中正数、负数和零的个数。

5. 打印输出 1、2、3、4 能组成的所有可能的四位数并统计个数。

6. 输入 X 值，按下列公式计算 $\cos(x)$。精度要求 6 位有效数字，最后一项 $< 10^{-6}$。编写程序实现。

$$\cos(x) = 1 - \frac{x^2}{2!} + \frac{x^4}{4!} - \frac{x^6}{6!} + \cdots$$

7. 打印出 500 以内满足个位数字与十位数字之和除以 10 所得的余数是百位数的所有数，并统计出这些数的个数。

8. 编写计算下式的 FORTRAN 程序，n 值由键盘输入。

$$1 + (1+3) + (1+3+5) + (1+3+5+7) + \cdots + (1+3+5+7+\cdots+n)$$

9. 编写程序，求 2 至 10 000 之间的所有"完数"。所谓"完数"是指除自身之外的所有因子之和等于自身的数。如 28 是一个完数，因为 28 的因子有 1、2、4、7、14、28，且：

$$28 = 1 + 2 + 4 + 7 + 14$$

10. 已知某球从 100m 高度自由落下，落地后反复弹起，每次弹起的高度都是上次高度的一半。求此球第 10 次落地后反弹起的高度和球所走过的距离。

11. 编程输出如下数字三角阵。

```
        1
        7    8
        13   14   15
        19   20   21   22
        25   26   27   28   29
        31   32   33   34   35   36
        25   26   27   28   29
        19   20   21   22
        13   14   15
        7    8
        1
```

第7章

格式输入和输出

教学目标：

- 掌握整型编辑符和实型编辑符；
- 掌握格式输入的方法；
- 掌握格式输出的方法；
- 掌握 FORMAT 语句的使用方法。

程序处理的对象是数据，程序的作用就是对数据进行加工，因此需要向程序输入原始数据，并且将运算得到的结果输出。

前面几章介绍了最简单的表控输入和输出语句，这种语句比较简单、易掌握，在此基础上再介绍格式输入输出语句。之所以这样安排，目的是使读者在学习程序设计时首先集中于算法及语言的基础方面，不至于在开始时花过多的精力在烦琐的格式输入输出上。在初步掌握了程序设计的方法及 FORTRAN 语言的基本知识后，再进一步学习格式输入输出，这样更符合循序渐进、突出重点的原则。

程序不但能输出正确的结果，而且希望按照自己所希望的格式输出数据，例如一个数据占多少列，输出的实数小数点可以保留几位，行间数据的对齐方式，等等。总之希望输入灵活方便，输出整齐、美观、多样化。

由于格式输出比格式输入容易理解一些，所以本章先介绍格式输出。掌握了格式输出后再学格式输入就比较容易。

7.1　格　式　输　出

用户可以自己指定输出格式。FORTRAN 规定要用不同的"格式编辑符"（或称"编辑描述符"，简称"编辑符"）来实现指定的输入输出格式，它的作用是对数据进行"编辑加工"，以得到所需要的格式（如同报刊编辑对文字进行编辑加工一样），故此得名。下面介绍 FORTRAN 语言的常用编辑符。

7.1.1　I 编辑符

I 编辑符用于整型数据的输入输出。它有两种格式，即：

(1) Iw

(2) Iw. m

大写字母 I 是整数 Integer 的第一个字母，用来表示"整型数编辑"。

输出数据常采用 PRINT 语句（或 WRITE 语句）和 FORMAT 语句配合使用，在

FORMAT 语句中用编辑符指定输出的格式。如：J＝40，K＝－12，L＝123，则

PRINT 100，J，K，L

100 FORMAT（I3，I5，I7）

PRINT 语句后的数字 100 是一个 FORMAT 语句的标号。它用来指出：PRINT 语句中的输出项(J,K,L)按该 FORMAT 语句指定的格式输出。FORMAT 语句是"格式说明语句"，它是一个非执行语句，本身不产生任何操作，只是提供输入或输出的格式。FORMAT 语句可以出现在程序中程序单元说明语句之后和 END 语句之前的任何地方。系统按 PRINT 语句(或 WRITE 语句)中指定的语句标号找到相应的 FORMAT 语句，并按其规定的格式对输出数据进行"编辑"。

上述 FORMAT 语句中的括号内有三项，即 I3,I5,I7。I3 表示相应整数的输出占 3 列位置，I5 表示占 5 列，I7 表示占 7 列。FORMAT 语句中各编辑符与 PRINT 语句(或 WRITE 语句)中的各输出项按排列的顺序一一对应，即整型变量 J 的输出占 3 列，K 的输出占 5 列，L 的输出占 7 列。上面的 PRINT 语句按 FORMAT 语句指定的格式输出如下：

```
_40__-12_____123
```
3列 5列 　7列

注意：

(1) 数字在指定的区域内向右端靠齐，如果数字位数比 Iw 的 w 小(40 为两位数字，而输出编辑符为 I3)，则左边补以空格(以下画线示意空格)。一个数据所占的宽度称为"字段宽度"，w 用来指定字段宽度。

(2) 负数的负号也包含在字段宽度内。如果 J＝－40，则 I3 可以容纳；如果 J＝－400，则 I3 不能容纳。

(3) 如果应输出的列数超过了指定的字段宽度，则不输出有效数据，而在该字段宽度范围内充满"＊"符号。如上面的输出中，如果 J＝－400，则输出：

```
***__-12_____123
```
J 　K 　　L

也可以用 Iw.m 编辑符，Iw.m 中的 w 仍表示一个输出数据的字段宽度，m 表示需要输出的最少数字位数。例如，将上面的 FORMAT 语句改为：

```
PRINT 100, J,K,L
100 FORMAT(I3,I5.4,I7.5)
```

如 J、K、L 的值不改变，则输出格式为：

```
_40  -0012 __00123
```
3列 　5列 　　7列

可以看出：K 输出 4 位数字，L 输出 5 位数字，这就是 m 指定的。注意：m 不包括负号所占

的一列,K 用 I5.4 编辑符输出,数字占 4 列,负号占 1 列,共 5 列。

如果应输出的数字超过 m,则按实际应输出的位数输出(但条件是不能超过 w)。例如,如果上面的 L 值为 123 456,仍用 I7.5 编辑符输出,则输出结果为:

```
_40  -0012  _123456
 ⌣    ⌣      ⌣
 J     K      L
```

虽然 $m=5$,但数据为 6 位,在这种情况下为保证输出数据的正确性,要突破 m 的限制,按数值的实际位数输出。

在利用 I 编辑符输出时,应注意 w 的值不能选得太小,以免出现“字段宽度不够”。但在实际上,事先难以估计每个数据的确切位数,一般 w 选稍大一些,具体可根据所用计算机系统允许的整数范围来定。例如,有的计算机系统允许的整数范围为 21×10^9,即可以有 10 位数字,则可选 $w>12$,如 I15,I16 等。

表 7.1 是用 I 编辑符输出整数的结果。

表 7.1　I 编辑符输出示例

要输出的值	编　辑　符	输出结果	说　　明
2017	I5	_2017	左补空格
12	I7.4	_ _ _0012	输出 4 位数字
8736	I8.3	_ _ _ _8736	按数据的实际位数输出
$-12\ 345$	I5	*****	w 不够大

说明:不同的计算机系统对于“字段宽度不够”的处理没有统一的规定,多数以充满“ * ”处理,也有的只在字段的第一个位置打印一个“ * ”,然后打印数据中前几位数字。例如表 7.1 中最后一行,有的系统给出的结果是“ * -123 ”。

7.1.2　F 编辑符

F 是 Fixed point number(定点数)的第一个字母,用于实数编辑。F 编辑符用于实数的小数形式输出,其一般格式为:

    Fw.d

w 的含义仍为“字段宽度”,d 的含义是输出数据的小数位数。例如,当 A $=15.8$,B $=-746.578$,C $=873.2$ 时,如用下面的输出语句:

```
      WRITE( * ,200)A,B,C
200   FORMAT(F6.1,F9.2,F7.2)
```

则输出格式为

```
_ _15.8 _ _-746.58 _873.20
 ⌣        ⌣         ⌣
6列      9列       7列
```

规定 A 的字段宽度为 6,其中有一位小数,而 A $=15.8$,共占 4 列,故左补两个空格。规定 B 的字段宽度为 9,其中有两位小数,而 B $=-746.578$,有三位小数,将小数部分截断,只保留两位小数,对第三位小数按"四舍五入"处理,因此输出 _ _ —746.58。规定 C 的字段宽度为 7,其中有两位小数,而 C=−873.2,右补一个 0 以输出两位小数,输出_873.20。显然应使 $d<w$,如果 b 为数据的整数部分的位数,应使 $w \geqslant b+d+1$(因为小数点也要占 1 列)。例如,要正确输出 746.578,保留两位小数,则 w 应大于 $3+2+1=6$;如果输出负数,则应保证 $w \geqslant b+d+2$(因为负号也要占 1 列)。一般应使 w 选大一些,如 F15.6、F18.6 等。但一般也难以确切估计输出项的值,例如输出 A、B 两个数据,A 的值为 2 345 678.0,B 的值为 0.000 001 234,若用输出语句:

```
        WRITE( * ,200)A,B
   200  FORMAT(F9.2,F12.3)
```

则输出格式为

这是由于无法按 F9.2 输出 A 的值(因为 2345678.00 要占 10 列,字段宽度不够),所以在 A 的字段宽度内输出 9 个"*"。B 的输出虽然不会出现"字段宽度不够"的错误,但只输出小数点后 3 个 0,把有效的数字"1234"截去了。可以看出,用 F 编辑符时,由于难以事先确切估计出数据的大小,输出大的数时容易产生"宽度不够"的错误(由于 w 不够大),输出小的数时会出现丢掉有效数字的情况(由于 d 不够大而将后面的数字截去),这就是"大数印错,小数印丢"。这是用 F 编辑符时要注意的一个问题。

表 7.2 是用 F 编辑符输出实数(小数形式)的结果。

表 7.2 F 编辑符输出示例

要输出的值	编 辑 符	输 出 结 果	说 明
18.6	F6.2	_18.60	第二位小数补 0
1875.475	F9.2	_ _1875.48	多余小数四舍五入
−12 345.67	F9.3	*********	w 位数不够
0.000 768 576	F10.4	_ _ _ _0.0008	多余小数四舍五入

7.1.3 E 编辑符

E 编辑符用于实数的指数形式(采用标准化的指数形式)输出,E 是 Exponent(指数)的第一个字母。其一般格式为:

```
Ew.d
```

w 的含义仍为"字段宽度",d 为以指数形式出现的实数的小数位数。例如,当 A=15.8,B= −746.578,C=873.2 时,若用下面的输出语句:

```
        WRITE( * ,200)A,B,C
   200  FORMAT(E15.6,E12.4,E9.3)
```

则输出格式为

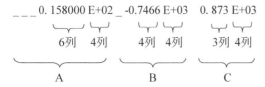

每个数据字段中,指数部分占 4 列(其中字母 E 和指数的符号各占 1 列,指数占 2 列。有的系统正号不输出,以空格代替,有的系统对指数部分的前导 0 以空格代替)。小数部分 d 列,再加上一个小数点和小数点前的一个"0"。因此,如果 $w \geqslant 2+d+4$,则左边补两个空格,如果输出负数,则负号占一列。因此,应保证 $w \geqslant 3+d+4$,即 $w \geqslant d+7$。例如输出一个实数,要得到 6 位有效数字,即 $d=6$,则应使 $w \geqslant 6+7=13$,其格式可用 E13.6、E15.6 等。

也有的系统不打印出小数点前的数字"0",其输出形式为:

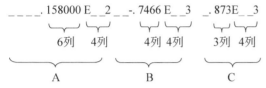

用 E 编辑符可以避免"大数印错,小数印丢"的情况,并且可以保证输出必要的有效位数。如果所用的 FORTRAN 编译系统提供 7 位有效数字,可以用 E15.7、E16.7 等,如果系统能提供 9 位有效数字,可以用 E17.9、E18.9 等,以最大限度地得到有效数字。当然,d 取多少位取决于程序的需要。

用 E 编辑符输出实数的优点是:它能容纳任意大小的数据,不必事先估计数值的大小,但它输出的是指数形式,看起来不够直观、清晰。

说明:FORTRAN 没有提供专用于复型数的编辑符。由于复数在内存中是以 2 个实数的存储单元存储的,在采用表控输出时,以一对坐标的形式输出(系统自动加括号)。如:

```
COMPLEX X
X = (1,2.0)
PRINT *,X
END
```

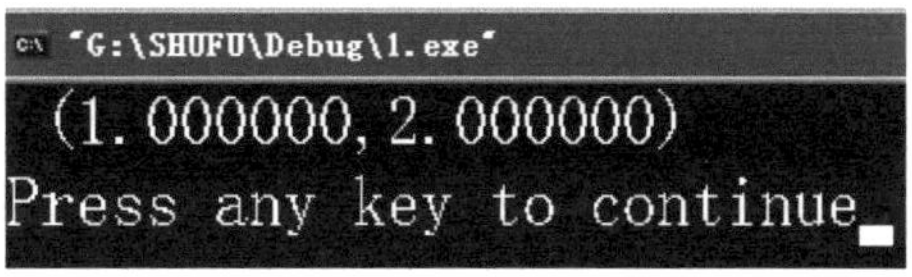

输出结果如图 7.1 所示。

若采用格式输出,则需要以两个实数的编

辑符来提供复数输出的格式。例如,如果 C1,C2 已被定义为复型变量,且 C1=(1.2,2.5),C2=(3.0,−6.5),则可以用下面的格式输出语句进行输出(输出时不加括号):

```
     PRINT 100, C1,C2
100  FORMAT(F10.2,F10.2,E13.5,E13.5)
```

输出结果如图 7.2 所示。

图 7.1 复数的表控格式输出

图 7.2 复数的格式输出

7.1.4　D 编辑符

D 编辑符用于双精度数的输出，D 是 Double Precision(双精度)的第一个字母。其一般格式为：

　　D$w.d$

w、d 的含义同 E 编辑符。若 D1、D2 已被定义为双精数变量，且 D1＝1.378 675 893D＋02，D2＝1784.5D－03，用输出语句：

```
      PRINT 10,D1,D2
10    FORMAT(D18.10,D18.7)
```

则输出格式为

```
__ 0.1378675893 D+03    _____ 0.1784500 D+01
  └─────────┬─────────┘      └────────┬────────┘
         D1(18列)                  D2(18列)
```

D 编辑符的使用方法与 E 编辑符相仿，只是把字母"E"换成了字母"D"。

双精度数据也可以用 F 编辑符指定输出格式，可以将上述 FORMAT 语句改为：

```
10    FORMAT(F19.10,F17.7)
```

则输出格式为

```
_____ 137.8675893000    _____ 1.7845000
  └─────────┬─────────┘      └───────┬───────┘
        D1(19列)                 D2(17列)
```

但同样会出现"大数印错，小数印丢"的情况。

7.1.5　L 编辑符

L 编辑符用于逻辑型数据的输出，一般格式为：

　　Lw

L 是 Logical 的第一个字母。如果变量 L1、L2 已定义为逻辑型，且 L1＝.TRUE.，L2＝.FALSE.，用下面的 FORMAT 语句：

```
PRINT 30,L1,L2,.TRUE.,.FALSE.
30    FORMAT(L5,L3,L4,L6)
```

则输出结果为：

```
____T__F___T_____F
└─┬─┘└┬┘└─┬┘└──┬──┘
 5列  3列  4列   6列
```

L 编辑符输出的使用规则为：逻辑值为"真"时，在输出时打印一个字母 T(表示 True)；逻辑值为"假"时，在输出时打印一个字母 F(表示 False)；输出项不足 w 位时，左补空格凑足 w 位。

7.1.6 A 编辑符

A 编辑符用于字符型数据的输出。一般格式为：

Aw

或

A

w 为字段宽度。如果变量 S 已被定义为字符型，长度为 5，其值为"CHINA"，则执行下列程序：

```
      CHARACTER * 5,S
      S = 'CHINA'
      PRINT 20,S
20    FORMAT(A7)
      END
```

S 长度为 5，在输出时指定的字段宽度为 7，则输出结果为：

_ _ CHINA

字符向右对齐。如果把上述 FORMAT 语句中的 A7 改为 A3，则输出结果为：

CHI

即只输出左(前)面的三个字符。

如果在 A 后不指定字段宽度 w，即：

```
20    FORMAT(A)
```

则表示按字符变量的实际长度输出(即按程序中类型说明语句定义的该变量的长度)，输出结果为：

CHINA

表 7.3 是用 A 编辑符的输出结果。

表 7.3 A 编辑符的输出示例

字符变量长度	字符变量的值	编辑符	输出结果	说　　明
6	FORMAT	A7	_ FORMAT	前补空格，占够 w 位
6	_CHINA	A5	_CHIN	只输出前 w 位
7	BEIJING	A6	BEIJIN	同上
7	FORTRAN	A	FORTRAN	按程序定义长度输出

7.1.7 撇号编辑符

撇号编辑符用来插入所需的字符串。例如，若 I＝123，J＝2345，则

```
      PRINT 10,I,J
10    FORMAT ('I = ',I3,'J = ',I4)
```

输出格式为：

> I = 123 J = 2345

如果输出的字符串中包含撇号，则用两个连续的撇号代表一个要输出的撇号字符。如：

```
        CHARACTER * 10,S
        READ *,S
        PRINT 20,S
20      FORMAT(A,'_IS_LI''S_STUDENT. ')
        END
```

如果从键盘上输入的值为'ZHANG SAN'，则输出格式为：

> _ZHANG_SAN_ IS_LI'S_STUDENT.

7.1.8　X 编辑符

X 编辑符用于在输出时产生空格，或输出位置向右移动 n 位。一般格式为：

nX

前面用 I、E、F 编辑符输出数据时，如果字段宽度 w 给的不合适，会造成数据间没有空格、数据连成一片难以区分的情况。例如：

```
        PRINT 50,I,A,B
50      FORMAT(I3,F6.2,E11.5)
```

当 I = 146，A = 124.32，B = 1247.32 时，输出为：

146 124.32 0.12473E+04

⎵ ⎵ ⎵

I A B

为了使各数据能分隔开，需要插入一些空格。FORTRAN 规定用 X 编辑符产生空格。将上述语句改为：

```
        WRITE（*, 50）  I, A, B

50      FORMAT（1X, I3, 2X, F6.2, 2X, E11.5）
```

先输出一个空格，再输出 I，在输出 I 和输出 A 之后，分别输出两个空格。其输出结果如下所示：

_146__124.32 __0.12473E+04

⎵ ⎵ ⎵

I A B

注意：不要把 2X 作为与 A 对应的编辑符，PRINT 语句中的 I、A、B 分别与 FORMAT 语句中的 I3、F6.2、E11.5 编辑符相对应。X 编辑符不能用来提供整数、实数以及其他类型数据的输出格式，它的作用只是插入若干个空格。如上面的输出语句，先遇到"1X"，输出一个空格（即不顶格写，先空一格，从第二列开始写），再遇到 I3，它与变量 I 对应，输出 I 值之后，再遇到"2X"，再跳过 2 列（即输出 2 个空格），再遇到 F6.2，它与变量 A 对应，输出 A 值之后，再遇到"2X"，输出 2 个空格，再遇到 E11.5，它与变量 B 对应，输出 B 值之后，整个输出语句就结束了。

7.1.9 斜杠编辑符

斜杠编辑符(/)的作用是：结束本记录的输出并开始下一个记录的输出。如：

```
    PRINT 30,I,A,J,B
30  FORMAT(I3,F6.1/ I3,F6.1)
```

若 I＝246,A＝12.36,J＝35,B＝173.5,则输出格式为：

```
246_ _12.4
_35_173.5
```

注意：一个 PRINT 语句输出打印了两行信息,这是由于 FORMAT 语句中有一斜杠,使之产生两个记录。如果有两个连续的斜杠,表示输出完第一行后空一行,再输出第二行。例如：

```
    PRINT 10, 'HELLO',100
10  FORMAT(A,//,I5)
```

共输出三行,输出结果如图 7.3 所示。

图 7.3 斜杠编辑符的输出

7.1.10 重复系数

重复使用的编辑符可以在其前加一个重复系数,其形式为：rIw、rF$w.d$、rE$w.d$、rAw、rLw 等,r 为重复系数。以下两个 FORMAT 语句等价：

```
10  FORMAT(I5,I5,F10.2,F10.2,F10.2)
10  FORMAT(2I5,3F10.2)
```

如果有以下 FORMAT 语句：

```
120 FORMAT(I4,2X,F10.2,2X,I4,2X,F10.2,2X)
```

其中加下画线的两组编辑符是相同的,可以只写一次而用重复系数使之重复使用。即写成：

```
120 FORMAT(2(I4,2X,F10.2,2X))
```

内括号内的编辑符(称为编辑符组)重复使用两次。

可变重复系数：FORMAT 语句中的重复系数除了可用常数表示外,还可以用循环变量表示,其值根据循环变量发生变化。用循环变量做重复系数时,该循环变量需要用一对尖括号括起来,其具体使用可参见第 6 章例 6-15。如果重复系数为符号常量,则该符号常量也需要用尖括号括起来,其具体使用可参见第 9 章例 9-10。

7.1.11 WRITE(PRINT)语句与 FORMAT 语句的相互作用

由以上介绍可知,输出记录的内容是由 WRITE 语句和 FORMAT 语句共同作用的。WRITE 语句提供输出的值,FORMAT 语句提供字符串、空格以及数据输出的格式。FORMAT 语句中括号内的内容称为"格式说明"。这两个语句间的相互关系如下。

(1) WRITE 语句中输出项的个数与 FORMAT 语句中的 I、F、E、D、L、A 编辑符的个数可以相等也可以不等。如果输出项的个数少于上述编辑符的个数,则多余的编辑符不起作用(注意:上述编辑符不包括 X 编辑符和撇号编辑符,下同)。如:

```
       WRITE( * ,10) I,J
 10    FORMAT(I3,I4,I5)
                  ↑
              不起作用
```

在执行格式控制时,对 WRITE 语句的输出项表列和 FORMAT 语句中的格式说明同时扫描,一一对应。当输出项表列结束,而 FORMAT 语句扫描到一个上述的编辑符时,输出就告结束。如果 FORMAT 语句扫描到一个撇号编辑符或 X 编辑符,则扫描继续下去,直到遇到非撇号且非 X 编辑符为止。例如:

```
       WRITE( * ,100) I,B
 100   FORMAT(I3,2X,F6.2,'END',F8.1)
                          ↑     ↑
                        要输出  不起作用
```

若 I=246,B=173.5,则输出为:

```
246_ _ 173.50 END
```

(2) 如果输出项个数多于格式说明中的编辑符个数,即 WRITE 语句的输出项表列中还有未输出的元素,而格式说明中的编辑符已用完,则重新使用该格式说明,但产生一个新记录。若

```
I = 246,A = 12.36,J = 35,B = 173.5,
     PRINT 30,I,A,J,B
                ↑
 30    FORMAT(I3,F6.1)
                ↑
```

当扫描变量 A 后,格式说明已扫描完毕(见指针箭头),而 WRITE 语句中还有应输出的元素,则将格式说明的指针重新移回到其开头,再往后扫描。输出结果为:

```
246_ _12.4
_35_ 173.5
```

即输出两个记录。它等价于以下 FORMAT 语句:

```
30 FORMAT(I3,F6.1/ I3,F6.1)
```

但不等价于下面的 FORMAT 语句:

```
30 FORMAT(2(I3,F6.1))
```

因为这个 FORMAT 语句使输出的数据打印在同一行上。

(3) 如果在格式说明中包含有重复使用的编辑符组,则当格式说明用完后再重新使用时,只有最右面的一个编辑符组(包括其重复系数)和它右面的编辑符被重新使用。如:

```
       WRITE( * ,100) I1,I2,I3,I4,I5,I6,I7,I8,I9,I10
 100   FORMAT(2(I3,2X),2(I4,2X),2(I5,2X),I6)
                                   ↑
```

在输出完 I7 后,格式说明已扫描完毕,仍重复使用格式说明,但只是从最右面一个编辑符组开始(见箭头)重复使用编辑符,包括其重复系数。

(4) 在扫描过程中,格式说明中的各编辑符(指 I、F、E、A、L)都要有相应的变量才能组织输出,而 X、撇号、斜杠等编辑符不需要有相应的输出变量而直接进行输出。

(5) 可以有"空格式说明",如 FORMAT( ),用来输出一个空行。此时的 WRITE 语句中不应有任何输出量。

(6) 遇到格式说明的右括号(即最后一个括号)或斜杠"/"时,结束本记录的输出,但不意味停止全部输出。只要输出项表列中还有未输出的量,将重复使用格式说明或按斜杠右面的格式说明组织输出。

右括号与斜杠"/"有一点不同:当扫描到右括号而输出表列中已无要输出的变量时,输出即告结束。而斜杠只表示结束本行输出,即使此时已无要输出的变量,输出也并未停止,它会重新开始一个新记录,直到遇到右括号或非 X、非撇号编辑符为止。

(7) FORMAT 语句可以和 WRITE 语句相邻,也可以放在程序的任何地方(在PROGRAM 语句或子程序语句之后、END 语句之前),习惯上将程序中全部 FORMAT 语句集中放在最前或最后,以使程序更清晰。

(8) 用表控格式输出时,在 WRITE 语句中的输出项中可以包含字符串,如:

```
WRITE( * , * )'I = ',I,'J = ',J
```

但如果用 FORMAT 语句作格式输出,则 WRITE 语句中字符串常量应对应 FORMAT 语句中 A 编辑符,如:

```
      WRITE( * ,100)'I = ',I,'J = ',J
100   FORMAT(A,I3,A,I4)
```

或在格式说明中用撇号编辑符包含字符串,如:

```
      WRITE( * ,100)I,J
100   FORMAT('I = ',I3,2X,'J = ',I4)
```

【例 7-1】 对例 4-3 的计算结果进行格式化输出。

程序编写如下:

```
INTEGER A,B,C                          !定义整型变量a,b,c
READ * ,A,B                            !输入数据到变量a和b
C = A + B                              !计算a、b的和c
PRINT 100, ''C = '',A,'' + '',B,'' = '',C    !输出c的值
100 FORMAT(A,I2,1X,A,I2,1X,A,I4)
END
```

程序运行结果如图 7.4 所示。

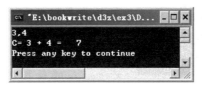

图 7.4 例 7-1 运行结果

7.2 格 式 输 入

7.2.1 格式输入的一般形式

在掌握了格式输出之后,再学习格式输入就不困难了。格式输入指按指定的格式输入数据。一般用 READ 语句和 FORMAT 语句来实现格式输入。一般形式为:

```
        READ 语句标号,输入项表列
语句标号   FORMAT(格式说明)
```

或

```
        READ ( ∗ ,语句标号) 输入项表列
语句标号   FORMAT (格式说明)
```

一般用"∗"代表系统隐含的输入设备,常指键盘。例如,可以有:

```
    READ 100,I,A
100  FORMAT (I5, F6.1)
```

输入时也是使用 I、F、E、D、L、A、X、斜杠编辑符指定输入数据的格式。若本例输入数据(↙表示回车键 Enter,下同):

␣12451241.5 ↙

　　I　　　A

(5 列)　(6 列)

即 I 占 5 列,A 占 6 列,输入后 I=1245,A=1241.5。

7.2.2 整数的输入

整数输入用 I 编辑符,形式同格式输出。Iw 中的 w 指定输入数据所占的列数。如:

```
   READ 10,I,J
10  FORMAT (I4, I5)
```

输入数据可以如下:

␣345␣␣415 ↙

　I　　J

如果用键盘作输入设备,从一行的第一个字符开始依次输入上述字符,并按 Enter 键,则输入后 I=345,J=415。

注意:

(1) 在规定的字段宽度内,空格不起作用。因此,如果输入:

3␣4␣5␣415

则 I 的值是 34,J 的值是 5415,见图 7.5。因此,最好使输入的数据在规定的字段宽度内向右端对齐。

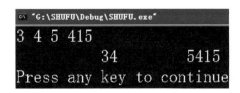

图 7.5　整数的格式输入

（2）符号包括在 w 宽度内。如输入：

—123_—456

则得到的 I 值是—123,J 值是—456。

表 7.4 是整数格式输入的例子。

表 7.4　整数的格式输入示例

输入的数据	编辑符	输入后变量的值	说　　明
—234	I4	—234	
+04	I4	4	
—4_4_	I5	—44	空格不起作用
—12 345	I5	—1234	只取 5 列,多余的不起作用

7.2.3　实数、复数和双精度数的输入

1. 实数用 F 编辑符输入

有两种形式。

（1）输入数据不带小数点,由系统按指定格式自动加上小数点。如:

```
    READ 10,A,B
10  FORMAT(F6.2,F8.3)
```

如果输入数据为:

$\underbrace{314567}_{A(6列)}\_\underbrace{8675432}_{B(8列)}$

系统先按 $F_w.d$ 中 w 指定的字段宽度截取数据,前 6 列属 A,后 8 列属 B。然后按 d 指定的位数确定小数点位置,则上述数据输入后,A=3145.67,B=8675.432。

（2）输入数据可以自带小数点。如果 $F_w.d$ 中指定的小数点位置与输入数据的小数点位置不一致,按"自带小数点优先"的原则。如对上面的输入语句,输入以下数据:

_314.5678675.432

先取前 6 列作为 A,后 8 列作为 B,注意,自带小数点也占一列。A 的 6 列中有一位小数,而 F6.2 指定有 2 位小数,按"自带小数点优先"原则,A=314.5,同理,B=678675.4。

自带小数点比较直观,输入时容易检查,不易出错,但必须保证数据在指定字段宽度内。例如,对上面的输入,可能用户的原意是使 A=314.567,但由于第一列输入了一个空格,小数点又占了一列,因此截取 6 列时将小数的第 2、3 位"67"截去了。

在"自带小数点"的情况下,$F_w.d$ 中的 d 是不起作用的,因此,也可以将 d 值定为0。如:

```
10  FORMAT(F6.0,F8.0)
```

2. 输入实数时可以任选 F 编辑符或 E 编辑符,二者作用相同

输入数据的形式可以是小数形式,也可以是指数形式。如果用指数形式输入数据而其

数字部分不带小数点,则按照 $Fw.d$(或 $Ew.d$)中 d 的值对其加上小数点。例如:

```
      READ 10,A,B
10    FORMAT(F12.3,E12.3)
```

输入以下数据:

$\_\ \_\ \_\ \_\ \_78346767.834676E+03$

A、B 的值都等于 7834.676,而用的编辑符不同,可见 F 和 E 编辑符是可以互换的。为使用方便,建议都用 F 编辑符输入。

表 7.5 是实数格式输入的例子。

表 7.5　实数的格式输入示例

输入的数据	编辑符	输入后变量的值	说　　明
$\_\ \_135798$	F8.2	1357.98	
137.2356	F8.2	137.2356	自带小数点优先
$\_256.7E+02$	F10.2	256.7×10^2	E 和 F 编辑符作用相同
237567E+03	F10.2	2375.67×10^3	数字部分无小数点,根据 F10.2,系统自动加上小数点
$\_30\_7067$	E8.3	307.067	E 和 F 编辑符作用相同,忽略空格
7654324	F6.1	76543.2	只截取 6 列

3. 复数输入时,按两个实数输入

如果已定义 C 为复型数,则:

```
      READ 10,C
10    FORMAT(F6.2,F6.2)
```

输入两个实数:

```
246.273465.1
```

输入后,C 的值为 $(246.27,3465.1)$,即 $246.27+3465.1i$。注意,格式输入时不必输入括号、"+"和表示虚部的字母"i"。

4. 双精度数用 D 编辑符输入

实际上,在输入时,D 编辑符与 F、E 编辑符作用是一样的,可以互换,所以这里不再赘述用 D 编辑符的输入。仍然建议对实型数都用 F 编辑符输入。

7.2.4　逻辑型数据的输入

逻辑型数据用 L 编辑符输入。

如果 L1、L2 已定义为逻辑型变量,则

```
      READ 100,L1, L2
100   FORMAT(L6,L3)
```

输入的数据可以是 .TRUE. 或 .FALSE. ,也可以是以字母 T 或 F 开头的任何字符串。

表 7.6 是逻辑型数据格式输入的例子。

表 7.6 逻辑型数据格式输入示例

输入的数据	编辑符	输入后变量的值
T _	L2	. TRUE.
_ _F	L3	. FALSE.
. FAL	L4	. FALSE.
. FALSE.	L7	. FALSE.
T_ F_ F	L5	. TRUE.

7.2.5 字符型数据的输入

字符型数据的输入用 A 编辑符。

1. 用 Aw 编辑符

```
        CHARACTER STR1 * 5,STR2 * 4,STR3 * 3
        READ 100,STR1,STR2,STR3
100     FORMAT(A5,A4,A3)
```

输入的数据是:

```
CHINAWANGNEW
```

输入后,STR1＝'CHINA',STR2＝'WANG',STR3＝'NEW'。注意:格式输入字符串时不必带撇号,两个字符常量之间也不必用空格或逗号分隔。如果改为如下输入方式:

```
' CHINA ',' WANG ',' NEW '
```

则输入后各变量的值如下:

上面例子中字符的长度 l 和 Aw 中的 w 是相同的($l＝w$)。如果它们不同($l≠w$),例如:

```
        CHARACTER * 4 STR1,STR2,STR3
        READ 100,STR1,STR2,STR3
100     FORMAT(A5,A4,A3)
```

对 STR1 来说,$l>w$,对 STR2 来说,$l＝w$,对 STR3 来说,$l<w$。本例中 $l＝4$,如果输入以下数据:

CHINAWANGNEW
STR1 STR2 STR3

怎样进行处理呢? FORTRAN 规定:

(1) 如果 $l<w$,在 w 个字符后面补($w-l$)个空格,然后送给变量。因此,STR3 的值是 'NEW _'。

(2) 如果 $l>w$,只取最右边的 l 个字符送给变量(注意:不是最左边的 l 个字符,这是和表控输入及字符型赋值语句不同的,二者取得是最左边的 l 个字符)。今 STR1 的长度为 4

而输入 5 个字符,结果是把 HINA 送给 STR1。可以这样理解:将'CHINA'五个字符从左到右一个个地存入到 STR1 中,在存入'CHIN'以后,'A'又要挤进去,其过程见图 7.6。

图 7.6 字符型数据的格式输入 1

即把最左边的字符'C'挤出去了。也就是说将输入的字符串中最左边的$(w-l)$个字符挤出变量的存储单元。本例输入后的结果如图 7.7。

图 7.7 字符型数据的格式输入 2

2. 用 A 编辑符

不规定 w,输入时自动按字符变量的定义长度截取所需字符。如:

```
        CHARACTER * 4 STR1,STR2,STR3
        READ 100,STR1,STR2,STR3
100     FORMAT(A,A,A)
```

输入:

<u>WANG</u><u>FANG</u><u>DONG</u>
 STR1   STR2   STR3

由于三个变量的长度均为 4,故从输入记录中为每个变量截取 4 个字符送给相应变量。由于用编辑符 A 比用 A w 简单、方便,不易出错,故一般情况下尽量用 A 而不用 A w,尤其是当字符变量长度改变时,FORMAT 语句也不必改变。如字符型变量的长度改为 10:

```
        CHARACTER * 10 STR1,STR2,STR3
        READ 100,STR1,STR2,STR3
```

而输入时所用的 FORMAT 语句仍为:

```
100     FORMAT(A,A,A)
```

7.2.6　对格式输入的说明

(1) 格式说明中的 X 编辑符表示在读输入记录时"跳过若干列"。如:

```
        READ 100,I,J
100     FORMAT(1X,I3,2X,I3)
```

若输入:

 _123_ _456

则输入后 I=123,J=456。若输入以下数据:

<u>123456 789</u>

则第 1 列被跳过,I＝234,再跳过 2 列,J＝789。

（2）如果输入时,格式说明已用完,而 READ 语句中还有未输入数据的变量,则重复使用该格式说明。如:

```
    READ 100,I,J,K
100   FORMAT(I3)
```

应输入三行数据:

123 ↙

456 ↙

789 ↙

如果只输入一行数据:

123456789 ↙

则只取前三个数字"123"送给变量 I,此时格式说明已用完,遇到右括号,结束本记录的输入（后面的"456789"不被读入）,要求从下面记录（下一行）读入数据给 J 和 K,应共提供三个输入记录。

（3）斜杠编辑符表示本记录输入结束,并接着输入第二个记录,直到遇到格式说明的右括号并且已无输入的变量为止。如:

```
    READ 10,I,J
10   FORMAT(I3/ I4)
```

应输入两个记录:

123 ↙

4567 ↙

如果 FORMAT 语句改为:

```
10   FORMAT(I4/)
```

先读入 I,然后遇到格式说明的"/",结束本记录的输入,而"/"后面是一个"空格式说明",所以应空读入一个记录,由于还有未输入的变量 J,因此重复使用该格式说明,读入 J,再读入一个记录,所以共产生 4 个记录:

1234 ↙

↙（空记录）

5678 ↙

↙（空记录）

7.3 在输入输出语句中包含格式说明

FORTRAN 允许不用 FORMAT 语句,而将格式说明放在 WRITE、PRINT 语句和 READ 语句中。即:

```
PRINT '格式说明符',输出项表列
```

或

```
WRITE(输出设备,'格式说明符')输出项表列
```

和

```
READ '格式说明符',输入项表列
```

或

```
READ(输入设备,'格式说明符')输入项表列
```

可以将 FORMAT 语句中括号内的格式说明放到 WRITE、PRINT 语句和 READ 语句中即可。如：

```
WRITE(*,'(I3,F6.1)')M,A
```

等价于

```
      WRITE(*,100)M,A
100   FORMAT(I3,F6.1)
```

或

```
      PRINT 100,M,A
100   FORMAT(I3,F6.1)
```

说明：当格式不复杂时，在 WRITE、PRINT 语句和 READ 语句中指定输入输出格式比较方便，但当格式说明比较长时，读写语句就会很长，看起来不清晰，因此，还是建议用 FORMAT 语句，比较清楚，不易出错，将输入输出的变量和输入输出的格式分开在两处，即将格式说明（FORMAT 语句）集中在一起。如果需要修改输入输出的格式，只需要修改 FORMAT 语句即可，不必修改读写语句。

本章介绍的格式输入输出规则繁多，一时是记不住的，也不需要死记硬背，只需记住最基本的内容即可。有关各种规定应该通过上机逐步掌握，必要时可查阅课本和资料。实际上在程序设计中经常使用的也是那些基本部分。对程序设计人员来说，掌握格式输入输出是必要的，希望读者结合后面各章的学习，逐步掌握这方面的内容。

习　题　7

1. 写出下列语句的输出结果。

（1）

```
      PRINT 100, 150,12,1500,22
100   FORMAT (I3,I5,I3,I5.3)
```

（2）

```
      PRINT 10,456.78,55.6855,123450.6789
10    FORMAT(3F9.3)
```

（3）

```
      PRINT 10,456.78,55.6855,123450.6789
10    FORMAT(E9.3,E12.3,E6.3)
```

（4）

```
    PRINT 10,.TRUE.,.FALSE.
10  FORMAT(L5,L3)
```

（5）

```
    PRINT 10,'hello','how are you?','hello'
10  FORMAT(A3,A15,A)
```

（6）

```
    PRINT 10,'hello',100
10  FORMAT(5X,A,2X,I3)
```

（7）

```
    PRINT 10,'hello',100
10  FORMAT(A,//,I5)
```

2. 写出下面格式输入后变量的值（其中_表示空格）。

输入的数据	_－123	_1_68	23 456	0.0126	_－00 235	123E＋2
编辑符	I3	I5	F7.3	F6.2	E7.2	E10.3
变量值						

第8章

数　组

教学目标：
- 理解数组的概念；
- 掌握数组的说明方式；
- 掌握给数组赋初值的方法；
- 熟练掌握一维数组和二维数组的存储规则；
- 熟练掌握数组的输入和输出方式。

数组是由 FORTRAN 提供的一种构造数据类型，是由类型相同的一批数据组成的有序集合。通常我们把数组中所包含的元素称为"带下标的变量"或数组元素。

在程序中可以使用说明语句来说明数组。例如：

```
INTEGER A(5)
```

以上说明语句说明 A 是一个数组，它由 5 个整型数组元素组成。

前面各章中已经介绍过 FORTRAN 程序中所能使用的各种基本数据类型，它们是整型、实型、双精度型、复型、逻辑型和字符型。由相应的类型说明语句所说明的每个变量都在内存中占有一个独立的存储单元。例如下面的说明语句：

```
INTEGER A1,A2,A3,A4,A5
```

说明了 A1、A2、A3、A4、A5 这 5 个变量是整型变量，每个变量在内存中都占有一个存放整数的存储单元，这 5 个变量所代表的 5 个存储单元在内存中的位置是彼此独立、互不相关的。图 8.1(a)是这 5 个变量在内存中位置的示意图。

(a) 变量A1、A2、A3、A4、A5的存储示意图

(b) A数组5个元素的存储示意图

图 8.1　变量和数组的存储示意图

如果想要从键盘(终端)读入 5 个数，放到这 5 个存储单元中，则需要用以下输入语句：

```
READ *, A1,A2,A3,A4,A5
```

相对于简单变量,数组是另外一种使用内存的方法,它可以用来分配一片连续的内存空间。例如上面所举的 A 数组,它由 5 个整型元素组成,它的每个元素当然也在内存中占用一个存储单元。与简单变量 A1、A2、A3、A4、A5 不同的是,A 数组的这 5 个存储单元在内存中是一个接一个排列、彼此紧密相邻的。数组名 A 是这 5 个存储单元的总名字,数组 A 的 5 个存储单元的排列如图 8.1(b)所示。同一个数组中的各个元素用不同的下标来区别,它们的表示形式为 A(1)、A(2)、A(3)、A(4)、A(5),下标紧跟在数组名后的一对圆括号内。在内存中,A(2)元素的位置紧挨在 A(1)之后,A(3)元素的位置紧挨在 A(2)之后,其他以此类推。

可以看出,与前面各章所使用的简单变量不同的是,一个变量只能保存一个数值,而一个数组则可以用来保存多个数值。因此,在处理大量数据时,数组是不可缺少的工具。

【例 8-1】　读入 5 名学生一门课的成绩,计算平均分和最高分,并打印每名学生的成绩与平均分的差值。

方法 1：用简单变量来实现

定义 5 个变量来保存 5 名学生的成绩。程序编写如下：

```
REAL G1,G2,G3,G4,G5,AVE,MAX
READ * , G1,G2,G3,G4,G5
AVE = ( G1 + G2 + G3 + G4 + G5)/5
MAX = G1
IF(G2 > MAX) MAX = G2
IF(G3 > MAX) MAX = G3
IF(G4 > MAX) MAX = G4
IF(G5 > MAX) MAX = G5
PRINT *,AVE, MAX, G1 − AVE, G2 − AVE, G3 − AVE, G4 − AVE, G5 − AVE
END
```

可以看出,上述程序对于处理少量的数据还不算太烦琐,如果数据量很大(如要找 100 名学生某门课成绩的最高分),程序的冗长烦琐程度可想而知。可对程序进行改进：本例中找最大值的比较过程是重复的,根据前面学过的循环的含义,本例可以采用循环结构进行优化。

方法 2：用循环结构来实现

```
REAL:: GRADE,SUM,AVE, MAX
SUM = 0
MAX = 0
DO I = 1,5
READ * , GRADE
SUM = SUM +  GRADE
ENDDO
AVE = SUM/5
DO I = 1,5
READ * , GRADE
IF(GRADE > MAX) MAX = GRADE
PRINT * , GRADE − AVE
ENDDO
PRINT * , MAX
END
```

可以看出,方法 2 可以解决学生数据量很大的情况,如对 100 名学生,可以只修改循环变量的终值,并且对学生的成绩也只需要一个变量,程序的通用性和灵活性都增加了。但是又出现了新问题:上面的两个循环中都需要输入每个学生的成绩,一是增加了重复输入的工作量,二是两次输入的成绩必须要一一对应,极易出错。下面引入数组解决该问题。

方法 3:用数组来实现

```
PARAMETER(N = 5)
REAL G(N), AVER                    !定义 G 数组
SUM = 0
MAX = 0
DO I = 1, N
  READ * , G(I)                    !输入成绩并存入 G 数组
  IF(G(I)> MAX) MAX = G(I)
  SUM = SUM + G(I)                 !求成绩之和
END DO
AVER =  SUM /N                     !求平均成绩
DO I = 1, N
  PRINT * ,G(I) - AVER             !输出成绩与平均成绩之差
END DO
PRINT * , MAX
END
```

显然,方法 3 不但具有方法 2 的灵活性、通用性,而且避免了重复输入的情况,在三种方法中是最优的。

通过例 8-1 可以看到,数组的使用将使程序变得简洁、灵活、易懂,它是程序设计中一种十分有用的工具。数组的使用可以使许多复杂的算法得以实现,这些算法用简单变量将难以甚至无法实现。

8.1　数组的概念

数组是由**类型相同的一批数据**构成的有序集合。每个数组必须有一个数组名,数组名的命名规则和简单变量的命名规则相同。

例如,10 名学生的成绩组成一个数组 G,G 为数组名,每个学生的成绩可分别表示为:
$G(1), G(2), G(3), \cdots, G(I), \cdots, G(10)$

又如,3 个班(每班 5 人)的学生成绩可以组成一个数组 S,S 为数组名,每名学生的成绩可分别表示为:

$S(1,1)S(1,2)S(1,3)S(1,4)S(1,5)$

$S(2,1)S(2,2)S(2,3)S(2,4)S(2,5)$

$S(3,1)S(3,2)S(3,3)S(3,4)S(3,5)$

使用数组时注意以下几点。

(1) 数组名代表具有同一类型的一批数据,而前面学习的简单变量名只代表一个数据。

(2) 数组中的每一个数据称为数组元素,不同的数组元素其下标不同,下标放在紧跟在数组名后的一对圆括号内,所以数组元素也叫做"带下标的变量"。

(3) 具有一个下标的数组称为一维数组,具有两个下标的数组称为二维数组,通常把具

有两个或两个以上下标的数组统称为多维数组。FORTRAN95 最多可以定义七维数组。前面例子中,数组 G 为一维数组;数组 S 为二维数组,其中第 1 个下标表示班级,第 2 个下标表示学生的编号,如 S(2,4)表示二班第 4 名学生的成绩。

8.2　数组的说明

数组必须先定义,再使用。编程时用到的每一个数组都必须先对其进行定义,即定义该数组的名字、类型、维数及大小(元素个数),以便编译系统给数组分配相应的存储单元。即对用到的数组要"先定义,再使用"。

FORTRAN95 中定义数组的方式有三种,分别为 DIMENSION 语句、类型说明语句、同时使用类型说明符和 DIMENSION 语句。

8.2.1　用 DIMENSION 语句定义数组

一般格式为:

数组说明符定义了数组名、数组的维数和大小。其中数组的维数由维说明符的个数确定。维说明符至少有一个,最多七个。数组的大小即数组的元素个数。

如:

```
DIMENSION G(10) ,S(3,5)
```

即

```
DIMENSION G(1:10) ,S (1:3,1:5)
```

该语句定义了一个包含 10 个元素的一维数组 G 和包含 3×5＝15 个元素的二维数组 S。

使用 DIMENSION 语句定义数组时应注意以下几点。

(1) DIMENSION 语句是非执行语句,必须放在程序单位的所有可执行语句之前。

(2) DIMENSION 语句定义数组时不能指明数组的类型。数组类型的确定与变量一样,有下列三种方式。

① 如无特别说明,数组的类型按"I-N 规则"来确定,即根据数组名第一个字母来确定。例如,语句

```
DIMENSION A(10),N(10:15),W(2,3)
```

定义 A 为包含 10 个元素的一维实型数组,N 为包含 6 个元素的一维整型数组,W 为包含 6 个元素的二维实型数组。

② 在 DIMENSION 语句之后可以用类型说明语句说明数组的类型。例如,语句组

```
DIMENSION A(1:10),N(10:15),B(-5:0),M(-1:1,0:2,0:3),NAME(1:30)
REAL A,N
INTEGER B,M
CHARACTER * 8 NAME
```

定义 A 和 N 为一维实型数组,B 为一维整型数组,M 为三维整型数组(包含 36 个数组元素),NAME 为一维字符型数组。

应注意,**在类型说明语句中只能用数组名,而不需要重复写维数说明符。**

③ 在 DIMENSION 语句之前可以用 IMPLICIT 语句说明数组的类型。例如:

```
IMPLICIT REAL(N,M),INTEGER(A-D)
DIMENSION A(1:10),N(10:15)
```

定义 A 为一维整型数组,N 为一维实型数组。

8.2.2　用类型说明语句定义数组

一般格式为:

类型说明符 数组名(下标下界:下标上界,…),…

如:

```
REAL A(1:10),N(10:15),W(1:2,1:3)
INTEGER B(-5:0),M(-1:1,0:2,0:3)
CHARACTER * 8 NAME(1:30),C(5,4) * 10
```

使用类型说明语句定义数组时应注意以下几点。
(1) 用类型说明语句定义数组时,说明语句必须放在所有可执行语句之前。
(2) 一个数组定义语句中可以定义多个数组,它们之间用逗号隔开。
(3) 数组名在程序中只能定义一次,且不能与程序中的变量同名。
(4) 定义数组时,必须明确数组的大小。

8.2.3　同时使用类型说明符和 DIMENSION 语句定义数组

一般格式为:

类型说明符,DIMENSION(下标下界:下标上界,…)::数组名[,…]

如:

```
INTEGER,DIMENSION(10):: A,N,W(2,3)
```

定义 A 和 N 为包含 10 个元素的一维整型数组,W 为包含 6 个元素的二维整型数组。

8.3　给数组赋初值

8.3.1　使用数组赋值符赋初值

一般格式为:

数组名 = (/取值列表/)

其中取值列表可以是类型相同的常量、变量、函数、表达式或隐含 DO 循环,它们之间用逗号隔开。

例如,给一维数组 A、B 赋值并输出。

程序编写如下:

```
INTEGER A(5),B(5)
K = 1
A = (/1,3,k + 4,7,9/)
B = (/(I,I = 2,10,2)/)
PRINT *,A
PRINT *,B
END
```

程序运行结果如图 8.2 所示。

图 8.2　用数组赋值符给数组赋初值示例

再如:

```
LOGICAL L(3)
K = 89
L = (/.TRUE., K + 1 > K, .FALSE..AND..TRUE./)
WRITE( *,10) (L(I),I = 1,3)
10  FORMAT(1X,3L3)
END
```

程序输出结果为(□表示空格):

□□T□□T□□F

8.3.2　用 DATA 语句给数组赋初值

DATA 语句是专门用来给变量、数组和数组元素赋初值的语句。

DATA 语句给数组赋初值的一般格式如下:

DATA 数组名/常量表/,数组名/常量表/,…

其中数组名还可以是数组元素名和隐含 DO 循环。常量表就是要赋的初值,可以是常量或符号常量,也可以用缩写形式 r * c(其中 c 是常量或符号常量,r 代表常量 c 使用的次数)。数组元素个数与常量表必须一一对应。

例如:

```
INTEGER A(5)
DATA A/1,2,3,4,5/
```

通过 DATA 语句给数组 A 中元素分别赋值为 A(1)＝1、A(2)＝2、A(3)＝3、A(4)＝4、A(5)＝5。

再如：

```
REAL PP(6)
COMPLEX * 8 LPP
INTEGER KKJ(500)
DATA PP,LPP/6 * 0,(8.0,-89)/
DATA (KKJ(I),I=1,100)/100 * 10/,(KKJ(I),I=101,400)/300 * 0/,&
          (KKJ(I),I=401,500)/100 * 50/
```

使用 DATA 语句给数组赋初值时应注意以下几点。

(1) DATA 语句的常量表中可以使用星号"*"来表示数据的重复。例如：

```
INTEGER B(4)
DATA B/4 * 5/
```

此语句会把 B 数组的 4 个元素均赋值为 5。"*"前的数字称为重复系数，重复系数必须为整数。

(2) DATA 语句中可以使用隐含 DO 循环来给数组中的部分元素赋初值。例如：

```
INTEGER A(1:10)
DATA (A(I),I=1,5)/1,3,5,7,9/,(A(J),J=6,10)/2,4,6,8,10/
```

此 DATA 语句给 A 数组中前 5 个元素分别赋初值 1、3、5、7、9，后 5 个元素分别赋初值 2、4、6、8、10。

(3) 当初值表中的初值类型和对应的对象类型不一致时，编译系统自动将初值的类型转化为对应对象的类型，再进行赋值。例如：

```
INTEGER A(2)
DATA A/1.5,2.5/
```

编译系统会先将 1.5、2.5 取整后再给数组 A 赋值，即 A(1)＝1、A(2)＝2。

(4) DATA 语句是非执行语句，可以出现在程序中说明语句之后、END 语句之前的任意位置。它的作用是给编译系统提供信息，在程序编译阶段赋初值。一旦程序开始执行，DATA 语句即失去作用。

8.4　对数组的操作

8.4.1　对数组元素的操作

数组必须先定义，再使用。对数组元素的操作即对数组元素的引用。

一般格式为：

数组名(下标,[下标],…)

例如：

```
INTEGER A(2,2),B(5)
```

```
A(1,1) = 10                          !数组 A 中的第 1 个元素赋值为 10
DO I = 1,5                           !数组 B 中的 5 个元素均赋值为 3
  B(I) = 3
ENDDO
```

数组元素引用时要注意以下两点。

（1）数组名后面的下标为整型，如果不是整型，则自动取整之后再使用。

（2）每个下标的值必须落在相应的下标下界到下标上界之间。如上述 A 数组，如果引用数组元素 A(2,3)则会发生错误。

8.4.2　数组的整体操作

FORTRAN95 允许对数组进行整体操作，此时用数组名代表整个数组。例：

```
INTEGER A(2,2),B(5)
A = 10                               !数组 A 中的所有元素赋值为 10
B = 3                                !数组 B 中的所有元素赋值为 3
```

还可以有以下引用方式。

（1）当数组 A 和 B 维数大小相同时。

```
A = B                                !将 B 数组中同一位置元素的值对应赋值给 A 数组对应元素
```

（2）当数组 A、B、C 维数大小相同时。

```
A = B + C   !将 B 和 C 数组同样位置的元素值相加所得的值赋值给 A 数组对应元素
A = B - C   !将 B 和 C 数组同样位置的元素值相减所得的值赋值给 A 数组对应元素
A = B * C   !注意不等于矩阵的相乘，而是 A(I,J) = B(I,J) * C(I,J)，将 B 和 C 数组同样位置的元素
              值相乘所得的值赋值给 A 数组对应元素
A = B/C     !将 B 和 C 数组同样位置的元素值相除所得的值赋给 A 数组对应元素
```

其他计算方式相同，不再一一赘述。

8.4.3　数组局部引用

除了可以对数组进行整体操作外，还可以对数组局部进行操作。

例如：

```
INTEGER A(6)
A(3:5) = 0                           !将 A(3)、A(4)、A(5)赋值为 0,其他元素值不变
A(1:6:2) = 3                         !将 A(1)、A(3)、A(5)赋值为 3,其他元素值不变
```

其中，A(3:5)和 A(1:6:2)是数组元素的三元表达式，3:5 的含义是从 3 变化到 5，每次增加 1，同样 1:6:2 的含义是从 1 变化到 6，每次增加 2。

数组元素三元表达式的一般形式可写为：

初值：终值：步长

通过三元表达式可以引用数组的一部分（数组片段）。可以看出，对数组的局部引用有点类似于隐含循环。

例如：

（1）B(4:6) = A(1:3)   !相当于 B(4) = A(1); B(5) = A(2); B(6) = A(3)

（2）A(1:10) = A(10:1:-1)　　　　　　!使用隐含循环的方法将数组 A(1)~A(10)的内容翻转

（3）INTEGER A(3,4)

　　　DATA A/1,2,3,4,5,6,7,8,9,10,11,12/

　　　PRINT *,A(1:3:2,2:4:2)　　　　　!输出为：4 6 10 12,请读者自行验证

引用数组局部时要注意以下两点。

（1）赋值号两边的数组元素数目要一样多。

（2）同时使用多个隐含循环的时候,低维数的循环可以看作是内层循环,高维数的循环可以看作是外层循环,形成循环嵌套。

8.4.4　WHERE 命令

WHERE 命令是 FORTRAN95 新添加的功能,用来取出部分数组的内容进行设置。WHERE 命令可以通过逻辑判断来引用数组的一部分。

例如,当数组 A 和 B 维数大小相同时,有以下程序段将 A 数组中大于 3 的元素值赋值给对应的 B 数组元素（位置相同的元素）。

```
INTEGER A(5),B(5)
DATA A/1,2,3,4,5/
WHERE(A>3)                      !执行后 B(1)=0,B(2)=0,B(3)=0,B(4)=4,B(5)=5
 B = A
END WHERE
```

这一功能通过引用数组元素也可以完成,可以编写以下程序段：

```
DO I = 1,5
 IF(A(I)>3)B(I)=A(I)
ENDDO                           ! 执行后 B(1)=0,B(2)=0,B(3)=0,B(4)=4,B(5)=5
```

虽然执行结果相同,但用 WHERE 命令对数组进行操作比较简单,执行起来速度较快。

WHERE 命令的使用与 IF 有点类似,当程序模块只有一个可执行语句时,可以将这个语句写在 WHERE 后面,省略 ENDWHERE。

如上例可以写成：

```
WHERE (A>3)B=A                  !与 IF 相似
```

使用 WHERE 时应注意以下几点。

（1）WHERE 是用来设置数组的,所以它的模块中只能出现与设置数组相关的命令。

（2）WHERE 中所使用的数组必须是同样维数大小的数组。

（3）WHERE 命令还可以配合 ELSEWHERE 来处理逻辑不成立的情况。例如：

```
INTEGER A(5),B(5)
DATA A/1,2,3,4,5/
WHERE (A>3)
 B = 1      !将与 A 数组中值大于 3 的元素对应位置上的 B 数组元素赋值为 1
ELSEWHERE
 B = 2      !将与 A 数组中其他元素对应位置上的 B 数组元素赋值为 2
END WHERE
```

结果为 B(1)=2,B(2)=2,B(3)=2,B(4)=1,B(5)=1。

（4）使用 WHERE 命令可进行多重判断，只要在 ELSE WHERE 后接逻辑判断即可。例如：

```
WHERE (A < 2)
  B = 1
ELSE WHERE(A > 4)
  B = 2
ELSEWHERE                                !A(I)> = 2 并且 A(I)< = 4 的部分
  B = 3
END WHERE
```

（5）WHERE 可以嵌套使用。例如：

```
WHERE(A < 5)
  WHERE(A/ = 2)
    B = 3
  ELSEWHERE
    B = 1
  END WHERE
ELSEWHERE
  B = 0
END WHERE
```

8.4.5 FORALL 命令

FORALL 是 FORTRAN95 添加的功能，它也可以看成是一种使用隐含循环来引用数组的方法，功能更强大。例如：

```
① INTEGER :: A(5)
  FORALL (I = 1:5)                       !A(1) = A(2) = A(3) = A(4) = A(5) = 5
  A(I) = 5
  END FORALL

② INTEGER :: A(5)
  FORALL(I = 1:5)                        !A(1) = 1,A(2) = 2,A(3) = 3, A(4) = 4, A(5) = 5
  A(I) = I
  END FORALL
```

FORALL 命令的一般格式为：

```
FORALL (表达式 1 [,表达式 1 [,表达式 1...]],条件)
   …
END FORALL
```

使用 FORALL 时应注意以下几点。

（1）FORALL 中的表达式是用来赋值数组下标范围的值。如 FORALL(I=1:5)中的 I=1:5 就是一个表达式。例如：

```
INTEGER :: A(5,5)
FORALL (I = 1:5:2,J = 1:5)               !二维数组可以用两组表达式
A(I,J) = I + J
END FORALL
```

结果为：

$$\begin{bmatrix} 2 & 3 & 4 & 5 & 6 \\ 0 & 0 & 0 & 0 & 0 \\ 4 & 5 & 6 & 7 & 8 \\ 0 & 0 & 0 & 0 & 0 \\ 6 & 7 & 8 & 9 & 10 \end{bmatrix}$$

（2）条件跟 WHERE 命令中使用的条件判断类似，可以用来限制 FORALL 程序模块中只作用于数组中符合条件的元素，还可以做其他限制。例如：

① FORALL (I = 1:5,J = 1:5,A(I,J)< 10)   !只处理 A 中小于 10 的元素
A(I,J) = 1
END FORALL

② FORALL (I = 1:5,J = 1:5,I == J)   !只处理 I == J 的元素,即主对角线上的元素
A(I,J) = 1
END FORALL

③ FORALL(I = 1:5,J = 1:5,((I>J) .AND. A(I,J)>0))
!可赋值多个条件,这里只处理二维矩阵的下三角部分且 A(I,J)>0 的元素
A(I,J) = 1/A(I,J)
END FORALL

（3）只有一个可执行语句的时候，可以省略 END FORALL，写在同一行。如：

FORALL (I = 1:5,J = 1:5,A(I,J)/ = 0) A(I,J) = 1/A(I,J)

（4）FORALL 也可以多层嵌套，但里面只能出现和设置数组值相关的程序命令。还可以在 FORALL 中使用 WHERE，但是 WHERE 中不可以使用 FORALL。

① FORALL (I = 1:5)
FORALL (J = 1:3)
A(I,J) = 1
END FORALL
FORALL (J = 4:5)
A(I,J) = 2
END FORALL
END FORALL

② FORALL (I = 1:5)
WHERE (A(:,I) / = 0)
A(:, I) = 1.0/A(:, I)
END WHERE
END FORALL

8.5 数组的存储规则

一个数组不管定义成什么"形状"（指维数跟大小），它的所有元素都是分布在计算机内存一片连续的存储单元中。

8.5.1 一维数组的存储规则

一维数组是最简单的情况。其元素在内存中的排列位置同数组元素的顺序，即按照下

标由小到大的顺序进行排列。

例如：

`INTEGER S(5)`

数组 S 在内存中的连续排列情况为：S(1)→S(2)→S(3)→S(4)→S(5)，如图 8.3 所示。

如果定义成以下类型：

`INTEGER S(-1:3)`

S(1)	S(2)	S(3)	S(4)	S(5)

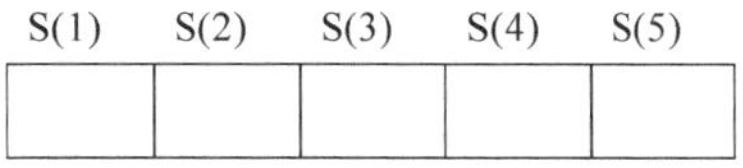

图 8.3　一维数组的存储

则数组 S 在内存中的连续排列情况为：S(-1)→S(0)→S(1)→S(2)→S(3)。

8.5.2　二维数组的存储规则

二维数组按列存储。二维数组的"形状"可看成是由一组数据构成的二维表格或矩阵。数组元素的第 1 个下标值表示该元素在表格中的行号，第 2 个下标值表示该元素在表格中的列号。

例如：

`INTEGER A(3,4)`

二维数组 A 的"形状"可看成如下二维表格：

A(1,1)	A(1,2)	A(1,3)	A(1,4)
A(2,1)	A(2,2)	A(2,3)	A(2,4)
A(3,1)	A(3,2)	A(3,3)	A(3,4)

二维数组的存储结构是按照表格或矩阵的列来存放的，即二维数组按列存储。也就是说，二维数组存放在内存时，会先放入第 1 列中的元素，第 1 列的元素存放完了再存放第 2 列的元素，以此类推。数组 A 的逻辑结构（二维表格形式）和存储结构如图 8.4 所示。

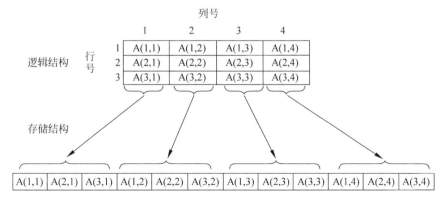

图 8.4　二维数组的存储

8.5.3　三维数组的存储规则

三维数组的"形状"可看成是由多页相同结构的二维表格来构成的。数组元素的第 3 个下标值表示该元素所在页号,第 1 个下标值表示该元素在表格中的行号,第 2 个下标值表示该元素在表格中的列号。

例如:

```
INTEGER W(3,2,2)
```

三维数组 W 的"形状"可看成如下 2 页二维表格,每一页表格均为 3 行 2 列。

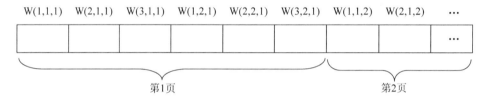

三维数组的存储结构是按照页的顺序来先存放的。即先存放第 1 页中的元素,再存放第 2 页中的元素,以此类推。每一页中的元素又是按照二维表格的存放顺序(先列后行,列优先)来存放。所以数组 W 在内存中的存放顺序为: W(1,1,1)→W(2,1,1)→W(3,1,1)→W(1,2,1)→W(2,2,1)→W(3,2,1)→W(1,1,2)→W(2,1,2)→W(3,1,2)→W(1,2,2)→W(2,2,2)→W(3,2,2),如图 8.5 所示。

图 8.5　三维数组的存储

8.6　数组的输入和输出

8.6.1　用 DO 循环结构输入输出数组

用 DO 循环结构实现一维数组的输入输出。

【例 8-2】　定义一个包含 10 个元素的一维整型数组,采用 DO 循环实现该数组的输入输出。

程序编写如下:

```
INTEGER A(10)
DO I = 1,10
   READ *,A(I)
END DO
DO J = 1,10,2
   PRINT *,A(J)
END DO
END
```

程序中第一个 DO 循环结构内的 READ 语句被执行 10 次,因此每执行一次 READ 语句就需要从新的一行输入一个数,因此应分 10 行输入 10 个数,这 10 个数依次赋给数组元素 A(1)到 A(10)。

程序中第二个 DO 循环内的 PRINT 语句被执行 5 次,每执行一次输出一个新的行,因此输出 5 个数,每个数占一行。输出的 5 个数依次为数组元素 A(1)、A(3)、A(5)、A(7)和 A(9)的值。

程序运行结果如图 8.6 所示。

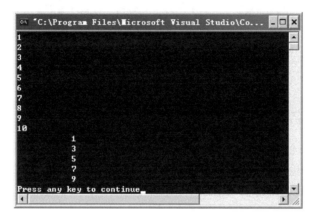

图 8.6 例 8-2 运行结果

用嵌套的二重 DO 循环结构可实现二维数组的输入输出。

【例 8-3】 有下列形状的数据,用 DO 循环结构实现其输入输出。

$$\begin{bmatrix} 1 & 2 & 3 \\ 4 & 5 & 6 \end{bmatrix}$$

程序编写如下:

```
INTEGER A(2,3)
DO I = 1,2
 DO J = 1,3
  READ *,A(I,J)
 END DO
END DO
DO K = 1,3
 DO L = 1,2
  PRINT *,A(L,K)
 END DO
END DO
END
```

程序运行结果如图 8.7 所示。

从上面两个例子可以看出,用 DO 循环结构输入输出数组时,通过循环变量可灵活控制数组元素输入输出的数量和次序。但是,由于每输入(输出)一个数组元素值就要执行一次输入(输出)语句,所以用 DO 循环输入输出数组时需要占多行,当数组元素较多时,需要多屏显示,使得采用这种方法输入输出的数组和数组的实际形式(二维表格的形式)不相符。

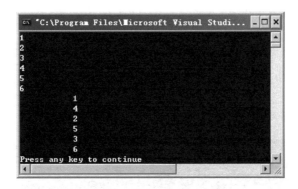

图 8.7 例 8-3 程序运行结果

8.6.2 用数组名作为输入输出项

数组名作为输入输出项时,数组元素按照它们在内存中的排列顺序输入输出,即一维数组按由小到大的序号输出,二维数组按列输出,三维数组按页输出,每页按列输出。

【例 8-4】 用数组名作为输入输出项,实现对例 8-2 中一维数组的输入输出。

程序编写如下:

```
    INTEGER A(10)
    READ *,A
    PRINT 10,A
10  FORMAT(1X,10I5)
    END
```

程序中 READ 语句要求一次性输入 10 个数给数组元素 A(1)到 A(10)。PRINT 语句会按数组存储结构一次性输出 10 个数组元素的值,即从 A(1)到 A(10)输出数组元素。

程序运行结果如图 8.8 所示。

图 8.8 例 8-4 程序运行结果

【例 8-5】 用数组名作为输入输出项,实现对例 8-3 中二维数组 $\begin{bmatrix} 1 & 2 & 3 \\ 4 & 5 & 6 \end{bmatrix}$ 的输入输出。

程序编写如下:

```
    INTEGER A(2,3)
    READ *,A
    PRINT 10,A
10  FORMAT(1X,6I5)
    END
```

当用数组名对二维数组进行输入输出时,数组元素的输入输出顺序总是和数组元素在内存中排列的顺序相一致。使用这种方法进行数组的输入输出时要特别注意数据的组织。

程序运行结果如图 8.9 所示。

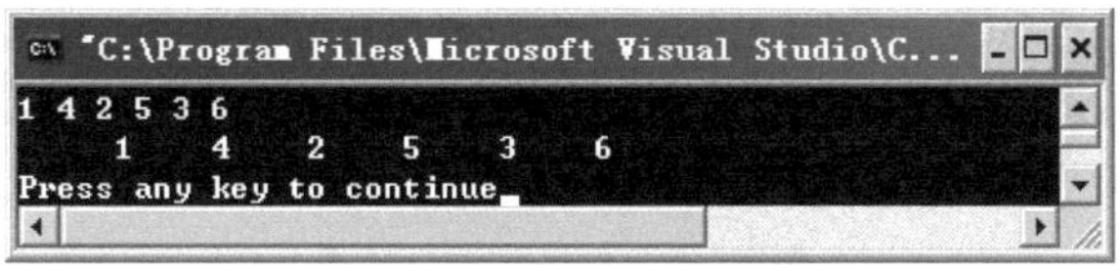

图 8.9　例 8-5 运行结果 1

把本例按数组形式输出,输出的数组形式与原数组的形式不一致。把数组看成矩阵,输出的是原矩阵的转置矩阵,

```
        INTEGER A(2,3)
        READ * ,A
        PRINT 20,A
20      FORMAT(1X,2I5)
        END
```

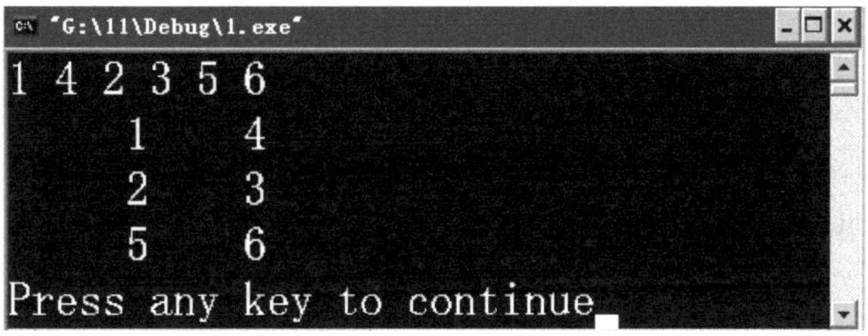

图 8.10　例 8-5 运行结果 2

用数字名作为输入输出项,解决了使用 DO 循环进行数组输入输出时需要多行输入(出)的问题。但输出的次序是按列输出的,这就产生了两个新的问题,即:输入输出内容不灵活,只能输入输出数组的全部元素,不能挑选部分元素进行操作;输出的数组形式与原数组形式不一致。

8.6.3　用隐含 DO 循环输入输出数组

【例 8-6】　用隐含 DO 循环结构实现例 8-2 中一维数组的输入输出。

程序编写如下:

```
INTEGER A(10)
READ * ,(A(I),I = 1,10,1)
PRINT * ,(A(J),J = 1,10,2)
END
```

程序中 READ 语句后的输入项是一个隐含 DO 循环结构,表示该 READ 语句后面有 10 个输入项,即要求在一行内输入 10 个数组元素对应的数值。同样,PRINT 语句输出项也是一个隐含 DO 循环结构,表示该 PRINT 语句后面有 5 个输出项,即表示在执行该输出语句后会在一行中输出数组 A 的 A(1)、A(3)、A(5)、A(7)、A(9)五个元素的值。

程序运行结果如图 8.11 所示。

图 8.11　例 8-6 运行结果

【**例 8-7**】　用隐含 DO 循环实现例 8-3 中二维数组 $\begin{bmatrix} 1 & 2 & 3 \\ 4 & 5 & 6 \end{bmatrix}$ 的输入输出。

程序编写如下：

```
INTEGER A(2,3)
READ *,((A(I,J),J=1,3),I=1,2)
PRINT *,((A(K,L),K=1,2),L=1,3)
END
```

用隐含 DO 循环结构的嵌套可实现二维数组的输入输出。本程序单元中 READ 语句后面的隐含 DO 循环中，I(行)为外循环，J(列)为内循环，执行该程序时表示，需要一行输入六个数据，并且是第一行输入完后再输入第二行数值。同样，PRINT 语句后面的 DO 循环中，L(列)为外循环，K(行)为内循环，执行该程序时表示，需要一行输出六个数据，并且是第一列输出完后再输出第二列的数值。

程序运行结果如图 8.12 所示。

图 8.12　例 8-7 运行结果 1

要输出和原数组形状相同的结果，可以加入格式控制，或者和 DO 循环结构相配合，按行来输出。可修改程序如下：

```
     INTEGER A(2,3)
     READ *,((A(I,J),J=1,3),I=1,2)
     PRINT 10,((A(I,J),J=1,3),I=1,2)
10   FORMAT(3I4)
     END
```

程序单元中 READ 语句和上一程序相同，PRINT 语句和 READ 语句后面的隐含 DO 循环结构相同，I(行)为外循环，J(列)为内循环，执行时表示，输出一行六个数据，并且是第一行输出完后再输出第二行数值，由于加入了格式控制，由编辑符"3I4"控制一行只能输出 3 个数据，这六个数据分两行显示，和原有形状相同。

程序运行结果如图 8.13 所示。

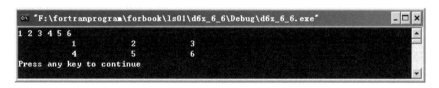

图 8.13 例 8-7 运行结果 2

程序也可以修改为：

```
INTEGER A(2, 3)
READ *,((A(I,J),J = 1,3),I = 1,2)
DO I = 1,2
  PRINT *,(A(I,J),J = 1,3)
 ENDDO
END
```

程序中，DO 循环结构内的 PRINT 语句被执行 2 次，每执行一次 PRINT 语句需要从新的一行输出，因此分 2 行显示。PRINT 语句的输出项是一个隐含 DO 循环，在一行中显示输出每行的 3 个数据。

程序运行结果如图 8.14 所示。

图 8.14 例 8-7 程序运行结果 3

8.7 动态数组

在有些情况下，程序需要使用的数组大小要等到程序执行之后才会知道。例如，在成绩记录的应用中，如果要记录一个班的学生成绩，但是每个班级的学生人数不一定相同。在这种情况下，虽然可以设定一个足够大的数组来保存数据，但这样做往往会占用很多的存储空间，降低程序的运行效率。如果能够让用户根据实际输入的班级学生人数，动态定义一个适合的数组来使用，就可以节省存储空间，提高程序运行的效率。

FORTRAN 语言引入了动态数组的概念，提供了一种灵活有效的内存管理机制。

动态数组可以在程序的运行过程中确定数组的大小，根据需要分配存储空间。

定义动态数组一般格式为：

[类型说明符,]ALLOCATABLE :: 数组名(:[,:]…)[,数组名(:[,:]…)]

或

[类型说明符,]DIMENSION(:[,:]…), ALLOCATABLE:: 数组名[,数组名]…

定义动态数组要加上关键词 ALLOCATABLE，数组的大小不用说明，使用冒号":"来表示维数组(冒号的个数)。

动态数组定义以后,在程序中通过 ALLOCATE 语句分配相应存储空间,确定数组的大小。使用完成后,要及时地通过 DEALLOCATE 语句释放存储空间。下面通过一个例题来说明动态数组的应用。

【例 8-8】 输入某班级学生的一门成绩,计算出平均分。

分析:学生人数由键盘输入,根据人数确定数组的大小,保存成绩,因此采用动态数组。

程序编写如下:

```
INTEGER N,AVER
INTEGER,ALLOCATABLE:: A(:)
PRINT *,"输入学生人数:"
READ *,N
ALLOCATE(A(N))
PRINT *,"输入学生成绩:"
DO I=1,N
  READ *,A(I)
ENDDO
AVER=0
DO I=1,N
  AVER=AVER+A(I)
ENDDO
AVER=AVER/N
PRINT *,"aver=",AVER
DEALLOCATE(A)
END
```

程序运行结果如图 8.15 所示。

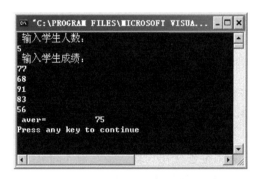

图 8.15　例 8-8 程序运行结果

8.8　数组应用举例

本节主要讲解一维数组和二维数组的典型应用。一维数组的应用主要为使用数组元素做计数器、求极值、排序、查找、插入、删除等,二维数组的应用主要为求矩阵的主副对角线元素之和、矩阵的转置、杨辉三角等有关矩阵的操作。

8.8.1 一维数组程序举例

【例 8-9】 数组元素做计数器。输入 20 名学生一门课的考试成绩,统计各分数段的人数。分数段划分如下:优:95≤S≤100;良:80≤S<95;中:70≤S<80;及格:60≤S<70;不及格:S<60。

分析:在对简单问题进行计数统计时,可用普通变量作为计数器来实现,但对大量数据的多种情况统计,用普通变量作为计数器就比较复杂,这时可考虑用数组元素作计数器,即用数组的每一个元素作为一个计数器来统计一种情况,可使问题得以简化。

本题中,统计 5 个分数段的人数需要有 5 个计数器,用一个数组 C 中的 5 个元素表示。同时定义一个数组 S,将所有学生成绩一次输入,然后再逐个统计每个成绩。

编写程序如下:

```
PARAMETER(N = 20)
INTEGER C(5),S(N)
DATA C/5 * 0/                          !计数器清零
PRINT *,"请输入",N,"个学生一门课的成绩"
DO I = 1,N
    READ *,S(I)
ENDDO
PRINT *,"分数输入完毕,请看统计结果: "
DO I = 1,N
    IF(S(I)< = 100.AND.S(I)> = 95) C(1) = C(1) + 1
    IF(S(I)< 95.AND.S(I)> = 80) C(2) = C(2) + 1
    IF(S(I)< 80.AND.S(I)> = 70) C(3) = C(3) + 1
    IF(S(I)< 70.AND.S(I)> = 60) C(4) = C(4) + 1
    IF(S(I)< 60) C(5) = C(5) + 1
END DO
PRINT *,"分数段为'优'的人数为",C(1)
PRINT *,"分数段为'良'的人数为",C(2)
PRINT *,"分数段为'中'的人数为",C(3)
PRINT *,"分数段为'及格'的人数为",C(4)
PRINT *,"分数段为'不及格'的人数为",C(5)
END
```

程序运行结果如图 8.16 所示。

【例 8-10】 数据排序。将 N 个数按从小到大顺序排列后输出。

排序问题首先应考虑将 N 个数存放在一个数组中(假设为 A 数组),再将数组 A 中的元素按从小到大的顺序排序,最后将排好序的数组 A 输出。其中关键是如何对数组 A 的元素进行从小到大排序。排序的方法有很多种,下面主要介绍三种。

(1) 简单交换排序法

该方法又叫做枚举法。基本思路为:对要排序的数进行多轮比较,在每一轮中将位于当前排序范围最前面的一个数与它后面的每个数分别进行比较,若大于后面的数就交换,否则不交换,经过若干次比较,就可将最小的数放到最前面。如此重复,每进行一轮比较排定一个数,直至全部排好次序。

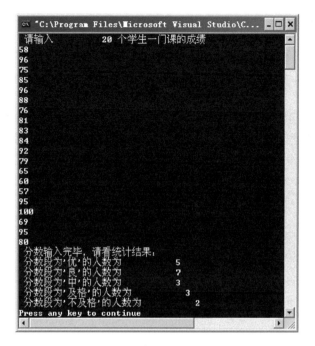

图 8.16　例 8-9 运行结果

针对上述问题具体分析如下。

第一轮比较：

首先，A(1)与它后面的所有元素比较。与 A(2)比较，如果 A(1)大于 A(2)，则将 A(1)与 A(2)交换值，否则不交换，这样 A(1)的值即是 A(1)与 A(2)中的较小者。然后，A(1)与 A(3)比较，如果 A(1)大于 A(3)，则将 A(1)与 A(3)交换值，否则不交换，这样 A(1)的值即是 A(1)、A(2)与 A(3)中较小者。如此重复，最后 A(1)与 A(N)比较，如果 A(1)大于 A(N)，则将 A(1)与 A(N)的值交换，否则不交换，这样 A(1)的值就是 A(1)，A(2)，A(3)，…，A(N)中最小者。在这一轮比较中，一共比较了 N−1 次。

第二轮比较：

与第一轮比较类似，这一轮的比较对象是 A(2)。将 A(2)与它后面的元素 A(3)，A(4)，…，A(N)进行比较，如果 A(2)大于某元素，则与该元素交换值，否则不交换。这样经过 N−2 次比较后，A(2)将得到次小值。

……

第 N−1 轮比较：

将 A(N−1)与 A(N)比较，如果 A(N−1)大于 A(N)，则将 A(N−1)与 A(N)交换值，否则不交换，这样小数放在 A(N−1)中，大数放在 A(N)中。

经过 N−1 轮比较后，数组 A 中各元素值即按从小到大的顺序排列。

通过上述分析可以看出，在排序过程中既要考虑比较的轮数，又要考虑在每一轮中比较的次数，对此可通过双重循环来实现。外层循环控制比较的轮数，N 个数排序需要比较 N−1 轮，设循环控制变量为 I，则 I 从 1 变化到 N−1；内层循环控制每一轮中比较的次数，对于第 I 轮需要比较 N−I 次，设循环变量为 J，则 J 从 I+1 变化到 N。每次比较的两个元素分别为 A(I)与 A(J)。

程序编写如下：

```
       PARAMETER(N = 10)
       INTEGER A(N),T
       PRINT *,'请输入需要排序的',N,'个数据'
       READ *,A
       DO I = 1,N－1
         DO J = I + 1,N
           IF(A(I)> A(J)) THEN
             T = A(I)
             A(I) = A(J)
             A(J) = T
           END IF
         END DO
       END DO
       PRINT *,'原始数据按照从小到大的顺序排列如下：'
       PRINT 10,A
10     FORMAT(10I5)
       END
```

程序运行结果如图 8.17 所示。

图 8.17　例 8-10 运行结果 1

（2）选择排序法

基本思路：在 N 个数中，找出最小的一个数，将它与 A(1)互换，然后，从 N－1 个数中，找一个最小的数，将它与 A(2)互换，以此类推，直至剩下最后一个数为止。

第一轮选择：

从 A(1)到 A(N)中选出值最小的元素，将其值与 A(1)互换。这里关键是如何从 A(1)到 A(N)中选出值最小的元素。具体方法如下：设变量 P 表示值最小的元素下标，并假定在未选择之前 A(1)的值最小，即 P 先赋初值 1，然后将 A(P)与 A(2)、A(3)、…、A(N)分别进行比较，若其中某个元素值小于 A(P)，则将该元素的下标赋给 P。这样经过 N－1 次比较后，P 值即指向最小元素的位置（这个比较过程可形象地认为是流动红旗法，哪个数小，红旗流动到哪个数，但是数的位置不交换），此最小元素为 A(P)，下一步只要将 A(P)与 A(1)互换即可。第一轮选择结束，A(1)的值最小。

第二轮选择：

从 A(2)到 A(N)中选出值最小的元素，将其值与 A(2)互换。选最小元素的方法与第一轮类似，只是 P 的初始值变为 2，并且 A(P)与 A(3)、A(4)、…、A(N)分别进行比较（比较 N－2 次）。第二轮选择结束，在 A(2)到 A(N)中 A(2)的值最小。

……

第 N−1 轮选择：

从 A(N−1)到 A(N)中选出值最小的元素，将其值与 A(N−1)互换。这一轮中，P 的初始值变为 N−1，并且 A(P)只与 A(N)进行比较一次。第 N−1 轮选择结束，在 A(N−1)到 A(N)中 A(N−1)的值最小。

同前种方法一样，选择排序法也要用到双重循环。外层循环控制比较的轮数，N 个数排序需要比较 N−1 轮，设循环控制变量为 I，则 I 从 1 变化到 N−1；内层循环控制每一轮中 A(P)与其他元素比较的次数，对于第 I 轮需要比较 N−I 次，设循环变量为 J，则 J 从 I+1 变化到 N。每次互换的两个元素分别为 A(P)与 A(I)。此外应注意 P 的值是随着比较的轮数而变化的，也就是每执行一次外循环应将 I 的值赋给 P。

程序编写如下：

```
PARAMETER(N = 10)
INTEGER A(N),T
PRINT *,'请输入需要排序的',N,'个数据'
READ *,A
 DO I = 1,N - 1
    P = I
    DO J = I + 1,N
      IF(A(J)< A(P)) P = J
    END DO
    T = A(I)
    A(I) = A(P)
    A(P) = T
END DO
PRINT *,'原始数据按照从小到大的顺序排列如下：'
PRINT 10,A
10 FORMAT(10I5)
END
```

程序运行结果如图 8.18 所示。

图 8.18　例 8-10 程序运行结果 2

(3) 冒泡排序法

基本思路：对要排序的数进行多轮比较，在每一轮中将当前排序范围内相邻的两个数进行两两比较，比较的结果为小数在前、大数在后。如此重复，每进行一轮排定一个数，直至全部排好次序。

第一轮比较：

首先，A(1)与 A(2)比较，如果 A(1)大于 A(2)，则将 A(1)与 A(2)的值交换，否则不交换。然后，A(2)与 A(3)比较，如果 A(2)大于 A(3)，则将 A(2)与 A(3)的值交换，否则不交换。如此重复，最后 A(N−1)与 A(N)比较，如果 A(N−1)大于 A(N)，则将 A(N−1)与 A(N)的值交换，否则不交换。这样第一轮比较 N−1 次后，A(N)的值就是 A(1)，A(2)，A(3)，…，A(N)中最大者。

第二轮比较：

与第一轮比较类似，将 A(1)到 A(N−1)相邻的两个元素进行两两比较，经过 N−2 次比较后，A(N−1)将是这些元素中最大者，是数组 A 所有元素中第二大者。

……

第 N−1 轮比较：

A(1)与 A(2)比较，将小数放在 A(1)中，大数放在 A(2)中。

经过 N−1 轮比较后，数组 A 中各元素值即按从小到大的顺序排列。

同前两种交换排序法类似，冒泡排序法也要用到双重循环。外层循环控制比较的轮数，N 个数排序需要比较 N−1 轮，设循环控制变量为 I，则 I 从 1 变化到 N−1；内层循环控制每一轮中比较的次数，对于第 I 轮需要比较 N−I 次，设循环变量为 J，则 J 从 1 变化到 N−I。每次比较的两个元素分别为 A(J)与 A(J+1)。

程序编写如下：

```
PARAMETER(N = 10)
INTEGER A(N),T
PRINT *,'请输入需要排序的',N,'个数据'
READ *,A
DO I = 1,N − 1
   DO J = 1,N − I
     IF(A(J)> A(J + 1)) THEN
       T = A(J)
       A(J) = A(J + 1)
       A(J + 1) = T
     END IF
   END DO
END DO
PRINT *,'原始数据按照从小到大的顺序排列如下：'
PRINT 10,A
10  FORMAT(10I5)
   END
```

程序运行结果如图 8.19 所示。

图 8.19 例 8-10 运行结果 3

【例 8-11】 数据插入。将一个数插到有序数列中,插入后数列仍然有序。

分析:首先,将该数列按从小到大的顺序存放到数组 A 中,将要插入的数存放到变量 X 中;接下来关键就是找到插入的位置以及将 X 插入。

(1) 找插入位置。如图 8.20(a)所示,设插入的数 X 为 35,插入的位置用变量 P 表示,从图中可以看出 X 应插在第 5 位,即 P 值为 5。具体分析如下:设 P 的初值为 1,将 X 与 A(P)比较,若 X 大于 A(P),表示 X 的位置在 A(P)之后,应使 P 值增加 1,即执行 P=P+1,接着将 X 与下一个元素比较(即新的 A(P));不断重复此过程,当 X 不大于 A(P)时,此时的 P 即为所要找的插入位置。

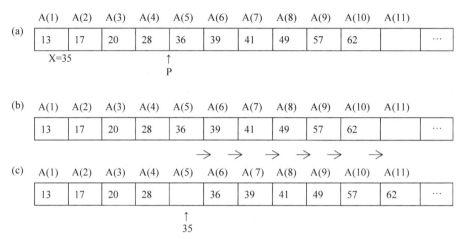

图 8.20 例 8-11 数据插入过程

对于 X 小于 A(1)和 X 大于 A(10)这两种特殊情况,程序中也需要考虑。对于第一种情况,设 X 值为 12,条件"X>A(P)"不成立,一次循环也不执行,P 值仍然保持初值 1,即插入第 1 个位置,插入操作正确;对于第二种情况,设 X 值为 70,循环执行到第 10 次时,条件仍然成立,此时 P 值变为 11,当再进行条件判断时,由于条件"P<=N"不满足,退出循环,则插入位置为 11,插入操作也正确。

(2) 将 X 插入。对于 X 为 35,找到插入位置 5 之后,要想将 X 放到 A(5)中,首先需要将 A(5)到 A(10)中所有元素的值都向后顺移一个位置,如图 8.20(b)所示。在移动位置时,应注意先从最后一个元素 A(10)开始移动,否则前一个元素值"覆盖"了后一个元素的值,将导致从 A(5)到 A(10)的值最后都变为 36。在移好位置之后,再将 X 的值存到 A(5)中,即赋给 A(5),如图 8.20(c)所示。

最后一条语句表示插入一个数后数组中的数据应增加 1 个。该程序段对于 X 小于 A(1)和 X 大于 A(10)这两种特殊情况也是适用的,请读者自己分析。

这里还需要说明的是,由于要向 A 数组中插入一个数 X,所以在说明数组 A 大小时应适当加大,以免放不下而发生下标越界的错误。

程序编写如下:

```
INTEGER A(15),X,P
N = 10
A(1:N) = (/13,17,20,28,36,39,41,49,57,62/)
```

```
        PRINT *,'已有有序数据:'
        PRINT 10,A(1:N)
        PRINT *,'请输入要插入的数据:'
        READ *,X
        P = 1
        DO WHILE(X > A(P).AND.P <= N)              !找到要插入的位置
          P = P + 1
        END DO
        DO I = N,P, - 1                            !将插入位置及之后的元素整体后移,把插入位置腾空
          A(I + 1) = A(I)
        END DO
        A(P) = X                                   !插入 X 的数值
        N = N + 1                                  !插入后数组中的数据增加一个
        PRINT *,'插入后的有序数据:'
        PRINT 10,A(1:N)
   10   FORMAT(1X,15I5)
        END
```

程序运行结果如图 8.21 所示。

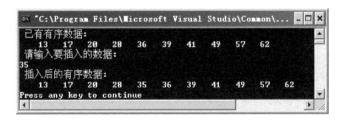

图 8.21　例 8-11 运行结果

【**例 8-12**】　数据删除。将一列数中指定的数删除,例如,将数列 25,50,67,29,25,25,51,89,12,25 中所有的 25 都删除,要求删除之后,其余的数先后次序不变。

分析:如图 8-22 所示,将该数列存放到数组 A 中,用变量 P 表示要删除的数(用 X 表示,X 的值为 25)的位置,N 表示删除 X 后剩余的数的个数。从图 8.22(a)中可以看出,想要删除 X,关键是先要确定 X 的位置,再进行删除操作。

(1) 确定 X 位置。可用前面介绍的顺序检索法来确定 X 的位置,如下面程序段所示:

```
DO P = 1,N
  IF(A(P) == X) EXIT
END DO
```

这是一个循环双出口问题。当退出循环时,若 P 小于或等于 N,P 即代表 X 的位置,若 P 大于 N,表示要删除的数 X 不存在。

(2) 删除 X。从图中可以看出,每次删除 X,只需要将 X 之后的所有数向前顺移一个位置,这样 X 被其后的数"覆盖",即被删除。

需要注意的是,在向前顺移位置时,前面的数先移动,后面的数后移动,这与插入操作刚好相反。另外应注意循环变量 I 的终值应为 N−1,而不是 N。语句 N＝N−1 表示删除一个数后剩余数的个数。

这里还需注意:如图 8.22(b)所示,当删除第一个 25 后,元素 A(10)值的位置为空,实

际上并不为空,A(10)的值仍然为 25,因为在移位时 A(10)的值没有被"覆盖",但可以不去管它,只要认为剩下的元素为 9 个就可以,即 N 减去 1。同理,当第二个 25 被删除之后,A(9)和 A(10)的值均变为 25,但我们认为剩下的元素为 8 个即可,其余以此类推。

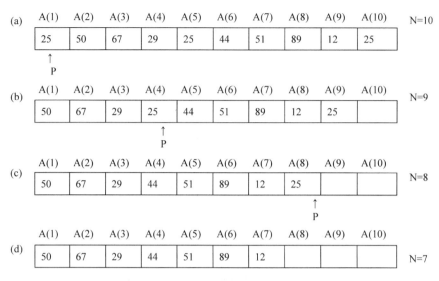

图 8.22 例 8-12 数据删除过程

当被删除的数不在最后一位时,可通过向前顺序移位"覆盖"的办法来实现删除,但如果被删除的数在最后一位,其后再没有数向前移位"覆盖",那么该如何删除它,上面的程序段是否适用于这种情况? 具体分析如下:如图 8.22(c)所示,通过查找 X 位置可以确定 P 值为 8,并且此时 N 的值也为 8,由于上面程序段循环变量 I 的值是从 P 变到 N−1,步长为 1,显然一次循环也不执行,但执行了后面 N=N−1 这条语句,那么在最后输出数组 A 时只输出前 7 个元素,不输出元素 A(8),这样就可认为最后一个 25 也被删除了,因此上面程序段是适合这种情况的。

由于要删除的数可能不止一个,上面确定删除位置和执行删除操作将会多次重复,因此要用到双重循环。

程序编写如下:

```
INTEGER A(10),X,P
A = (/25,50,67,29,25,44,51,89,12,25/)
PRINT *,'原始数据:'
PRINT 10,A
PRINT *,'请输入需要删除的数据:'
READ *,X
N = 10
P = 1
DO WHILE(P <= N)
  DO P = 1,N
    IF(A(P) == X) EXIT
  END DO
  IF(P <= N) THEN
    DO I = P,N−1
      A(I) = A(I + 1)
```

```
      END DO
      N = N - 1
   END IF
   END DO
   IF(N == 10) THEN
    PRINT *,'没有发现要删除的数!'
   ELSE
    PRINT *,'删除后形成的新数据:'
    PRINT 10,A(1:N)
   END IF
10  FORMAT(1X,10I4)
   END
```

程序运行结果如图 8.23 所示。

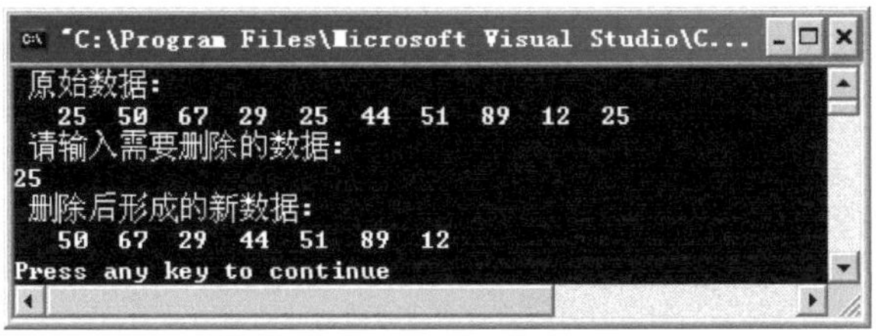

图 8.23　例 8-12 运行结果

8.8.2　二维数组程序举例

【例 8-13】　输入若干名学生的学号和三门课程(语文、数学和外语)的成绩,要求打印出按平均成绩进行排名的成绩单。如果平均成绩相同,则名次并列,其他名次不变。

分析:这里可用整型数组 NUM 存放学号,整型数组 S 存放名次。对于三门课程和平均成绩可用四个一维数组来存放,也可用一个列数为 4 的二维数组来存放。为简便起见,这里采用二维实型数组来存放,设为 A,数组 A 的前三列分别存放三门课程成绩,最后一列存放平均成绩。

这道题的关键是如何给学生排名,对此可这样考虑:设学生总数为 20 人,若 20 人中有19 人的平均成绩都高于某学生,则该学生的名次为 20;若 20 人中有 18 人的平均成绩都高于某学生,则该学生的名次为 19;以此类推,若 20 人中有 0 人的平均成绩高于某学生,则该学生的名次为 1。

再来考虑名次并列的情况,若两名学生平均成绩相同,那么统计出的 K 值也相同,则名次也就相同。因此下面的程序段也可处理名次并列的情况。

另外,在打印按平均成绩进行排名的成绩单时,应注意确保某个学生的名次、学号、各门课程成绩以及平均成绩都是该学生自己的,避免张冠李戴。

程序编写如下:

```
PARAMETER(N = 10)
INTEGER NUM(N),A(N,4),S(N),K
PRINT 10,"请输入",N,"个学生的学号和三门课程的成绩"
DO I = 1,N
 READ *,NUM(I),A(I,1),A(I,2),A(I,3)
```

```
        A(I,4) = (A(I,1) + A(I,2) + A(I,3))/3.0
      END DO
      DO I = 1,N
       K = 0
       DO J = 1,N
          IF(A(J,4) > A(I,4)) K = K + 1
       END DO
       S(I) = K + 1
      END DO
      PRINT *,''
      PRINT *,'按照平均分排名如下: '
      PRINT *,'--------------------------------------------------'
      PRINT *,'名次 学号 语文 数学 英语 平均成绩'
      DO I = 1,N
       DO J = 1,N
          IF(S(J) == I) PRINT 20,S(J),NUM(J),(A(J,L),L = 1,4)
       END DO
      END DO
10 FORMAT(A,I3,A)
20 FORMAT(I5,I10,4I7)
      END
```

程序运行结果如图 8.24 所示。

图 8.24 例 8-13 运行结果

【**例 8-14**】 将一个二维数组的行和列互换(矩阵转置),存放到另一个二维数组中。

例如 A = $\begin{bmatrix} 1 & 2 & 3 & 4 \\ 5 & 6 & 7 & 8 \\ 9 & 10 & 11 & 12 \end{bmatrix}$,行和列互换后变为 B = $\begin{bmatrix} 1 & 5 & 9 \\ 2 & 6 & 10 \\ 3 & 7 & 11 \\ 4 & 8 & 12 \end{bmatrix}$。

分析：用一个整型二维数组 A 存放原矩阵，用一个整型二维数组 B 存放转置矩阵。在将数组 A 各元素值赋给数组 B 各元素时，要用到双重循环，外循环变量控制数组 A 的行数，内循环变量控制数组 A 的列数。

程序编写如下：

```
    INTEGER A(3,4),B(4,3)
    PRINT *,'请输入 A 数组的数据: '
    READ 10,((A(I,J),J = 1,4),I = 1,3)
    DO I = 1,3
      DO J = 1,4
        B(J,I) = A(I,J)
      END DO
    END DO
    PRINT *,'行和列交换后的数组 B 为:'
    PRINT 20,((B(I,J),J = 1,3),I = 1,4)
10  FORMAT(4I4)
20  FORMAT(1X,3I4)
    END
```

程序运行结果如图 8.25 所示。

图 8.25　例 8-14 程序运行结果

【例 8-15】　求 N 行 N 列矩阵的主对角线上的所有元素之和。

分析：对主对角元素的操作是经常用到的，本例的关键点是如何表示主对角线上的元素。如果用 A 表示数组名，则主对角元素分别是 $A(1,1)$、$A(2,2)$、$A(3,3)$…$A(N,N)$。一般地，主对角元素可表示为 $A(I,I)$，I 的值由 1 变化到 N。所以可以用循环结构来实现。

程序编写如下：

```
PARAMETER(N = 5)
INTEGER A(N,N),SUM
SUM = 0
DO I = 1,N
  READ *,(A(I,J),J = 1,N)
END DO
DO I = 1,N
```

```
    SUM = SUM + A(I, I)
END DO
PRINT * , SUM
END
```

【例 8-16】 编写程序,打印出下面形式的杨辉三角形。

```
1
1    1
1    2    1
1    3    3    1
1    4    6    4    1
1    5    10   10   5    1
1    6    15   20   15   6    1
1    7    21   35   35   21   7    1
1    8    28   56   70   56   28   8    1
1    9    36   84   126  126  84   36   9    1
```

分析:打印上面形式的杨辉三角形,关键是要找出数字之间的变化规律。可将该形状的杨辉三角形看成一个 10 行 10 列的二维数组的左下半三角(包含对角线在内),因此可定义一个整型数组 A(10:10)。由数字形状可以看出:第 1 列元素和对角线上元素的值均为 1;从第 3 行开始,第 I 行上第 2 列到第 I-1 列,各列每个元素值为上一行相对应的两元素值之和。

另外应注意,打印数组 A 时只需要打印左下半三角的元素,这可用双重循环结构来实现。为了使程序更简洁,内循环可用隐含 DO 循环结构。

程序编写如下:

```
PARAMETER(N = 10)
INTEGER A(N, N)
DO I = 1, N
    A(I, 1) = 1                          !第一列元素
    A(I, I) = 1                          !主对角线上的元素
END DO
DO I = 3, N
    DO J = 2, I - 1
        A(I, J) = A(I-1, J-1) + A(I-1, J)    !其他元素的变化规律
    END DO
END DO
PRINT * , '杨辉三角形打印如下:'
DO I = 1, N
    PRINT 100, (A(I, J), J = 1, I)        !每一行都打印到 I 行 I 列
END DO
100 FORMAT(1X, 10I5)
END
```

程序运行结果如图 8.26 所示。

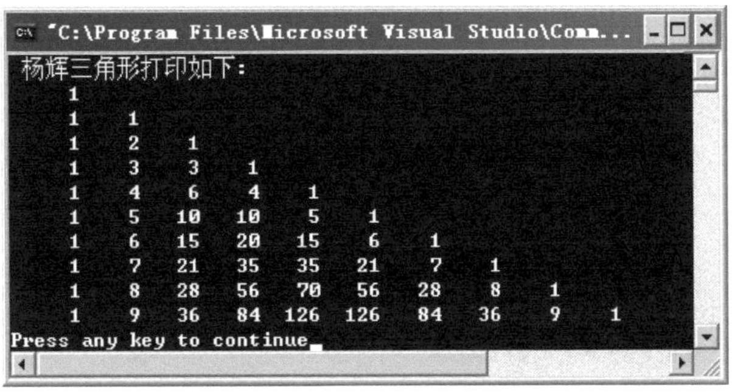

图 8.26 例 8-16 运行结果

习 题 8

1. 写出下列程序的运行结果。

```
(1)      INTEGER A(3,4)
         DATA A/1,2,3,4,5,6,7,8,9,10,11,12/
         PRINT *, A
         PRINT 100, A
         PRINT 200, ((A(I,J),J=1,4),I=1,3)
   100   FORMAT(1X,3I3)
   200   FORMAT(1X,4I3)
         END
```

```
(2) INTEGER A(4,5),S1,S2
    DATA A/4*1,4*2,4*3,4*4,4*0,/
    S1=0
    DO I=1,4
      S2=0
      DO J=1,5
          S2=S2+A(I,J)
          IF (I.EQ.J) S1=S1+A(I,J)
      ENDDO
      PRINT *, S2
    ENDDO
    PRINT *, S1
    END
```

```
(3)      DIMENSION X(3,3)
         DATA X/1,2,3,4,5,6,7,8,9/
         S=0
         DO I=1,3
          S=S+X(I,4-I)
         ENDDO
         WRITE(*,20) S
   20    FORMAT(1X,'S=',F6.2)
         END
```

```
(4)      INTEGER A(10)
         DATA A/1,2,1,2,3,2,3,4,3,10/
```

```
          DO I = 1,9
           IF (A(I).NE.0) THEN
           DO J = I + 1,10
              IF (A(I).EQ.A(J)) A(J) = 0
           ENDDO
           ENDIF
          ENDDO
          K = 0
          DO I = 1,10
           IF (A(I).NE.0) K = K + 1
          ENDDO
          WRITE( * ,40) 'K = ',K
      40  FORMAT(1X,A,I3)
          END
```

2. 从键盘输入 10 个数,要求按输入时的逆序输出。

3. 查找一列数中最大数,并将其插在第一个数前。

4. 有 N 个国家名,要求按字母先后顺序排列并输出。

5. 输入任意 6 个数,放在数组中。若输入的 6 个数为 1、2、3、4、5、6,用三种方法打印出以下方阵:

$$
\begin{array}{cccccc}
1 & 2 & 3 & 4 & 5 & 6 \\
2 & 3 & 4 & 5 & 6 & 1 \\
3 & 4 & 5 & 6 & 1 & 2 \\
4 & 5 & 6 & 1 & 2 & 3 \\
5 & 6 & 1 & 2 & 3 & 4
\end{array}
$$

6. 用三种方法打印以下图案。HELLO!由键盘输入。

$$
\begin{array}{l}
\text{HELLO!} \\
\text{ELLO!} \\
\text{LLO!} \\
\text{LO!} \\
\text{O!} \\
\text{!}
\end{array}
$$

7. 将 N 个数按从大到小的顺序排列后输出。

8. 输入若干名学生的学号和三门课程(语文、数学和英语)的成绩,要求从键盘输入一个学生的学号,能打印出该学生的三门课程成绩和总分。

9. 数据检索。设有 N 个数,找出其中值为 X 的数,并记录其位置。

10. 输入一个 5 行 5 列的矩阵,完成下列要求:

(1) 输出该矩阵和该矩阵的转置矩阵。

(2) 求每行元素之和,将和值最大的行与第一行对调,输出对调后的新矩阵。

(3) 用对角线上的各元素分别去除各元素所在的行,输出新的矩阵。

11. 找出 N 行 N 列组成的二维数组中最大元素和最小元素所在的位置。

第9章

函数与子程序

教学目标：

- 理解子程序的概念；
- 掌握语句函数的定义与调用；
- 掌握函数子程序的定义与调用；
- 掌握子例行子程序的定义与调用；
- 理解程序单元之间数据的传递方式——虚实结合；
- 了解递归子程序和内部子程序；
- 掌握公用区语句和等价语句的作用。

本章介绍各种子程序的结构、功能以及子程序与主程序或子程序与子程序之间的数据传递关系。语句函数不具备子程序的一般书写特征，但其作用与子程序相同，也一并放在本章讨论。通过本章的学习，应学会选择并设计恰当的子程序形式来构造自己的程序，从而提高程序设计能力。

9.1 概　　述

9.1.1　子程序产生的原因

经过前面的学习，我们已经能够通过编写单个 FORTRAN 源程序代码实现一些简单问题的计算机求解，在积累编程经验的同时也注意到，遇到的问题越复杂、越庞大，解决该问题所消耗的时间和精力就会越多，所编写的程序代码也越长，越容易出错和难以纠错，甚至在有些情况下，实际上是在不断地重复相同或相似的程序代码。比如下面的两个问题。

问题 1　某开发商从政府购得一块不规则六边形的土地（如图 9.1(a)所示）准备用于房地产开发，输入每亩地的价格，计算此块土地的价值。

问题 2　某水上活动中心的游泳池池底是一个五边形（如图 9.1(b)所示），深度 1.5m，注水深度 1.4m，已知每吨水的价格为 10 元，试计算该泳池达到注水深度需要支付的水费。

以上两个问题都涉及不规则图形的面积计算问题。对于不规则图形，可以将其划分成若干个三角形，只要测得每个三角形三条边的长度 x、y、z，就可以按照下式计算三角形的面积 S：

$$S = \sqrt{c(c-x)(c-y)(c-z)}, \quad \text{其中} \; c = \frac{x+y+z}{2}$$

问题 1 中的不规则六边形可以分割成 4 个三角形，只要测得这 4 个三角形 9 条边的长

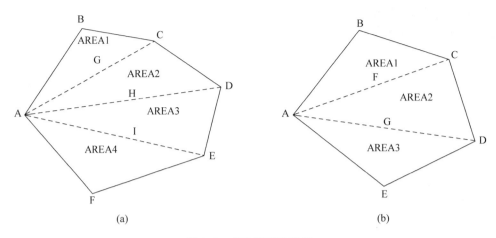

图 9.1 多边形面积计算

度,就可以计算出这 4 个三角形的面积,累加后获得不规则六边形的面积,进而可获得土地价值。其程序如下:

```
PROGRAM HEXAGON_EARTH_1
REAL A,B,C,D,E,F,G,H,I,AREA1,AREA2,AREA3,AREA4,AREA,T,PRICE,VALUE
READ * , A,B,C,D,E,F,G,H,I,PRICE
!计算第 1 个三角形 ABC 的面积 AREA1
T = (A + B + G)/2
AREA1 = SQRT(T * (T - A) * (T - B) * (T - G))
!计算第 2 个三角形 ACD 的面积 AREA2
T = (G + C + H)/2
AREA2 = SQRT(T * (T - G) * (T - C) * (T - H))
!计算第 3 个三角形 ADE 的面积 AREA3
T = (H + D + I)/2
AREA3 = SQRT(T * (T - H) * (T - D) * (T - I))
!计算第 4 个三角形 AEF 的面积 AREA4
T = (I + E + F)/2
AREA4 = SQRT(T * (T - I) * (T - E) * (T - F))
!计算多边形 ABCDEF 的面积 AREA
AREA = AREA1 + AREA2 + AREA3 + AREA4
AREA = AREA/666.67
PRINT *,"六边形土地 ABCDEF 的面积是:",AREA, "亩"
VALUE = PRICE * AREA
PRINT *,"六边形土地 ABCDEF 的价值是:",VALUE, "万元"
END
```

观察上述程序可以发现,计算三角形面积的程序段代码重复出现了 4 次,这 4 段代码除了变量的名称不同外几乎完全相同。

同理,问题 2 中游泳池池底的多边形可分割成 3 个三角形,只要测得这 3 个三角形 7 条边的长度,就可计算出这 3 个三角形的面积,累加后得到不规则五边形的面积,利用棱柱体积公式,即可获得泳池注水体积,进而计算出水费。其程序如下:

```
PROGRAM PENTAGON_SWIMMING POOL1
REAL   A,B,C,D,E,F,G,T,AREA1,AREA2,AREA3,AREA
```

```
REAL    W_H,W_VOL,W_PRICE,W_BILL
READ * , A,B,C,D,E,F,G,W_H,W_PRICE
!计算第 1 个三角形 ABC 的面积 AREA1
T = (A + B + F)/2
AREA1 = SQRT(T * (T - A) * (T - B) * (T - F))
!计算第 2 个三角形 ACD 的面积 AREA2
T = (F + C + G)/2
AREA2 = SQRT(T * (T - F) * (T - C) * (T - G))
!计算第 3 个三角形 ADE 的面积 AREA3
T = (H + D + I)/2
AREA3 = SQRT(T * (T - H) * (T - D) * (T - I))
!计算五多边形 ABCDE 的面积 AREA
AREA = AREA1 + AREA2 + AREA3
!计算游泳池所需注水量
W_VOL = AREA * W_H
!计算游泳池注水水费
W_BILL = W_PRICE * W_VOL
PRINT * ,"五边形游泳池注水所需缴纳水费为:",W_BILL, "元"
END
```

问题 2 的程序代码中,计算三角形面积的代码"重复"出现了 3 次。由此可知,在设计和编写求解问题的程序时,同一程序内的不同位置可能多次出现相同或相似的运算及处理过程,不同问题的程序内也可能出现相同或相似的运算及处理过程。那么,这种相同或相似的运算及处理过程能否在程序中少被重复呢?

答案是肯定的。这里先采用循环的思想改写上述程序 1:

```
PROGRAM HEXAGON_EARTH_2
REAL A,B,C,T, AREA1,PRICE,VALUE
AREA = 0
!通过循环计算 4 个三角形的面积之和,循环每执行一次就计算一个三角形的面积
DO I = 1,4
READ * , A,B,C,
T = (A + B + C)/2
AREA = AREA + SQRT(T * (T - A) * (T - B) * (T - C))
ENDDO
AREA = AREA/666.67
PRINT * ,"六边形土地 ABCDEF 的面积是:",AREA, "亩"
READ * ,PRICE
VALUE = PRICE * AREA
PRINT * ,"六边形土地 ABCDEF 的价值:",VALUE, "万元"
END
```

在本改写程序中,相似运算及处理过程(计算三角形面积)的代码在同一程序中只出现了一次,但由于这段代码没有独立性,故同样的修改在第 2 个问题中依旧要进行处理。问题 2 的修改程序如下:

```
PROGRAM PENTAGON_SWIMMING POOL2
REAL A,B,C,T, AREA1,W_H,W_VOL,W_PRICE,W_BILL
AREA = 0
!通过循环计算 3 个三角形的面积之和,循环每执行一次就计算一个三角形的面积
```

```
DO I = 1,3
READ *, A,B,C,
T = (A + B + C)/2
AREA = AREA + SQRT(T * (T - A) * (T - B) * (T - C))
ENDDO
READ *, W_H,W_PRICE
W_VOL = AREA * W_H
W_BILL = W_PRICE * W_VOL
PRINT *,"五边形游泳池注水所需缴纳水费为:",W_BILL, "元"
END
```

显然,采用循环的思想减少了同一程序单元内相似运算及处理过程重复出现的次数,但不能消除不同程序单元间的这种重复行为。为了解决此类问题,FORTRAN 程序设计语言在自身发展中产生了一种新技术——子程序。

子程序是能解决某个特定问题的、相对独立的程序单元,之所以说相对独立是因为子程序不能像主程序那样单独运行,只能被调用,就好像是整套积木的某个积木块一样。

在进一步了解子程序之前,先看看使用子程序编程思想后,解决问题 1 和问题 2 的程序代码。

```
! 用于计算三角形面积的函数子程序
REAL FUNCTION TRI_AREA(X,Y,Z)
REAL X,Y,Z,T
IF(X + Y > Z.AND.Y + Z > X.AND.Z + X > Y)THEN
 T = (X + Y + Z)/2
TRI_AREA = SQRT(T * (T - X) * (T - Y) * (T - Z))
ELSE
 PRINT *,"数据不合理,构不成三角形"
ENDIF
END
! 解决问题 1 的主程序
PROGRAM HEXAGON_EARTH_3
REAL A,B,C,T, AREA1,PRICE,VALUE
AREA = 0
!循环中通过调用函数 TRI_AREA,计算三角形面积
DO I = 1,4
READ *, A,B,C
AREA = AREA + TRI_AREA(A,B,C)
ENDDO
AREA = AREA/666.67
PRINT *,"六边形土地 ABCDEF 的面积是:",AREA, "亩"
READ *,PRICE
VALUE = PRICE * AREA
PRINT *,"六边形土地 ABCDEF 的价值:",VALUE, "万元"
END
```

程序第 1 行的"PROGRAM"是一个关键字,用以说明其所属的程序单元是主程序单元。PROGRAM 后可接主程序单元名,如上面的 HEXAGON_EARTH_3,也可省略程序名。前几章讲解的程序均是主程序,但为何没有 PROGRAM 语句呢? 这是因为主程序是

默认的程序单元属性,当一个程序单元无任何身份标识时,默认其是主程序。本章开始学习子程序,为了区分主程序和子程序,我们在主程序的第一行主动进行主程序说明。

```
! 解决问题 2 的主程序
PROGRAM PENTAGON_SWIMMING POOL2
REAL A,B,C,T, AREA1,W_H,W_VOL,W_PRICE,W_BILL
AREA = 0
DO I = 1,3
READ * , A,B,C,
AREA = AREA + TRI_ATRA(A,B,C)
ENDDO
READ * , W_H,W_PRICE
W_VOL =  AREA * W_H
W_BILL = W_PRICE * W_VOL
PRINT * ,"五边形游泳池注水所需缴纳水费为:",W_BILL, "元"
END
```

上述程序中,计算三角形面积的程序段只出现了一次,同一程序单元、不同程序单元均不存在相似运算及处理过程的重复。函数子程序 TRI_AREA 具有一定的独立性,可以被任何需要计算三角形面积的其他程序单元调用。

子程序最初就是一种节省代码的机制。在一个加工程序中,如果其中有些加工内容完全相同或相似,为了简化程序,可以把这些重复的程序段单独列出,并按一定的格式编写成子程序。主程序在执行过程中如果需要某一子程序,可通过调用指令调用该子程序,子程序执行完毕后进程返回主程序,继续执行后面的程序段。

子程序产生的另一个原因是模块化程序设计思想。随着处理问题的规模增大、复杂程度加深,单个编程者很难独立完成所有工作,需要集合团队的力量才能完成,这就需要分工协作。将一个复杂的大规模问题分解成若干个简单的小问题,针对每个小问题建立解决该问题的子程序,再将这些子程序按照解决复杂问题的先后顺序逐次调用,这正是结构化、模块化程序设计常用的程序设计方法。

先看一个学习生活中比较常见的问题:某班级有 55 名学生,本学期共学习 5 门功课,期末考试结束后,需要统计每个学生的总成绩、平均成绩、名次,汇总不及格学生的名单以便通知补考,汇总前 10 名名单以便发放奖学金。

该问题相对前面所遇到的问题略显复杂,实际班级活动中通常由班委会的几名同学协作完成,在编写解决该问题的程序时也可以采用多人合作的方式。合作就需要分工,图 9.2 给出了将该复杂任务分解成各个简单任务的任务分解及分层结构图。

图 9.2　班级成绩处理问题的任务分解及分层结构图

编写该问题的程序时,可采用自顶而下或自下而上的方式逐层设计和编写程序。所谓自顶而下方式就是先编写解决总问题的主程序,后编写解决各个子问题的子程序,自下而上方式正好相反。但无论采取何种方式,都需要事先确认好所用数据类型和子程序的名称、参数个数、类型等。由于设计和编写总问题、各个子问题对应的程序是彼此独立、互不干扰的,故可由多人同时并行完成,这就实现了分工协作。

　　对于上述问题,我们采用自下而上的方式设计和编写程序。既然任务被分解成 5 个子任务,这里假定由 5 位同学来完成子程序的编写,第 6 位同学对所有子程序进行组装,编写主程序。大家约定用整型数组存放所有学生的信息,学生姓名用其学号代替(还未学习派生类型的数据,读者可在派生类型学习后尝试修改以下程序),存放在数组第 1 列,第 2～6 列存放 5 门课程成绩,第 7 列存放总成绩,第 8 列存放平均成绩,第 9 列存放名次。各个编程同学向其他同学明确自己所编写子程序的类型、名称,参数个数和类型。

　　第 1 位同学编写的子程序其功能是实现学生成绩的录入。子程序类型为子例行子程序,程序名 CHENGJI_INPUT,有 3 个形参,第 1 个是二维整型数组,第 2、3 个为此二维数组的行数和列数参数,均为整型。程序如下:

```fortran
SUBROUTINE CHENGJI_INPUT(A,M,N )
INTEGER M,N
INTEGER A(M,N-3)
DO I = 1,M
  DO J = 1,N-3
  READ( * , * ) A(I,J)                !学习文件后,可以从文件读取数据,给数组元素赋值
  ENDDO
ENDDO
END
```

　　第 2 位同学编写的子程序其功能是计算每个学生的总成绩和平均成绩。子程序类型为子例行子程序,程序名 CHENGJI_SUM_AVE,有 3 个形参,第 1 个是二维整型数组,第 2、3 个为此二维数组的行数和列数参数,均为整型。程序如下:

```fortran
SUBROUTINE CHENGJI_SUM_AVE(CHENGJI,M,N)
INTEGER M,N
INTEGER CHENGJI(M,N)
DO I = 1,M
  DO J = 2,N-3
  CHENGJI(I,N-2) = CHENGJI(I,N-2) + CHENGJI(I,J)
  ENDDO
  CHENGJI(I,N-1) = CHENGJI(I,N-2)/5
ENDDO
END
```

　　第 3 位同学编写的子程序其功能是计算每个学生的名次。子程序类型为子例行子程序,程序名 CHENGJI_MINGCI,有 3 个形参,第 1 个是二维整型数组,第 2、3 个为此二维数组的行数和列数参数,均为整型。程序如下:

```fortran
SUBROUTINE CHENGJI_MINGCI(CHENGJI,M,N)
INTEGER M,N,K
```

```
INTEGER CHENGJI(M,N)
DO I = 1,M
  K = 0
  DO J = 1,M
  IF(CHENGJI(J,N-2)> CHENGJI(I,N-2)) K = K+1
  ENDDO
  CHENGJI(I,N) = K+1
ENDDO
END
```

第 4 位同学编写的子程序其功能是统计不及格学生的信息。子程序类型为子例行子程序，程序名 CHENGJI_BUJIGE，有 3 个形参，与上面子程序中的形参相同。程序如下：

```
SUBROUTINE CHENGJI_BUJIGE(CHENGJI,M,N)
INTEGER M,N,K
INTEGER CHENGJI(M,N)
DO I = 1,M
  DO J = 2,N-3                    !只要有一门课程不及格,就输出该学生的所有信息
    IF(CHENGJI(I,J)< 60)THEN
     PRINT 10,(CHENGJI(I,K),K = 1,N)
     EXIT
    ENDIF
  ENDDO
ENDDO
10 FORMAT(I8,5I4,I5,I4,I3)
END
```

第 5 位同学编写的子程序其功能是统计前 10 名学生的信息（含第 10 名）。子程序类型为子例行子程序，程序名 CHENGJI_JIANGLI，有 4 个形参，前 3 个与上面子程序中的形参相同，第 4 个为输出前几名的控制参数。其程序如下：

```
SUBROUTINE CHENGJI_JIANGLI(CHENGJI,M,N,K)
INTEGER M,N,K
INTEGER CHENGJI(M,N)
DO I = 1,M
  IF(CHENGJI(I,N)< = K) PRINT 10,(CHENGJI(I,J),J = 1,N)
ENDDO
10 FORMAT(I8,5I4,I5,I4,I3)
END
```

第 6 位同学编写主程序，将前 5 位同学编写的子程序进行组装。其程序如下：

```
PROGRAM ZHU
INTEGER STUDENT(55,9)
CALL CHENGJI_INPUT(STUDENT,55,9)
CALL CHENGJI_SUM_AVE(STUDENT,55,9)
CALL CHENGJI_MINGCI(STUDENT,55,9)
CALL CHENGJI_BUJIGE(STUDENT,55,9)
CALL CHENGJI_JIANGLI(STUDENT,55,9,10)
END
```

程序中第 3、4、5、6、7 行出现了一个新的命令"CALL",在程序中的意义就如同其英文原意"调用"的意思,所以第 3 行的意思是"调用一个名字叫做 CHENGJI_INPUT 的子程序"。

将上面编写的每个程序单元作为一个独立的源程序文件,插入到 Visual Fortran 6.5 编译系统的同一个项目中,分别编译每个子程序单元,再编译主程序,然后构建可执行文件,运行该可执行文件即可获得最终结果。对于 Visual Studio 环境下的 Intel Visual Fortran 编译器,可直接对项目或任意源程序文件执行"生成解决方案"操作,系统会自动编译每个源程序文件并将它们连接,构建成一个可执行文件。

从上面程序的编写中可以看出,由于总问题被分解成各个独立的子问题,使得编程者实际面对问题的规模缩小,并且问题的复杂性局限在一个小的范围内,即当前任务单元内,这就是采用结构化程序设计方法为什么能大大降低程序设计复杂性的原因。

总之,子程序产生的原因主要有以下两点。

① 实现相同或相似代码的重复利用,减轻编程负担。

② 分解任务,降低任务复杂度,适应社会分工需求,实现协作编程。

9.1.2　FORTRAN 子程序

子程序又叫过程,通常将相对独立的、经常使用的功能抽象为子程序。子程序编写好以后可以被重复使用,使用时可以只关心子程序的功能和使用方法,而不必去关心它的具体实现。这样有利于程序代码重复利用,是编写高质量、高水平、高效率程序的有效手段。

FORTRAN 语言中的子程序主要表现为函数和子例行子程序。所谓函数是指只产生一个运算结果,且由函数名将运算结果返回给主调程序单元的子程序。上面计算三角形面积的子程序 TRI_AREA(X,Y,Z) 就是函数,每调用一次就产生一个给定参数下的面积值,并由函数名 TRI_AREA 将面积值返回给主程序。所谓子例行子程序是指仅完成某些操作或完成某些操作的同时产生多个处理结果,且只能通过 CALL 语句被调用的子程序,如上面成绩处理问题中的 5 个子程序都是子例行子程序,其中 CHENGJI_BUJIGE 和 CHENGJI_JIANGLI 仅执行筛选并输出的操作,其余 3 个子程序则对每个学生信息进行加工并将加工结果返回主程序。

在 FORTRAN95 中,无论是函数还是子例行子程序,都可划分为标准子程序和用户自定义子程序。标准子程序是指 FORTRAN 系统预先编译好的、能被直接调用执行的子程序,如 SIN(X)、LOG(X)、MOD(M,N) 是标准函数,RANDOM(X) 是生成随机数的标准子例行子程序,GETDAT(YEAR,MONTH,DAY) 是获取系统时间的标准子例行子程序。用户自定义子程序是用户根据实际需要自行设计和编写的子程序。用户自定义子程序可用于求解任何特殊问题,只有求解通用性较强问题的子程序才会被 FORTRAN 系统吸收,转变为标准子程序。此外,子程序按所处的位置关系又可划分为内部子程序、外部子程序和模块子程序。FORTRAN95 的子程序分类如图 9.3 所示。

在学习子程序具体内容之前,先看一个简单的子程序使用实例。

【例 9-1】 阅读下列程序,说出每个程序单元的身份和功能,并上机调试,抓取程序运行结果。

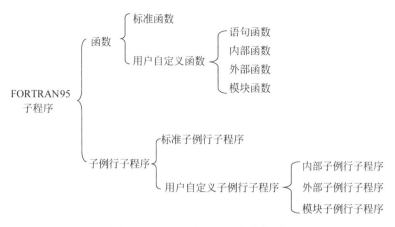

图 9.3 FORTRAN95 子程序分类

程序如下：

```
PROGRAM EXAM9_1
 CALL STAR                          !调用子程序 STAR
 CALL MESSAGE( )                    !调用子程序 MESSAGE
 CALL STAR                          !再调用子程序 STAR
END
SUBROUTINE STAR                     ! STAR 子程序
 PRINT *,"*******************"
END
SUBROUTINE MESSAGE( )               !MESSAGE 子程序
PRINT *,"   hello! "
END
```

程序运行结果如图 9.4 所示。

图 9.4 例 9-1 运行结果

观察前文中出现的主程序、函数和子例行子程序，体会其编写、执行过程，可以发现以下几点。

（1）子程序和主程序非常相像，同样包括变量的说明和对变量的操作，编写思路也基本一致，只是主程序可以没有名称，但子程序必须要有名称，且子程序一般不需要考虑变量的输入，因为变量的值可由调用它的程序传递或共享给它。

（2）子程序都有一个身份识别关键字。子例行子程序以 SUBROUTINE 作为身份识别标记，而函数以 FUNCTION 作为身份识别标记。子程序程序名后一般有一对括号，括号内是子程序的虚参（形参）列表，调用子程序时，主调程序单元中子程序名后括号内的实参列表要与子程序中虚参列表按顺序一一对应。子程序和主程序均以 END 语句作为结束。

（3）子程序和主程序的最大不同之处在于子程序不能独立运行，而主程序可以独立运行。子程序要想实现其功能,就必须直接或间接被主程序调用,和主程序单元一起组成一个实用程序。因此,一个程序可以不含子程序(也可以含有多个子程序),但不能没有主程序,且主程序只能有一个。

(4) 主程序、子程序可以各自独立为源程序文件,也可以放在同一个源程序文件中,当在同一个源程序文件中时,主程序并不一定要放在程序的开头,它可以放在程序中的任意位置。

(5) 程序执行时总是从主程序单元的第一行开始,按流程执行每一条语句,当遇到调用子程序的语句时,流程跳转到被调用子程序的第一行,并按子程序的流程顺序执行相应语句,直至遇到子程序中的返回语句后,流程再次回到主调程序相应位置。主程序的程序代码一开始就会被执行,而子程序不会自动执行,它需要被别的程序"调用"才会执行,这就是它之所以被称为"子"的原因。

9.2 语 句 函 数

前面已介绍过,在 FORTRAN 程序中可以直接调用标准函数(内部函数),如调用数学函数 SIN、COS 等,这对用户是非常方便的。但是,常常会遇到一些在标准函数库中没有的函数运算,这时用户必须自己在程序中定义所需要的函数(即用户自定义函数),然后再来调用它。

例如,计算平面内任意两点之间的距离,如果知道点在平面内的坐标,就可以通过建立一个简单的数学函数关系实现两点间距离的求解。当用两个实型变量存放平面内一个点的两个坐标值时,函数关系可以描述为:

```
DISTANCE1(X1,Y1,X2,Y2) = SQRT((X1 - X2) ** 2 + (Y1 - Y2) ** 2)
```

当用一个复型变量存放一个点的两个坐标值时,函数关系又可以描述为:

```
DISTANCE2(P1,P2) = ABS(P1 - P2)
```

DISTANCE1 和 DISTANCE2 不是 FORTRAN 编译系统自带的标准函数,如要使用,就必须自己编写。

上述函数关系特别简单,简单到仅需要一个数学表达式就可以描述清楚。实际上,这样的简单函数关系在求解实际问题,特别是在求解有关科学与工程数值计算问题时比较常见。如:

- 已知圆半径,计算圆面积的函数可以描述为:$A(r) = \pi r^2$
- 三角形半周长的数学表达式 $p = (x + y + z)/2$ 可用函数描述为:
$$p(x, y, z) = (x + y + z)/2$$
- 三角形面积公式 $s = \sqrt{p(p-x)(p-y)(p-z)}$ 可通过嵌套函数描述为:
$$s(x, y, z) = \sqrt{p(x,y,z)(p(x,y,z) - x)(p(x,y,z) - y)(p(x,y,z) - z)}$$
- 角度转化为弧度的表达式 $rad = \dfrac{\pi}{180}\left(x1 + \dfrac{x2}{60} + \dfrac{x3}{3600}\right)$ 可用函数描述为:
$$rad(x1, x2, x3) = \frac{\pi}{180}\left(x1 + \frac{x2}{60} + \frac{x3}{3600}\right)$$

对于上面只用一个数学表达式就能描述清楚的简单函数，FORTRAN95 通常不使用函数子程序的形式定义其功能，而是采用语句函数的形式定义其功能。

先来看一个比较熟悉的数学问题的两种处理方法，从中体会语句函数的执行。

【例 9-2】 求函数 $y = x^2 + x + 1$ 在 $x = 1.0$、3.0、4.0、7.0、6.5 时的值。

分析：这是一个重复计算问题，虽然 X 的取值没有规律，但函数关系唯一，故依然可以通过循环处理重复计算问题。也可以使用语句函数编写计算表达式，通过调用语句函数实现重复计算。

使用循环方法编写的程序如下：

```
      PROGRAM EXAM9_2_1
      REAL X
      DO I = 1,5,1
        READ * ,X
        PRINT 10,"当 X = ",X,"时函数 y = x² + x + 1 的值为：",X ** 2 + X + 1
      ENDDO
10    FORMAT(A,F4.1,A,F6.1)
      END
```

该程序运行时，每执行循环体一次需要输入一个数据，输出一个计算结果，人机交互次数较多，比较费时，运行结果如图 9.5 所示。图中描述函数具体关系的字符没有打印出来，是因为 Word 文档中的函数关系是公式编辑器编辑的，复制粘贴到 FORTRAN 编译环境的文本编辑器中时发生了丢失。

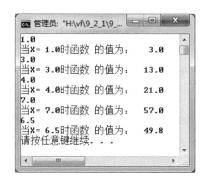

图 9.5　例 9-2 方法 1 运行结果　　　　图 9.6　例 9-2 方法 2 运行结果

使用语句函数方法编写的程序如下：

```
      PROGRAM EXAM9_2_2
      F(X) = X * X + X + 1.0 !语句函数 F(X)的定义语句
      PRINT 10, "x = ",1.0,3.0,4.0,7.0,6.5
      PRINT 20,"F(X) = ",F(1.0),F(3.0),F(4.0),F(7.0),F(6.5)
10    FORMAT(A5,5F5.1)
20    FORMAT(A5,5F5.1)
      END
```

该程序中第 2 行的作用就是用户自己定义了一个语句函数 F(X)。语句"F(X) = X * X + X + 1.0"是语句函数定义语句，它定义了一个名为 F 的语句函数，该函数只有一个类型为实型的自变量 X(在 FORTRAN 中称为形参或虚参)，函数关系为"X * X + X + 1.0"。

语句函数定义语句是一个非执行语句,它的作用仅仅在于定义 F(X)和自变量 X 的某种数学计算关系。

程序第 4 行的功能是输出语句函数 F(X)在 X 分别为 1.0、3.0、4.0、7.0 和 6.5 时的值,这些值依次可用 F(1.0)、F(3.0)、F(4.0)、F(7.0)、F(6.5)表示。输出列表中的输出项"F(1.0)"是对语句函数 F(X)的第一次调用,实参 1.0 在调用时赋值给形参 X,应用被赋值的形参 X 对语句函数定义语句中的表达式 X * X+X+1.0 进行求值运算(即 F(1.0)=1.0 * 1.0+1.0.+1.0=3.0),将求值结果(3.0)返回到调用位置(即 F(1.0)所在位置)。F(3.0)、F(4.0)、F(7.0)和 F(6.5)的求法以此类推。

比较上面两种方法编写的程序可以看出,采用语句函数使得程序更为简练,执行效率也更高。图 9.6 给出了语句函数方法的运行结果。

9.2.1 语句函数的定义

如例 9-2 所示,在程序中有时需要在多处进行同样的某种表达式计算,而这种计算又不是某个内部函数所能完成的,这时,程序设计者可以自己来定义一个语句函数,通过调用语句函数来实现这种特殊的运算。

语句函数必须在需要调用该函数的程序单元内,用一条语句进行定义,因此称为语句函数。

要使用语句函数求解问题,就必须在使用前通过专门的定义语句来定义该语句函数,之后才能在程序中像调用内部函数那样来调用该语句函数。

语句函数的定义形式如下:

函数名($X_1, X_2, \cdots, X_N$) = 表达式
└────────────虚参表,虚参之间用逗号相隔

1. 语句函数名

语句函数名的命名方法同变量名的命名方法。如果此语句之前没有用类型说明语句对其进行类型说明,则遵循 I-N 规则,若用类型说明语句说明语句函数的类型,则必须将类型说明语句放在语句函数定义语句之前。

需要注意的是,语句函数名不能与本程序单元中的任何其他变量同名。

例如:

```
ROOT1(A,B,C) = (-B+SQRT(B**2-4.0*A*C))/(2.0*A)
DA(A,B) = SQRT(B*B+A*A*A)
INTEGER DB
DB(A,B) = SQRT(B*B+A*A*A)
```

都是合法的语句函数定义语句。前两个语句函数 ROOT1 和 DA 的返回值为实型,最后一个语句函数 DB 因为在前面已进行了整型类型说明,因此它的返回值为整型,是平方根值的整数部分。

2. 语句函数中的虚拟参数(简称虚参)

语句函数名后一对括号中的 X_1、X_2、$\cdots$、X_N 代表语句函数的自变量,称为虚拟参数(或虚拟变元、哑元),简称虚参。它们本身是没有值的,只有在函数调用时用实在自变量(实在

参数)代替虚参,才能得到函数值。

虚参在形式上与普通变量名相同,虚参之间不能同名。虚参只能用变量来表示,不允许为常数、数组、数组元素、函数调用或表达式。

如果语句函数没有虚参,一对圆括号也必不可少。虚参多于一个时,它们之间用逗号隔开。

语句函数定义语句中的虚参只是自变量的符号,用来在形式上表示右边表达式中自变量的个数、自变量的类型和在表达式中的作用,它不代表任何值。因此,函数定义语句写成以下两种形式(使用不同名字的自变量),作用完全相同。

F(X) = X * X + X + 1.0
F(Y) = Y * Y + Y + 1.0

由于虚参不代表实在的值,因此它可以与程序中的变量同名。例如:

F(X) = X * X + X + 1.0
X = 3.0
Y = (X + 3.0)/2.0
Z = F(1.0) + F(2.0) + F(3.0)
T = F(X)

上述程序段中第 1 行的 X 是语句函数的虚参,第 2 行的 X 是变量名,它们彼此独立,无任何关系。第 3 行计算出 Y 的值等于 3.0。第 4 行调用语句函数,分别将 1.0、2.0、3.0 代替语句函数定义语句中右边表达式中的 X,计算出 F(1.0)、F(2.0)、F(3.0)。第 5 行 F(X) 中的 X 是实参变量名,当前值为 3.0,此时 F(X) 相当于 F(3.0)。

虚参变量的类型可以用隐含规则来说明,也可以用类型语句说明。但应注意,若在同一程序单元中有与虚参同名的变量时,则虚参和该同名变量都具有类型说明语句所说明的类型。

3. 语句函数中的表达式

在定义语句函数的语句中,赋值号右边的表达式可以是算术表达式、逻辑表达式或字符串表达式。在这个表达式中,除了必须包含全部相关虚参外,还可以包含常量、变量、数组元素、内部函数和已经定义过的语句函数。

4. 定义语句函数应遵循的规则

(1) 当函数十分简单,用一条语句足以定义时(若函数关系的表达较长,允许使用续行),才能用语句函数的形式定义函数。

(2) 语句函数定义语句是非执行语句。它应该放在所有可执行语句之前和所有的类型说明语句之后。

(3) 语句函数只有在其所在的程序单元中才有意义。换言之,不能调用其他程序单元中所定义的语句函数。语句函数也不能作为调用子程序时的实参,也不得在 EXTERNAL 语句中出现。

(4) 语句函数定义语句中的虚参只能是变量名,不能是常量、表达式、数组或数组元素。

(5) 语句函数没有虚参时,无论在语句函数定义语句中,还是在语句函数的调用语句中,语句函数名后面的一对括号都不可省略。

(6) 语句函数定义语句中的表达式可以包含已定义过的语句函数、函数子程序(外部函数)或内部函数,但不能包含自己,也就是不能递归调用。语句函数通过表达式得到一个函数值,函数名与函数值之间必须和赋值规则一致;因此,不能把字符型的函数值赋值给非字符型的函数名,不能把逻辑值赋值给一个非逻辑类型的函数名。

以下语句函数定义语句是正确的:

① SUM(A,B,C) = A + B + C
    AVER(A,B,C) = SUM(A,B,C)/3.0

② IR(ID) = MOD(ID,2)

③ LOGICAL XOR,X1,X2
    XOR(X1,X2) = .NOT.X1.AND.X2.OR.X1.AND.NOT.X2

④ SS(I,X,Y) = A(I) + X * Y

⑤ F( ) = X * 5   !无虚参的语句函数

而以下语句函数定义语句则是非法的,应注意避免:

① BUL(I,J,K) = 3 * I ** J   !虚参 K 在表达式中没有出现

② ET(A,A) = SQRT(A * 2.0) + A   !虚参之间重名

③ SF(B) = 1.5 - SF(B)   !不允许出现递归调用

④ SB(2,X,A(2)) = X ** 2   !虚参不能为常量、数组元素

⑤ REAL AA(5); SD(AA,I) = AA(I)/5   !数组名不能作为虚参

9.2.2　语句函数的调用

语句函数一旦定义后,就可以在同一程序单元中调用它。调用的形式和调用内部函数一样,即用实参代替虚参。

一般格式为:

函数名(实参表)

实参可以是与虚参类型一致的变量、常量或表达式,实参必须有确定的值。函数按照代入的实参的值,根据定义的表达式计算出函数值。

如果函数没有虚参,一对括号不可少。如:

ST( ) = SQRT(4.586) + EXP(4.226)

在调用 ST 函数时,也必须带有括号。如:

A = ST( ) * X + Y

语句函数调用时,实参也可以是语句函数。例如:

FUN (X) = X + 1
    …
Y = FUN (FUN (A))
    …

此处的 A 必须有定义(即必须有具体的值)。

9.2.3　语句函数应用举例

【**例 9-3**】　长方体如图 9.7 所示。五组 a、b 和 h 的值如表所示,试分别求出对应的对角线长度 d。

分析:为了求 d,必须先求出上底的对角线 c,在程序中可定义求矩形对角线的语句函数 diag(x,y),五组数分别放在 a、b、h 数组中。程序编写如下:

```
        REAL A(5),B(5),H(5),D(5)
        DIAG(X,Y) = SQRT(X ** 2 + Y ** 2)
        DO I = 1,5
          READ * ,A(I),B(I),H(I)
        END DO
        DO I = 1,5
          C = DIAG(A(I),B(I))
          D(I) = DIAG(C,H(I))
        ENDDO
        PRINT 100
100     FORMAT(9X,'A',9X,'B',9X,'H',9X,'D')
        PRINT 110, (A(I),B(I),H(I),D(I),I = 1,5)
110     FORMAT (5X,4F9.3)
        END
```

组数	a	b	h
第一组	1	2	3
第二组	4	5	6
第三组	7	8	9
第四组	10	11	12
第五组	13	14	15

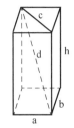

图 9.7　长方体及其尺寸表

程序运行结果如图 9.8 所示。

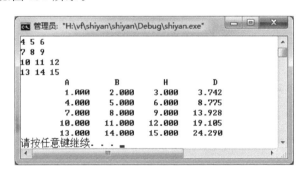

图 9.8　例 9-3 运行结果

【**例 9-4**】　编写程序,求函数 $\ln(a + \sqrt{1 + a^2})$ 在 a 点处的导数的近似值。

分析:求函数 f 在 a 点的导数可由以下差商公式给出:

$$f'(a) = \lim_{h \to 0} \frac{f(a + h) - f(a - h)}{2h}$$

其中 $h = \dfrac{1}{2^n}$,可使 n 从 0 变化到 15。当连续两次求出的两个导数值之差小于 10^{-5} 时,就可以认为得到了近似导数值。

程序中可定义两个语句函数,f(a)代表要求导数的函数,fun(a,h)代表以上差商公式。

求导数点的值放在变量 r 中。在程序中定义了一个逻辑变量 WORK,当未满足精度要求时,使 WORK 为"真";当达到精度时,使 WORK 为"假"。图 9.9 给出了算法流程图。

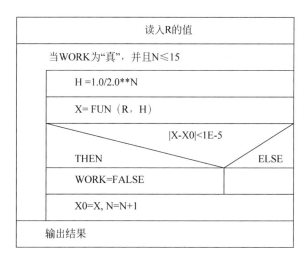

图 9.9　例 9-4 算法流程图

程序编写如下：

```
PROGRAM EXAM9_4
LOGICAL WORK
F(A) = ALOG(A + SQRT(1 + A * A))
FUN(A, H) = (F(A + H) - F(A - H))/(2.0 * H)
READ *, R
PRINT *, 'R = ', R
N = 0
X0 = 0.0
WORK = .TRUE.
DO WHILE(WORK.AND.N.LE.15)
  H = 1.0 / 2.0 ** N
  X = FUN(R, H)
  IF(ABS(X - X0).LT.1E - 5) WORK = .FALSE.
  X0 = X
  N = N + 1
ENDDO
IF(N.LE.15)THEN
 PRINT *, 'THE VALUES OF DIFFERENCE QUOTIENT IS: ', X
ELSE
 PRINT *, 'N > 15'
ENDIF
END
```

程序运行结果如图 9.10 所示。

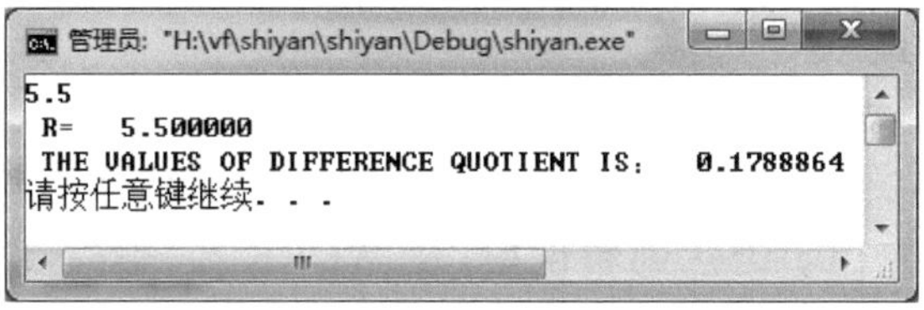

```
管理员: "H:\vf\shiyan\shiyan\Debug\shiyan.exe"
5.5
 R=  5.500000
 THE VALUES OF DIFFERENCE QUOTIENT IS:   0.1788864
请按任意键继续. . .
```

图 9.10　例 9-4 运行结果

9.3 函数子程序

语句函数只能解决一些较简单的问题,当函数关系比较复杂,用一个语句无法定义时,就需要用到函数子程序。

先来看一个实例。

【例 9-5】 求 $y = \dfrac{(1+2+3)+(1+2+3+4)+(1+2+3+4+5)}{(1+2+3+4+5+6)+(1+2+3+4+5+6+7)}$ 的值。

分析:要计算的表达式看似复杂,其实都是由等差序列的和值构成,因此,只要能分别求出每一个等差序列的和,再代入表达式计算就可以了。所以定义一个求等差序列和值的函数 $f(x)$,当 $x = 3$、4、5、6、7 时,分别求出函数值。计算公式改为:

$$y = \frac{f(3)+f(4)+f(5)}{f(6)+f(7)}$$

参考程序如下:

```
PROGRAM EXAM9_5
  N = 3
  !利用公式计算 Y 的值,公式中调用了 F 函数
  Y = (F(N) + F(N+1) + F(N+2))/(F(N+3) + F(N+4))
  PRINT *,Y
END
!定义函数子程序
FUNCTION F(X)
INTEGER X
F = 0
!通过循环求等差序列的和值
DO I = 1,X
  F = F + I
ENDDO
END
```

图 9.11 例 9-5 运行结果

程序运行结果如图 9.11 所示。

程序运行从主程序单元开始,在主程序中调用了 5 次 F 函数。

当执行到第 3 行 Y = (F(N)+F(N+1)+F(N+2))/(F(N+3)+F(N+4))时,首先需要计算 F(N)的值,程序流程从主程序转向函数子程序来求 F 的值,实参 N(N=3)和虚参 X 结合,虚参 X 获得实参 N 的值 3,通过三次求和循环后得到函数的值为 1+2+3=6,把结果 6 通过赋值语句赋给函数名 F,结束循环,遇到 END 语句后结束函数子程序的运行,程序流程返回到主程序中调用子程序的地方,由函数名 F 将值 6 返回到主程序,得到 F(N)的值为 6。

接下来遇到 F(N+1),第二次调用 F 函数子程序。将实参 N+1 和虚参 X 结合,虚参 X 获得实参 N+1 的值为 4,参与下面函数体的运算,通过 4 次循环运算,得到 F 的值为 1+2+3+4=10,遇到 END 语句后结束函数子程序的运行,程序流程返回到主程序中调用子程序的地方,由函数名 F 将值 10 返回到主程序,得到 F(N+1)的值为 10。

接下来 F(N+2)、F(N+3)、F(N+4)的运算与此完全相同,不再赘述。F(N)、F(N+1)、

F(N＋2)、F(N＋3)、F(N＋4)的值都计算得到后,再计算得到 Y 的值,并输出。

9.3.1　函数子程序的定义

通过上面的例子可以看到,函数子程序是以 FUNCTION 语句开头、以 END 语句结束的一个程序代码段,该程序段可以独立存储为一个文件,也可以和调用它的程序单元放在同一个程序文件中存储。函数子程序定义的一般格式是:

```
[类型说明符] FUNCTION 函数名(虚参表)
    函数体
END [FUNCTION [函数名]]
```

类型说明符用于说明函数名的数据类型,也就是函数值的类型。函数名的命名规则与变量名的命名规则相同,遵循标识符规则。虚参可以是简单变量和数组名,但不能是常数、数组元素和表达式。

函数子程序定义时应注意以下问题。

(1) 对函数名的数据类型说明,既可以放置在子程序类型说明关键字 FUNCTION 之前,也可以放置在函数体的最前面。下面两种定义方法是等效的。

① `INTEGER FUNCTION F(X1,X2)`
    函数体
　　`END`

② `FUNCTION F(X1,X2)`
　　`INTEGER F`
    函数体
　　`END`

上述两种定义方法都说明 F 是一个整型函数,当未使用类型说明符定义函数类型时,函数值的类型遵守 I-N 规则。

(2) 函数不能有同名的虚参。虚参的类型可以在函数体中进行说明,没有说明时,虚参的类型遵守 I-N 规则。

(3) 函数体中至少要有一个给函数名赋值的语句(如例 9-5 函数子程序中的第 3、5 行)。给函数名赋值的语句格式是:

　　函数名 = 表达式

注意,这里不能在函数名后带上圆括号。

(4) 函数子程序的定义并不一定要放在程序代码的最开始,可以放在程序中的任意位置,程序单元之间彼此独立。

(5) 若函数没有虚参,在定义函数子程序时,函数名后面的一对括号可以省略,但调用时不可以省略。

【例 9-6】 编写一个求解一维数组指定范围内所有数组元素之和的子程序。

分析:编写程序时需要明确数组的类型,鉴于实型数据较整形数据的应用范围大,这里采用实型。数组范围可通过起始数组元素和终止数组元素的下标反映,这里采用整形变量 M 和 N 分别记录起始、终止位置。数组的长度可由主调程序单元来确定,子程序中使用可调数组的形式,这里采用整形变量 K 表示数组的长度。题目的运算结果只有一个,故可采用具有 4 个虚参的函数子程序处理上述问题。

子程序编写如下：

```
REAL FUNCTION SUM_ARRAY(A,K,M,N)
REAL A(K)
INTEGER K,M,N,I
SUM_ARRAY = 0.0
DO I = M,N
SUM_ARRAY = SUM_ARRAY + A(I)
ENDDO
END
```

本题目虽然只要求编写子程序，但由于子程序不能独立运行，其功能是否正确还必须通过编写主程序调用才能知道，因此需要设计验证算例。这里以"求解长度为 10 的一维实型数组从第 2 个到第 8 个所有数组元素的和""求解长度为 6 的一维实型数组从第 1 个到第 3 个所有数组元素的和"为验证算例，编写主程序如下：

```
PROGRAM YANZHENG
REAL AA(10),BB(6)
AA = (/1.0,2.0,3.0,4.0,5.0,6.0,7.0,8.0,9.0,10.0/)
BB = (/1.0,2.0,3.0,4.0,5.0,6.0/)
PRINT * ,SUM_ARRAY(AA,10,2,8)
PRINT * ,SUM_ARRAY(BB,6,1,3)
END
```

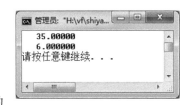

图 9.12　例 9-6 运行结果

验证程序运行结果如图 9.12 所示，结果表明所编写的子程序正确实现了题目要求的功能。

9.3.2　函数子程序的调用

定义函数子程序的目的是为了在程序中调用。不仅主程序可以调用函数子程序，函数子程序也可以调用其他子程序，甚至于调用自身（递归调用）。调用程序称为主调程序单元，而被调用的子程序称为被调程序单元。调用函数子程序的方法和调用标准函数、语句函数的方法基本相同。

函数子程序调用的一般格式为：

函数名(实参列表)

注意：

(1) 调用时用实参代替虚参，实参和虚参的数据类型要一致，实参可以是常量、变量、表达式、数组名、数组元素和过程名（子程序名）等。

(2) 主调程序单元的变量不能与函数子程序同名，但可以和函数子程序中的变量同名。子程序单元独立地拥有属于自己的变量说明，因此不同程序单元的变量彼此是不相关的。

(3) 函数值的类型由函数子程序定义单元决定，与调用程序单元无关。当函数名的类型不满足 I-N 规则时，应在调用程序单元对函数名的类型做出说明，否则会出现类型不匹配的错误。

将例 9-6 的子程序修改为：

```
REAL FUNCTION INT_ARRAY(A,K,M,N) !改变了函数名,起始字符 I
REAL A(K)
INTEGER K,M,N,I
INT_ARRAY = 0.0
DO I = M,N
INT_ARRAY = INT_ARRAY + A(I)
ENDDO
END
```

将例 9-6 的主程序修改为：

```
PROGRAM YANZHENG
REAL AA(10),BB(6)
!REAL INT_ARRAY    去掉注释符"!"后错误会消除
AA = (/1.0,2.0,3.0,4.0,5.0,6.0,7.0,8.0,9.0,10.0/)
BB = (/1.0,2.0,3.0,4.0,5.0,6.0/)
PRINT *,INT_ARRAY(AA,10,2,8)
PRINT *,INT_ARRAY(BB,6,1,3)
END
```

调试程序时会出现如下错误提示：

错误 1 error #7977: The type of the function reference does not match the type of the function definition. [INT_ARRAY]

去掉上面主程序第 3 行的注释符,也就是对 INT_ARRAY 函数说明其类型为实型后,编号 7977 的错误就会消除,获得与例 9-6 相同的运行结果。

(4) 不能调用一个没有定义的函数子程序。

(5) 调用无参函数时,主调程序单元中函数名后面的括号不可省略,否则该函数名不能被识别为函数名,只能被识别为变量。例如：

```
REAL FUNCTION F; F = 5; END     !定义了无参函数 F
PROGRAM ZHU1;PRINT *,F(); END   !程序运行结果 5.0
PROGRAM ZHU2;PRINT *,F; END     !程序运行结果是一个随机数 - 1.0737418E + 08,F 被视为实型变
                                  量,不存在函数的调用
```

【例 9-7】 用函数子程序编写一个判断素数的程序,在主程序中输入一个整数,输出其是否是素数的信息。

分析：如何判断一个数是否是素数在前面已讲解过,这里设计一个 CHECKPRIME(N) 函数,负责检查输入的整数是否素数。如果是,该函数返回.TRUE.,否则返回.FALSE.。

程序编写如下：

```
PROGRAM EXAM9_7
LOGICAL CHECKPRIME                  !说明要调用的 CHECKPRIME 函数为逻辑型
PRINT *,"请输入一个正整数:"
READ *,N
IF(CHECKPRIME(N)) THEN
  PRINT *,N,"是素数"
ELSE
```

```
    PRINT * ,N,"不是素数"
ENDIF
END


LOGICAL FUNCTION CHECKPRIME(M)        !定义函数子程序 CHECKPRIME 为逻辑型
CHECKPRIME = .FALSE.
J = SQRT(1.0 * M)
DO I = 2,J
IF(MOD(M,I) == 0)RETURN               !有被整除的因子,非素数,返回到主调程序单元.此
                                      !时函数值为.FALSE.

ENDDO
CHECKPRIME = .TRUE.                    !没有被整除的因子,是素数,函数值置为.TRUE.
END
```

说明：子程序中 RETURN 语句的作用是结束子程序，返回到主调程序。

程序运行结果如图 9.13 所示。

图 9.13　例 9-7 运行结果

9.4　子例行子程序

　　除了函数子程序外，FORTRAN 子程序还有一种子例行子程序（SUBROUTINE）。函数子程序和子例行子程序都是子程序单元，两者的区别在于：函数子程序的名字代表一个值，函数返回值存放在函数名中，函数名是函数值的体现者，因此对函数名要做类型说明；而子例行子程序的名字不代表一个具体的值，只是提供调用时的一个识别符号，因此需要类型说明。子例行子程序被调用时运算得到的结果若要返回给主调程序单元，并不是由子程序名返回给主调程序单元，而是通过实参与虚参的"虚实结合"返回给主调程序单元。从使用上来说，在解决一个问题时，函数子程序和子例行子程序是可以相互替代的，一般是根据所要完成任务的特点来选择其一。

　　在 9.1 节我们已经对子例行子程序有了一些认识，下面再来看一个子例行子程序和调用子例行子程序的例子，它的作用与例 9-5 的 F 函数一样，用来求出等差序列的和值。在子例行子程序中，将所求得的和值放在变量 S 中，由于虚参 S 分别与实参 F3、F4、F5、F6、F7 对应，因此，主程序单元中的 F3、F4、F5、F6、F7 就会得到相应的值。

【例 9-8】　用子例行子程序编写程序，求解例 9-5。

程序编写如下：

```
PROGRAM EXAM9_8
CALL F(3,F3)                          !调用子例行子程序 F,得到值 F3
CALL F(4,F4)
CALL F(5,F5)
```

```
CALL F(6,F6)
CALL F(7,F7)
Y = (F3 + F4 + F5)/(F6 + F7)
PRINT *,Y
END

SUBROUTINE F(N,S)                    !子例行子程序
S = 0
DO I = 1,N
  S = S + I                          !累加求和,和值放在虚参变量 S 中
ENDDO
END
```

图 9.14　例 9-8 运行结果

程序运行结果如图 9.14 所示,与图 9.11 完全相同。

程序中子例行子程序 F 通过 CALL 语句被调用了 5 次,每一次会计算出一个和值,存放在虚参变量 S 中,通过虚实结合传递给相应的实参变量。

9.4.1　子例行子程序的定义

子例行子程序必须以 SUBROUTINE 语句开头,以 END 语句结束。

子例行子程序定义的一般格式是:

SUBROUTINE 子例行子程序名(虚参表)
　　程序体
END [SUBROUTINE [子例行子程序名]]

子例行子程序名的命名规则和变量名相同,只是用来表示一个子例行子程序,不代表任何值。

虚参可以是变量或数组名等,但不能是数组元素、常数、表达式。虚参是子例行子程序与主调程序单元之间进行数据传递的主要渠道,当虚参多于一个时,彼此间用逗号隔开。没有虚参时,子例行子程序名后的一对圆括号可以省略。

在子程序体的代码中,不能对子例行子程序的名字赋值。

9.4.2　子例行子程序的调用

子例行子程序调用的一般格式为:

CALL 子例行子程序名(实参表)

子例行子程序的调用必须用一个独立的 CALL 语句来实现。

当子例行子程序没有虚参时,调用格式如下:

CALL 子例行子程序名

注意,此时子例行子程序名后面没有一对圆括号,这一点与无参函数子程序的情况不同,具体例子参见例 9-1。

子例行子程序调用的其他注意事项和函数子程序的调用相同。

下面通过两个实例来进一步了解子例行子程序的定义和调用,以及它与函数子程序的

相同点与不同点。

【例 9-9】　利用子例行子程序编写程序,求 S＝S1＋S2＋S3＋S4 的值,其中:

$$S1 = 1 + \frac{1}{2} + \frac{1}{3} + \cdots + \frac{1}{50}$$

$$S2 = 1 + \frac{1}{2} + \frac{1}{3} + \cdots + \frac{1}{100}$$

$$S3 = 1 + \frac{1}{2} + \frac{1}{3} + \cdots + \frac{1}{150}$$

$$S4 = 1 + \frac{1}{2} + \frac{1}{3} + \cdots + \frac{1}{200}$$

分析:观察 S1、S2、S3 和 S4 的表达式可以发现,它们的共同点是级数求和,且级数的一般项一样,不同点仅是级数的项数不一样。为了解决这个问题,可以定义一个子例行子程序,用于求 $\sum\limits_{i=1}^{n} \frac{1}{i}$ 的值,然后通过调用子例行子程序求得 S1、S2、S3 和 S4 的值,再去求 S 值。

程序编写如下:

```
SUBROUTINE FCOUNT(N,S)
S = 0
DO I = 1,N
 S = S + 1.0/I          !注意整型数运算的结果为整型,这里显然需要的是实数
ENDDO
END


PROGRAM EXAM9_9
CALL FCOUNT(50,S1)
CALL FCOUNT(100,S2)
CALL FCOUNT(150,S3)
CALL FCOUNT(200,S4)
S = S1 + S2 + S3 + S4
PRINT *,"S = ",S
END
```

图 9.15　例 9-9 运行结果

程序运行结果如图 9.15 所示。

【例 9-10】　定义一个冒泡排序的子例行子程序,在主程序单元中调用该子程序,对一个包含有 10 个整型元素的数组按升序排序。

分析:排序方法已在第 8 章中做过详细介绍,这里只需要将前文中主程序形式改写成子程序形式即可。调试程序时对数组赋值是一件比较枯燥乏味的事,利用标准函数 RAN(ISEED)可减轻工作量。RAN(ISEED)函数的功能是产生(0,1)区间内的一个随机数,其中整型形参 ISEED 称为随机数的“种子”,每次运行时给定的“种子”不同,产生的随机数就会不同,每调用 RAN(ISEED)函数一次,种子 ISEED 会自动更新。本问题需要给一个长度为 10 的一维整型数组赋值,故不仅需要调用 RAN 函数 10 次,而且还需要将获得的随机数放大后取整。INT(RAN(ISEED) * 100)会产生(0,100)区间内的随机整数。

程序编写如下：

```
PROGRAM EXAM9_10
PARAMETER (N = 10)
INTEGER A(N)
READ *,ISEED !ISEED 为整型类型
DO I = 1,N
 A(I) = INT(RAN(ISEED) * 100)
ENDDO
PRINT *,"排序前的数组："
PRINT "(<N>I4)",(A(I),I = 1,N)
CALL SORT(N,A)
PRINT *,"排序后的数组："
PRINT "(<N>I4)",(A(I),I = 1,N)
END
SUBROUTINE SORT(N,A)
INTEGER A(N),T
DO I = 1,N - 1
 DO J = 1,N - I
   IF(A(J)>A(J + 1))THEN
     T = A(J)
     A(J) = A(J + 1)
     A(J + 1) = T
   ENDIF
 ENDDO
ENDDO
END
```

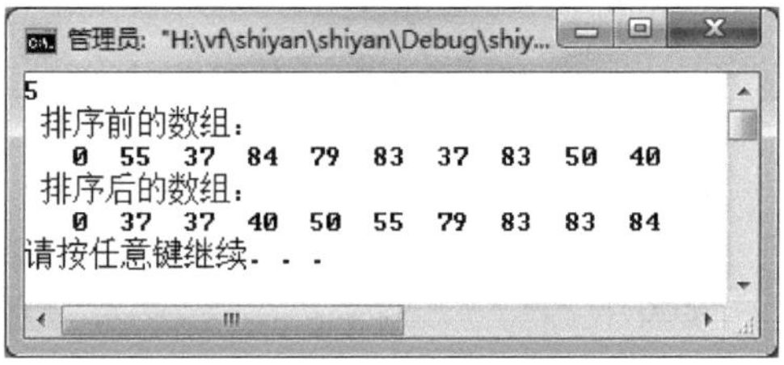

图 9.16　例 9-10 运行结果

程序运行结果如图 9.16 所示。

通过上面的例子可以看出以下两点。

（1）子例行子程序可以放在程序中的任意位置，程序单元之间彼此独立。

（2）子例行子程序和函数子程序在使用上可以相互替代。一般地，当要求子程序单元有一个返回值时，选择函数子程序比较方便，当子程序没有返回值或返回值个数不止一个时，选择子例行子程序更为方便。

9.5　程序单元之间的数据传递：虚实结合

到目前为止，我们已对 FORTRAN 的函数子程序和子例行子程序的结构和调用有了初步了解。本节将进一步对主程序与子程序参数的虚实结合进行讨论。在后面的讨论中，除了特别声明，我们用"子程序"来统称函数子程序和子例行子程序。

对子程序的调用，一开始首先是在虚参和实参之间按位置一一对应，实现虚实结合，也就是说，第 1 个实参与第 1 个虚参结合，第 2 个实参与第 2 个虚参结合，……。最重要的一点是虚参和实参的数据类型要匹配，参数类型如果不匹配会发生错误。

FORTRAN 的虚实结合是采用按地址传递的方式实现的。意思是指，在调用子程序时，实参将它所对应的内存单元地址传递给虚参，这时，虚参和实参会使用相同的内存单元来存储数据。

例如,当下面的 CALL 语句执行时:

```
主调程序              子程序
…                     SUBROUTINE SUB(IM)
CALL   SUB(N)         …
```

实参变量 N 的地址成为虚参变量 IM 的地址。即在虚实结合期间,IM 和 N 实际上共享同一个存储单元,如图 9.17。这种通过传送地址的方式实现的虚实结合就称为按地址结合。因此在调用 SUB 子程序的过程中,虚参 IM 值的改变也就相当于改变了实参 N 的值。这就是为什么对应虚、实参的类型必须相同的原因。当退出子程序、返回主程序后,这种实参与虚参间的结合自动解除,IM 又重新变成无定义状态,而 N 的值就是在子程序执行中最后一次对 IM 所赋的值,从表面上看就好像把 IM 的值传送给了主程序中的 N。

图 9.17 虚实结合时虚参与实参共享一个存储单元

下面具体讨论参数虚实结合的方法。

9.5.1 简单变量作为虚参时的虚实结合

虚参是变量名时,对应的实参可以是同一类型的变量、数组元素、表达式或常数。

1. 虚参为简单变量,对应的实参为数组元素和变量

虚实结合时,实参将自身内存地址传送给子程序中相对应的虚参,使之成为相对应虚参的地址。对应的虚参和实参共用同一个存储单元,虚参的值发生改变时,对应实参的值也随之改变。

例如:

```
INTEGER A, C(3)
DATA C/3 * 0/
A = 100
CALL SUB(A,C(2))
PRINT * , 'A = ', A, 'C(2) = ',C(2)
END

SUBROUTINE SUB(X,A)
INTEGER X,A
A = 2 * X
X = 2 * A
END
```

程序运行结果如图 9.18 所示,程序运行过程如图 9.19 所示。

图 9.18 示例运行结果

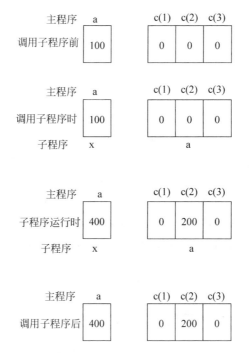

图 9.19   数组元素和变量作为实参时的程序运行过程

2. 虚参是简单变量,对应的实参是表达式或常量

当实参是表达式或常量时,先对表达式求值,然后把求得的值或常量值放在一临时存储单元中,进行虚实结合。这种情况下,运行子程序的过程中,对应虚参改变时,此临时地址中的内容也作相应改变,这将与常量或表达式值产生冲突。因此 FORTRAN 语言规定:**子程序中与表达式(或常量)实参对应的虚参只能被引用,不能被赋值**。否则会出现语法错误。

3. 虚参和实参是字符型变量

虚参的长度定义应当遵循以下两条规则之一。

(1)虚参字符型变量的长度定义必须小于等于对应实参变量的长度。

(2)虚参字符型变量的长度可用(*)来定义,表示长度不定。当调用子程序时,具有不定长度的虚参变量自动定义成为与对应实参具有同样的长度。例如:

```
PROGRAM MAIN                      SUBROUTINE SUB(CH)
CHARACTER STR1 * 8, STR2 * 40      CHARACTER * ( * )CH
    …                                  …
CALL SUB(STR1)
CALL SUB(STR2)                    END
    …

END
```

在子程序 SUB 中虚参 CH 为不定长字符串变量,当主程序第一次调用 SUB 子程序时,由于实参 STR1 的长度为 8,因此虚参 CH 的长度也为 8。当主程序第二次调用 SUB 子程序时,由于实参 STR2 的长度为 40,因此虚参 CH 的长度也为 40。由此可以看到,将字符型虚参变量定义成不定长,会使子程序更具通用性。

9.5.2 数组作为虚参时的虚实结合

虚参是数组名时,则对应的实参必须是数组名或数组元素。以下将区分各种情况加以说明。

1. 虚参和实参数组是数值类型或逻辑类型

在调用子程序时,两个数组按地址结合,即把实参组的第 1 个元素的地址传送给子程序对应虚参数组,作为其第 1 个元素的地址,从而使它们共用一个存储单元,并且虚参数组的其余元素将与该实参数组元素后的其他元素按排列顺序一一对应结合。

例如,有下面的调用和被调用程序语句:

```
INTEGER A (2: 10)          SUBROUTINE SUB(B)
      …                       INTEGER B( - 5: 5)
CALL  SUB(A)                    …
      …                          …
```

图 9.20 给出了一维实参数组和虚参数组的虚实结合示意图。

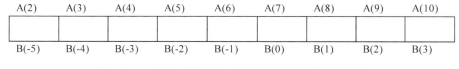

图 9.20 一维实参数组和虚参数组的虚实结合示意图

上面的子例行子程序中对 B 数组的定义还可以改写如下:

```
INTEGER A(2:10)          SUBROUTINE SUB(B)
      …                     INTEGER B( - 5: * )
CALL  SUB(A)                  …
```

此时 A 和 B 虚实结合的情况与图 9.20 所示完全相同。

在子程序中可以用 * 号作为虚参数组的数组说明符中最后一维的维下标上界。它的作用是可以使所定义的虚参数组的大小和与之对应的实参数组的大小完全相同,也就是说,当子程序被调用时,虚参数组的大小是假定的,假定它与所对应的实参数组大小相同。这种带有 * 号的数组说明符称为假定大小的数组说明符,只能在子程序中对虚参数组使用。

当与虚参数组对应的实参是数组元素,在实现虚实结合时,该数组元素把其地址传送给子程序相应位置的虚参数组,并作为该虚参数组中第一个数组元素的地址,从而实现两个数组元素之间的虚实结合,然后实参数组的下一个数组元素与虚参数组中的第二个数组元素结合,其余元素以此类推。图 9.21 给出了下面程序语句所实现的虚实结合情况。

```
REAL  A (10)          SUBROUTINE  SUB(B)
      …                    DIMENSION  B(0:5)
CALL  SUB(A (4))             …
      …
```

A(1)	A(2)	A(3)	A(4)	A(5)	A(6)	A(7)	A(8)	A(9)	A(10)

B(0)　B(1)　B(2)　B(3)　B(4)　B(5)

图 9.21　实参为数组元素时虚实结合示意图

图 9.22 给出了维数不同情况下虚参数组和实参数组结合的示意图。

```
PROGRAM MAIN
DIMENSION A(2,4)
    …
CALL    SUB(A)
    …
END
SUBROUTINE SUB(B)
DIMENSION B(6)
    …
END
```

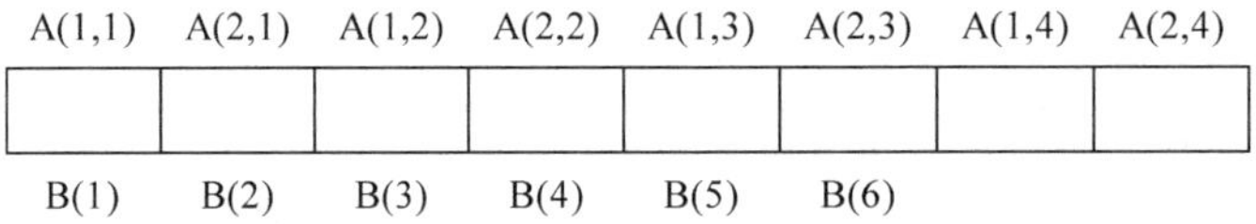

A(1,1)　A(2,1)　A(1,2)　A(2,2)　A(1,3)　A(2,3)　A(1,4)　A(2,4)

B(1)　B(2)　B(3)　B(4)　B(5)　B(6)

图 9.22　维数不同时虚参数组和实参数组的虚实结合示意图

图 9.23 给出了实、虚参数组维数相同但大小不同时的虚实结合情况。

```
PROGRAM MAIN
DIMENSION A(3,3)
…
CALL    SUB(A)
…

END

SUBROUTINE SUB(B)
DIMENSION B(2,2)
…
END
```

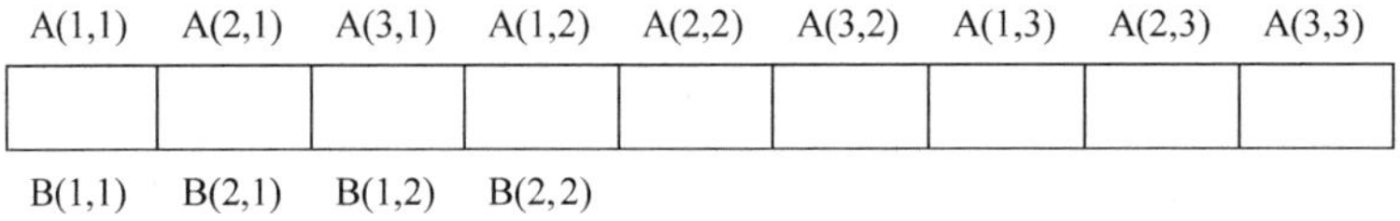

A(1,1)　A(2,1)　A(3,1)　A(1,2)　A(2,2)　A(3,2)　A(1,3)　A(2,3)　A(3,3)

B(1,1)　B(2,1)　B(1,2)　B(2,2)

图 9.23　实、虚参数组维数相同但大小不同时的虚实结合示意图

　　注意：在子程序中说明虚参数组时，它的元素个数必须小于等于对应实参数组中元素的个数，即虚参数组的最后一个元素必须落在实参数组的范围中，否则会出现错误。如图 9.24 所示，虚参数组的元素已超出对应实参数组的范围，将引起运行错误。

```
PROGRAM MAIN
DIMENSION A(6)
      …
CALL  SUB(A(3))
      …
END

SUBROUTINE SUB(B)
DIMENSION  B(6)
      …
END
```

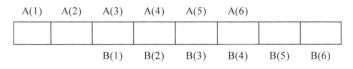

图 9.24　实参为数组元素时的虚实结合示意图

虽然虚实结合的数组允许维数不同、下标的上下界不同,但在这种情况下由于对应元素使用的下标完全不同,使得程序很难读懂,也很容易造成一些隐蔽的错误,因此应该尽量避免出现这种情况。

2. 虚参和实参是字符型数组

这时,虚参和实参数组不是按数组元素的顺序一一对应结合,而是按字符位置一一对应结合。虚参数组中允许的字符总数必须小于等于实参数组中允许的字符总数。在此条件下,实、虚数组的维数可以不同,下标的上、下界可以不同,数组元素的字符长度也可以不同。图 9.25 给出了虚参和实参为字符型数组时虚实结合的示意图。

```
PROGRAM MAIN
CHARACTER * 4 B(6)
      …
CALL  SUB(B)
      …

END

SUBROUTINE SUB(C)
CHARACTER * 5 C(4)
      …
END
```

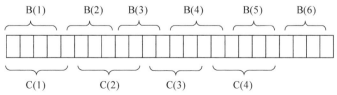

图 9.25　实参与虚参为字符数组时的虚实结合示意图

通常,除非特殊需要,虚参字符数组元素的长度应该与对应实参相同,这样的程序不仅可读性好,而且易于调试检查。

与虚参字符数组对应的实参也可以是一个字符型数组元素,虚参字符数组的第一个字符与该数组元素的第一个字符结合,以此类推,只是虚参字符数组中最后一个字符必须落在对应实参数组的范围内。

3. 虚参是可调数组

在子程序中定义数组时,允许用变量来定义各维下标的上、下界,这种在子程序中用变量来定义各维下标的上下界的数组称为可调数组。在子程序中,允许虚参是可调数组。可调数组的使用大大提高了子程序的通用性和灵活性。读者在了解数组虚实结合情况的基础上,应该充分利用可调数组这一强有力的工具来进行程序设计。

【例 9-11】 设计一个子程序,求任意矩阵的转置矩阵。

分析:设计一个子例行子程序 TRAN(A,B,M,N),将矩阵 A 转置后放入矩阵 B,其中 M、N 是矩阵 A 的行数和列数。

程序编写如下:

```
PROGRAM EXAM9_11
PARAMETER(M = 3, N = 4)
INTEGER A(M,N),B(N,M)
PRINT *,"输入一个 3 * 4 的矩阵: "
DO I = 1,M
 READ *,(A(I,J),J = 1,N)
ENDDO
CALL TRAN(A,B,M,N)
PRINT *, "转置后的矩阵"
DO I = 1,N
 PRINT *,(B(I,J),J = 1,M)
ENDDO
END

SUBROUTINE TRAN(A,B,M,N)
INTEGER A(M,N),B(N,M)
DO I = 1,M
 DO J = 1,N
   B(J,I) = A(I,J)
 ENDDO
ENDDO
END
```

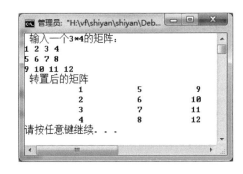

图 9.26 例 9-11 运行结果

程序运行结果如图 9.26 所示。

子程序中虚参数组 A 和 B 是由变量 M、N 定义的,所以 A、B 为可调数组。例 9-10 中的虚参数组也是可调数组。

使用可调数组应遵循以下原则。

(1) 可调数组名必须是虚参。

(2) 可调数组中每一维的上、下界可以是整型虚参变量,其值通过对应的实参传递过来;也可以是公用区中的变量(公用区变量将在后面讲到)。为了使程序清晰易读,建议采用虚参变量来说明可调数组的上、下界而不用公用区变量。

（3）只能在子程序中使用可调数组，而且对于那些只是在子程序中局部使用的（而非通过虚实结合传递的）数组也不允许是可调的。

9.5.3 子程序名作为虚参时的虚实结合

在 FORTRAN 中，除了可以传递变量、数组和字符外，还可以将函数名和子例行子程序名传递给虚参。FORTRAN 编译程序完全根据某个虚参名字在子程序中出现时的上下文关系来确定它是函数名还是子例行子程序名。函数名在必要时应该进行类型说明。

【例 9-12】 分别调用函数 FUNC（自定义函数子程序）和 SIN（标准函数）求解函数值。

程序编写如下：

```
PROGRAM EXAM9_12
EXTERNAL FUNC
INTRINSIC SIN
CALL EXF(FUNC)
CALL EXF(SIN)
END


SUBROUTINE EXF(F)
PRINT *, F(1.0)
END


FUNCTION FUNC(X)
FUNC = X ** 3 + 2 * X + 4
END
```

程序运行结果如图 9.27 所示。执行程序后会得到 FUNC (1.0) 和 SIN(1.0) 的值。

主程序的第 2 行使用了 EXTERNAL 语句，这是用来说明 FUNC 是一个自定义的外部函数子程序名，而不是一个变量。第 3 行的 INTRINSIC 是用来说明 SIN 是 FORTRAN 的标准函数，而不是变量。程序中的 EXTERNAL 和 INTRINSIC 都不能省略，因为在这里要把函数名称当作参数进行传递。如果只是调用函数

图 9.27 例 9-12 运行结果

来进行计算，而不需要进行虚实结合的话，说明 FUNC 的 EXTERNAL 语句可以省略；而在符合 I-N 规则时，说明语句可以省略，说明 SIN 是内部函数的这一行则可以完全省略。

主程序第 4、5 行执行了两次调用子程序 EXF，分别把自定义函数子程序 FUNC 和标准函数 SIN 进行传递。

子程序 EXF 中会执行传递过来的函数。第一次调用传递过来的是 FUNC 函数，子程序中虚参 F 和 FUNC 函数名结合，在子程序中执行语句"PRINT *, F(1.0)"，就是执行"PRINT *, FUNC(1.0)"，因此输出的是 FUNC(1.0) 的值。

第二次调用传递的是 SIN 函数，所以输出的是 SIN(1.0) 的值。

实参是子程序名时要注意以下几点。

（1）EXTERNAL 语句和 INTRINSIC 语句都是说明语句，它们用来说明本程序单元中

哪些名字是用户自定义子程序名或标准函数名。在主调程序单元的调用中,实参是子程序名时,必须对实参进行说明。在 INTRINSIC 语句中说明的名字必须是 FORTRAN 中合法的标准函数名,在 EXTERNAL 语句中说明的名字必须代表本程序中确实存在的子程序名。

（2）虚参是子程序名,不需要对它们用 EXTERNAL 语句和 INTRINSIC 语句说明。

（3）在子程序虚参中出现的函数名或子例行子程序名只是起形式上的作用,实际不存在,必须通过实参将子程序名传递过来。

9.5.4 星号(＊)作为虚参

当虚参表中出现一个 ＊ 时,对应的实参应该是一个冠有 ＊ 的语句标号。

例如:

```
        PROGRAM MAIN            SUBROUTINE EXAM(A, *, *)
        ...                         IF( ... )THEN
120     X = X1 + X2                     ...
        ...                         RETURN 1
        CALL EXAM(X, * 120, * 140)  ELSE IF( ... )THEN
        ...                             ...
140     ...                         RETURN2
        END                         END IF
                                        ...
                                    END
```

在 CALL EXAM(X, ＊120, ＊140)语句中,与虚参第一个 ＊ 对应的语句标号为 120,与虚参第二个 ＊ 对应的语句标号为 140。在执行 EXAM 子例行子程序时,如果遇到 END 语句,执行的流程将按正常情况返回到调用语句的后继语句去继续执行。当遇到 RETURN1 语句时,执行的流程返回主程序并跳到与第一个 ＊ 对应的语句标号 120 去继续执行。当遇到 RETURN2 语句时,执行的流程返回主程序并跳到与第二个 ＊ 对应的语句标号 140 去继续执行。

用 ＊ 作为虚参将使子程序有一个入口而有多个出口,这种返回方式不符合结构化程序设计的要求,因此除非特殊需要,一般不主张采用。

9.5.5 子程序中变量的生存周期

子程序中用到的所有变量在被调用前通常都没有确定的存储单元,我们称这些变量在子程序没有被调用时是无定义的。每当子程序被调用时,会临时给子程序的变量分配存储单元,而在退出子程序时这些存储单元会被释放并重新分配另作他用,因此与之对应的变量的值都不被保留。在下一次进入子程序时,给这些变量分配的可能会是另外的存储单元(与上一次调用时分配的存储单元可能不同),上次调用时的值已经不复存在。这说明在子程序中的变量的生存时间只有在这个子程序被调用执行的这一段时间。

在子程序中可以通过 SAVE 语句来改变变量的生存时间,延长变量的生存周期,保留变量中所保存的数据。这些变量可以永久记住上一次子程序被调用时所设置的数值,直到整个程序执行完成。

【例 9-13】 改变变量的存储周期。

```
PROGRAM EXAM9_13
DO I = 1,3
 CALL SUB( )
ENDDO
END


SUBROUTINE SUB( )
INTEGER:: A = 1
SAVE A
PRINT *,A
A = A + 1
END
```

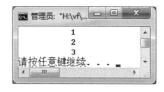

图 9.28 例 9-13 运行结果

程序运行结果如图 9.28 所示。

在子程序中用 SAVE 语句改变了变量 A 的生存周期,将 A 的生存周期延长到整个程序的执行过程。每次调用 SUB 时,A 都会记得上一次被调用时所留下来的值。

这里要注意,变量 A 的初值只设置一次,并不是每次调用子程序 SUB 时都会重新设置。

在 FORTRAN 中,可以将 SAVE 和类型说明语句写在一行,即可以写成:

```
INTEGER,SAVE : : A = 1
```

注意:FORTRAN 标准并没有强制规定,没有使用 SAVE 的变量就不能永远记住它的数值。它只是规定加 SAVE 的变量生存周期是整个程序的执行周期。事实上 Visual Fortran 编译器不管说明中有没有加 SAVE,都会让变量永远记住数值。不过为确保程序的正确性,增加代码的可移植性,在需要的地方还是要加上 SAVE 语句。

9.6 特殊的子程序类型

9.6.1 递归子程序

想必大家都听过这样一个故事,从前有座山,山上有座庙,庙里有个老和尚,老和尚给小和尚讲故事,故事的内容是从前有座山,山上有座庙,庙里有个老和尚,老和尚给小和尚讲故事,故事的内容是从前有座山,山上有座庙,……。这个故事没完没了地重复着,直到讲故事的人烦了、累了才会停下来。这个故事就是一个典型的递归的例子,故事中直接调用了故事本身,从而使得这个故事永无止境地扩展下去。

实际上,递归是一种很有用的数学思想,可以使一些无穷概念的处理更为简单,如阶乘 "n!=n*(n−1)!"(在定义 n!时调用了(n−1)!)、斐波纳契数列"f(n)=f(n−1)+f(n−2)"(在定义数列第 n 项时调用了第 n−1 项和第 n−2 项)等。

在程序设计中,所谓递归,就是指程序在运行过程中直接或间接调用自身而产生的重入现象。这种"自己调用自己"一定要存在一个停止条件(即递归终止条件),否则就会因陷入永不停息的死循环而死机。比如在老和尚讲故事中,递归的终止条件就是"讲故事的人烦了、累了";在阶乘的递归定义中,递归的终止条件就是"n=0 或 n=1";在斐波纳契数列的递归定义中,递归的终止条件就是"n＝1 或 n＝2"。它们之所以成为递归终止的条件,是因为在这些条件处所遇问题有确定的解。

一般来说,能够用递归解决的问题应该满足以下三个条件。

(1) 需要解决的问题可以化为一个或多个子问题来求解,而这些子问题的求解方法与原来问题的求解方法完全相同,只是在数量规模上不同。

(2) 递归调用的次数必须是有限的。

(3) 必须有结束递归的条件来终止递归。

采用编程方式解决递归问题就一定要找出所遇问题的递归公式和递归终止条件。例如,在阶乘运算公式

$$n! = \begin{cases} 1 & n = 0,1 \\ n*(n-1)! & n > 1 \end{cases}$$

中,"n!＝n＊(n－1)!"给出了阶乘问题的递归公式,"n＝1 或 n＝0"给出了递推运算停止的条件。

递归运算实际上包括两个过程:递推过程和回归过程。

以 5 的阶乘为例,要计算 5!,就得知道 4!,要计算 4!,就得知道 3!,……,要计算 2!,就得知道 1!,这个过程就是递归问题中的递推过程。当递推到 1!时,遇到递推终止条件"n＝1",因为 1!＝1,运算结果已知,无须再往下推。此后进入回归过程,从 1!回归到 2!(2!＝2＊1!＝2),从 2!回归到 3!(3!＝3＊2!＝6),……,直至回归到当前求解问题的位置 5!(5!＝5＊4!＝5＊24＝120)。

处理递归问题的子程序称为递归子程序。从 FORTRAN90 开始,FORTRAN 程序设计语言支持递归子程序功能。FORTRAN 的递归子程序有两种,即递归函数子程序和递归子例行子程序。

递归函数的一般形式如下:

```
                    ———————加上 RECURSIVE 的函数才能进行递归调用
    │
    ▼
RECURSIVE  FUNCTION 函数名([形参表]) RESULT(函数结果名)
    …                                ▲
    调用该函数本身         使用另外一个变量设置函数的返回值
    …
END [FUNCTION [函数名]]
```

递归子例行子程序的一般形式如下:

```
                    ———————有 RECURSIVE 的子例行子程序才能进行递归调用
    │
    ▼
RECURSIVE SUBROUTINE 子程序名 ([形参表])
    …
    调用该子程序本身
    …
END [SUBROUTINE [子程序名]]
```

前面曾用循环结构编写过阶乘运算的程序,下面分别采用递归函数子程序和递归子例行子程序进行编写。

【例 9-14】 利用递归函数子程序计算 $N!$。

分析：$N!$可定义为递归公式

$$N! = \begin{cases} 1 & N = 0,1 \\ N*(N-1)! & N > 1 \end{cases}$$

定义一个求阶乘的函数 FACTORIAL，调用 FACTORIAL 函数来求 $N!$。当 N>1 时，根据公式只要再调用函数 FACTORIAL，求出(N-1)!就可以得到计算结果，这样就会产生递归调用过程，因此需要定义递归函数子程序。

参考程序如下：

```
PROGRAM EXAM9_14
READ *,N
PRINT *, FACTORIAL(N)
END

RECURSIVE FUNCTION FACTORIAL(N) RESULT(FAC)
INTEGER N
IF(N<0) THEN
    FAC = -1                        !N 值不合理
ELSE IF(N==1.OR.N==0) THEN
    FAC = 1
ELSE
    FAC = N * FACTORIAL(N-1)        !调用正在定义的子程序
END IF
END
```

程序运行结果如图 9.29 所示。

通过上面的程序可以看到，主程序部分没有什么特别功能，只是用来调用 FACTORIAL 函数。函数 FACTORIAL 的开头用关键字 RECURSIVE 来说明该子程序可以递归调用。

程序中用 FAC 来存放函数的中间结果，它的类型与函数名类型相同。在退出函数子程序、返回到调用程序单元之

图 9.29 例 9-14 运行结果

前，FORTRAN 会自动将该变量的值赋值给函数名，即将 FAC 的值赋值给函数名 FACTORIAL。对于每一个用户自定义函数，FORTRAN 都允许用户通过 RESULT 来改用另一个变量设置返回值，当然这通常没有意义，一般也不这样做。但对于标准 FORTRAN 的递归函数，一定要用 RESULT 来设置另一个变量存放计算结果，不过有些编译器可以执行没有 RESULT 的递归函数。

使用递归函数子程序要有很明晰的逻辑概念。通过求 N!的公式可以看到以下几点。

① 当 N>1 时，N!=N*(N-1)!。程序调用函数子程序 FACTORIAL 来计算 N!时，是通过调用 FACTORIAL 函数（自身）求(N-1)!后，利用公式 N*(N-1)!来求出 N!的。递归子程序第 8 行执行的就是这种操作。

② 递归调用时要有一个明确的"终点"，用来停止递归，否则会造成子程序不停地调用自己来执行，导致程序死机。程序中在递归调用开始前存在以下假设判断：

- 若 N＜0，则 N 值不合理，不进行计算；
- 若 N＝1 或 N＝0，则 N!＝1，这是已知的阶乘结果，无须计算，这个条件就是递归的结束条件。

在递归函数中，每调用一次 FACTORIAL(N－1)会将 N 的值在原有变化基础上再减小 1，当 N≤1 时，递归不再执行。

图 9.30 给出了递归计算阶乘的程序执行流程。每一次调用函数子程序 FACTORIAL 时，它的变量 N、FAC 都是独立的。图中用 F 表示 FACTORIAL 函数子程序。

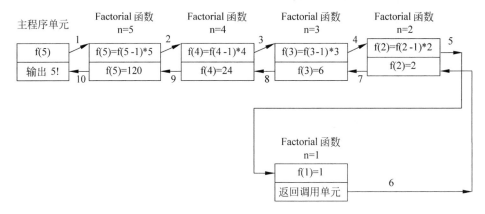

图 9.30　递归计算阶乘的程序执行流程

函数子程序 FACTORIAL 共被调用 5 次，其中 FACTORIAL(5)是在主程序单元被调用，其余 4 次是在 FACTORIAL 函数中被调用，即递归调用 4 次。

【例 9-15】　利用递归子例行子程序计算 n!。

程序编写如下：

```
PROGRAM EXAM9_15
READ *,N
CALL FACSUB(N,F)
PRINT *, F
END


RECURSIVE SUBROUTINE FACSUB(N,FAC)
INTEGER N
IF(N<0) THEN
  FAC = -1                          !N值不合理
ELSE IF(N==1.OR.N==0) THEN
  FAC = 1
ELSE
  CALL FACSUB(N-1,FAC)
  FAC = N * FAC
END IF
END
```

程序运行结果如图 9.31 所示，与递归函数运行结果完全相同。

图 9.31　例 9-15 运行结果

程序执行过程和例 9-14 一样,只是用 CALL 语句调用递归子例行子程序。在子例行子程序中不需要 RESULT,而是直接使用参数变量来保存中间计算结果,通过虚实结合将计算结果返回到主程序单元。

递归调用的思想在于简化复杂的问题,精简程序代码。用递归的方法计算阶乘并不会比循环来得好,这里只是示范递归的使用方法和思路。不过,有些问题的处理是必须要通过递归来完成的。

【例 9-16】 利用递归子例行子程序或递归函数求解任意两个正整数的最大公约数。

分析:最大公约数有多种算法,比如查找约数法、辗转相除法、求差判定法、分解因数法和短除法等。

查找约数法就是先分别找出每个数的所有约数,再从两个数的约数中找出公有的约数,其中最大的一个就是最大公约数。

当两个数都较大时,采用辗转相除法比较方便。其方法是:以小数除大数,如果能整除,那么小数就是所求的最大公约数;否则就用余数来除刚才的除数,再用这新除法的余数去除刚才的余数,以此类推,直到一个除法能够整除,这时作为除数的数就是所求的最大公约数。例如,求 4453 和 5767 的最大公约数时,可做如下除法:$5767 \div 4453 = 1$ 余 $1314,4453 \div 1314 = 3$ 余 $511,1314 \div 511 = 2$ 余 $292,511 \div 292 = 1$ 余 219 ,$292 \div 219 = 1$ 余 $73,219 \div 73 = 3$ 余 0,于是得知,5767 和 4453 的最大公约数是 73。辗转相除法流程图见图 9.32,其对应的函数子程序是 gcd1。

辗转相除法可以换一种描述方式:以小数除大数,如果能整除,那么小数就是所求的最大公约数;若不能整除,则小数和余数的最大公约数就是原来大数和小数的最大公约数。

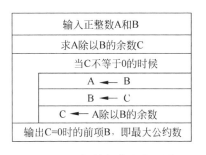

输入正整数A和B
求A除以B的余数C
当C不等于0的时候
A ← B
B ← C
C ← A除以B的余数
输出C=0时的前项B,即最大公约数

图 9.32　辗转相除法流程图

这种描述具有递归的 3 个特征:①将最初两个数的最大公约数求解,不断转移成另一组两个较小数的最大公约数求解("自己调用自己");②这种转移求解是有限次的;③当两个数整除时,这种转移处理停止,此时除数就是最大公约数。

辗转相除法求最大公约数的递归算法如下:

$$\gcd2(m,n) = \begin{cases} n & m \div n = p \cdots 0 \\ \gcd2(n,k) & m \div n = p \cdots k \end{cases}$$

辗转相除法递归算法的递归函数记为 gcd2。

求差判定法类似于辗转相除法,只不过是将整除运算改成了求差运算。其递归形式的算法是:

$$\gcd3(m,n) = \begin{cases} n & m = n \\ \gcd3(m-n,n) & m > n \\ \gcd3(n-m,m) & m < n \end{cases}$$

求差判定法递归算法的递归函数记为 gcd3。

编写各个子程序和验证主程序如下,程序运行结果如图 9.33 所示。

```
INTEGER FUNCTION GCD1(M,N)
  INTEGER K
  K = MOD(M,N)
  DO WHILE(K/ = 0)
   M = N
   N = K
   K = MOD(M,N)
  ENDDO
  GCD1 = N
  END

RECURSIVE INTEGER FUNCTION GCD2(M,N) RESULT(K)
   L = MOD(M,N)
   IF(L == 0)THEN
    K = N
   ELSE
    K = GCD2(N,L)
   ENDIF
   END

RECURSIVE INTEGER FUNCTION GCD3(M,N) RESULT(K)
   IF(M == N)THEN
    K = N
   ELSE IF(M > N)THEN
    K = GCD3(M - N,N)
   ELSE
    K = GCD3(N - M,M)
   ENDIF
END

PROGRAM EXAM9_16
INTEGER M,N,T,GCD1,GCD2,GCD3 !函数名类型符合 I - N 规则,需要特别说明
READ * ,M,N
IF(M < N)THEN
    T = M
    M = N
    N = T
ENDIF
PRINT 10,M,N,"的最大公约数是(辗转相除法非递归): ",GCD1(M,N)
PRINT 10,M,N,"的最大公约数是(辗转相除法递归): ",GCD2(M,N)
PRINT 10,M,N,"的最大公约数是(求差判定法递归): ",GCD3(M,N)
10  FORMAT(2I8,A,I5)
    END
```

图 9.33 例 9-16 运行结果

9.6.2 内部子程序

FORTRAN95 中还可以将子程序定义在某些程序单元的内部,将子程序做一个归属,这样的子程序不再是一个独立的程序单元,而是一个内部子程序。一般形式如下:

```
PROGRAM MAIN (或 FUNCTION 或 SUBROUTINE)
...
CONTAINS ←───────────────内部子程序要在 CONTAINS 后面书写
   SUBROUTINE LOCALSUB
      ...──────────────LOCALSUB 只能在包含它的程序单元中被调用
   END SUBROUTINE LOCALSUB
   FUNCTION LOCALFUNC
      ...──────────────LOCALFUNC 只能在包含它的程序单元中被调用
   END FUNCTION LOCALFUNC
END [PROGRAM] (/FUNCTION/ SUBROUTINE)
```

除了内部子程序所在的程序单元外,内部子程序不能被其他程序单元调用。

【例 9-17】 将例 9-16 改写为内部子程序调用形式。

```
PROGRAM EXAM9_17
INTEGER M,N,T,GCD1,GCD2,GCD3 !函数名类型符合 I-N 规则,需要特别说明
READ *,M,N
IF(M<N)THEN
   T = M
   M = N
   N = T
ENDIF
PRINT 10,M,N,"的最大公约数是(辗转相除法非递归): ",GCD1(M,N)
PRINT 10,M,N,"的最大公约数是(辗转相除法递归): ",CCD2(M,N)
PRINT 10,M,N,"的最大公约数是(求差判定法递归): ",GCD3(M,N)
10    FORMAT(2I8,A,I5)
CONTAINS
INTEGER FUNCTION GCD1(M,N)
   INTEGER K
   K = MOD(M,N)
   DO WHILE(K/=0)
   M = N
   N = K
   K = MOD(M,N)
ENDDO
GCD1 = N
END

RECURSIVE INTEGER FUNCTION GCD2(M,N) RESULT(K)
   L = MOD(M,N)
   IF(L==0)THEN
      K = N
   ELSE
      K = GCD2(N,L)
   ENDIF
```

```
      END

RECURSIVE INTEGER FUNCTION GCD3(M,N) RESULT(K)
   IF(M == N)THEN
      K = N
   ELSE IF(M > N)THEN
      K = GCD3(M - N,N)
   ELSE
      K = GCD3(N - M,M)
   ENDIF
   END
END
```

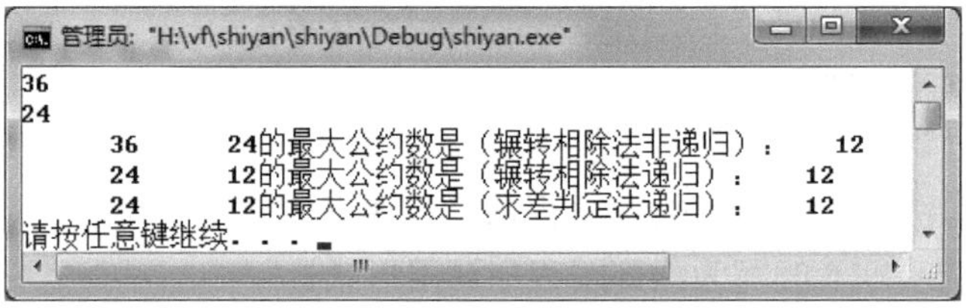

图 9.34 例 9-17 运行结果

程序运行结果同例 9-16,如图 9.34 所示。只是子程序 GCD1、GCD2 和 GCD3 只能在当前主程序单元中被调用,不能再被当前主程序单元以外的程序单元调用。

使用内部子程序时应注意以下几点。

(1) 一个主调程序单元可以包含多个内部子程序。内部子程序必须写在 CONTAINS 后、END 语句之前。内部子程序的书写顺序任意。

(2) 内部子程序的名字不能作为其他子程序的实参。

(3) 内部子程序只能被其所在的程序单元或同一程序单元的其他内部子程序调用。

(4) 同一个程序单元中内部子程序可以平行定义多个,但内部子程序之间不能嵌套定义。

9.7 数据共用存储单元与数据块子程序

不同的程序单元之间除了可以通过传递参数(虚实结合)的方式来交换数据,还可以通过共用存储单元来让不同程序单元中的变量使用相同存储空间的方式来传递数据。

9.7.1 等价语句

等价语句(EQUIVALENCE 语句)是说明语句,它必须出现在程序单元的可执行语句之前。它的作用是让同一个程序单元中的两个或更多的变量共用同一个存储单元。这里需要特别强调的是同一个程序单元中。因此,主程序和子程序、子程序和子程序之间的不同变量不能用 EQUIVALENCE 语句来指定共用存储单元。等价语句的形式如下:

EQUIVALENCE(变量表 1),(变量表 2),…

一个等价语句可同时建立多组等价,每个等价由一对括号内的变量列表构成,等价关系多于一个时,括号间用逗号隔开。括号内的变量表可以是变量名、数组名或数组元素,但应该有至少两个变量名出现,它们之间用逗号隔开,但不允许出现虚参名。例如:

```
EQUIVALENCE(W,ST)
```

这条语句指定本程序单元中的变量 W 和 ST 同占一个存储单元,称 W 和 ST 等价。

```
INTEGER A(6), B(4,2) ; EQUIVALENCE(A,B)
```

当等价语句括号内的变量列表为数组名或数值元素名时,所建立的等价关系是两个数组或数组片段之间的等价,不是单个数组元素之间的等价。本例中,A 数组有 6 个数组元素,B 数组有 8 个数组元素,该等价语句建立了 A 数组的全部数组元素与 B 数组中存储次序前 6 个数组元素之间的等价,即 A(1) 与 B(1,1)、A(2) 与 B(2,1)、A(3) 与 B(3,1)、A(4)与 B(4,1)、A(5) 与 B(1,2)、A(6) 与 B(2,2)等价。

若简单变量和数组元素间建立等价,则只是简单变量与数组元素共享同一存储单元。

利用等价语句可以节省内存,也可以允许程序员用两个或更多的变量名代表同一个量,以简化程序的修改,更重要的是在有些地方可以简化程序的设计。

【例 9-18】 写出下面程序的运行结果。

```
      INTEGER A(4),B(3,2),I,J,K,M(6)
      EQUIVALENCE(A,B),(I,J,K),(B(2,1),M),(I,A(3))
      A = (/1,2,3,4/)
      I = 5
      PRINT * ,A
      PRINT 10,((B(L,N),N=1,2),L=1,3)
      PRINT * ,I,J,K
      PRINT * ,M
10    FORMAT(2I3)
      END
```

上述程序建立了 4 组等价,形成了不同名称之间的关联,图 9.35 给出了等价语句建立后内存单元共享关系图。从图中可知 I、J、K、A(3)、B(3,1)和 M(2)均为同一个存储单元的不同名称,它们当中的任何一个都可修改此存储单元的值。这里通过给数组 A 赋值,首先将 1、2、3 和 4 存储到指定单元,然后通过给 I 赋值 5 改变了第三个存储单元的值,因此 J、K、A(3)、B(3,1)和 M(2)的值也就成为了 5。程序运行结果如图 9.36 所示。

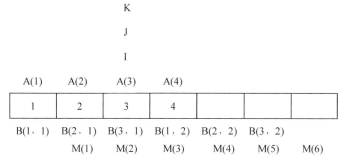

图 9.35 等价语句建立的内存单元共享关系示意图

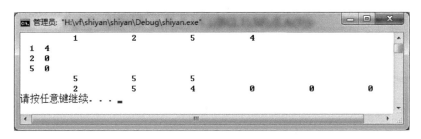

图 9.36　例 9-18 运行结果

【例 9-19】　设计一个子例行子程序,对一个二维数组按存储结构的顺序排序。

分析:一维数组的排序方法在前面已经学过,这里设计一个与二维数组等价的一维数组,对一维数组排序相当于对二维数组排序,从而简化程序的设计。

程序编写如下:

```
PROGRAM EXAM9_19
PARAMETER (N = 3, M = 4)
INTEGER A(N,M), B(N * M)
EQUIVALENCE (A,B)
READ * , ISEED
DO I = 1, N
  DO J = 1, M
  A(I,J) = INT(RAN(ISEED) * 100)
  ENDDO
ENDDO
PRINT * , "排序前的数组: "
DO I = 1, N
PRINT "(<M > I4)", (A(I,J), J = 1, M)
ENDDO
CALL SORT(N * M, B)
PRINT * , "排序后的数组: "
DO I = 1, N
PRINT "(<M > I4)", (A(I,J), J = 1, M)
ENDDO
END


SUBROUTINE SORT(N,A)
INTEGER A(N), T
DO I = 1, N - 1
  DO J = 1, N - I
    IF(A(J) > A(J + 1)) THEN
      T = A(J)
      A(J) = A(J + 1)
      A(J + 1) = T
    ENDIF
  ENDDO
ENDDO
END
```

图 9.37　例 9-19 运行结果

程序运行时输入 6,其运行结果如图 9.37 所示。

使用等价语句时应注意以下几点。

（1）等价语句每对括号中的变量可以具有不同的类型，但是由于不同类型的变量数据存储形式不同，因而定义这种等价关系没有意义。

（2）不能利用等价语句建立矛盾的等价关系。例如：

```
DIMENSION A(10)
EQUIVALENCE(A(1),B(2)),(A(3),B(2))
```

（3）等价语句只能建立同一个程序单元内的等价关系。

9.7.2　公用语句

公用语句（COMMON 语句）用来定义一块共享的内存空间，从而进行数据传递。

【例 9-20】　将例 9-19 用 COMMON 语句来实现。

程序编写如下：

```
PROGRAM EXAM9_20
PARAMETER (N = 3,M = 4)
INTEGER B(N,M)
COMMON B
READ * ,ISEED
DO I = 1,N
  DO J = 1,M
  B(I,J) = INT(RAN(ISEED) * 100)
  ENDDO
ENDDO
PRINT * ,"排序前的数组："
DO I = 1,N
PRINT "(<M>I4)",(B(I,J),J = 1,M)
ENDDO
CALL SORT( )
PRINT * ,"排序后的数组："
DO I = 1,N
PRINT "(<M>I4)",(B(I,J),J = 1,M)
ENDDO
END

SUBROUTINE SORT( )
PARAMETER(N = 12)
INTEGER A(N),T
COMMON A
DO I = 1,N - 1
  DO J = 1,N - I
    IF(A(J)> A(J + 1))THEN
      T = A(J)
      A(J) = A(J + 1)
      A(J + 1) = T
    ENDIF
  ENDDO
ENDDO
END
```

程序运行结果如图 9.38 所示。

这个程序中，主程序单元和子程序单元都出现了一个新的命令 COMMON，COMMON 后的变量会占用同一个存储区间(公用区)，因此二维数组 B 和子程序单元的一维数组 A 共同占用同一片存储区间，对 B 数组的操作也就是对 A 数组的操作，反之亦然。

图 9.38　例 9-20 运行结果

例 9-19 是在同一个程序单元中将二维数组等价成一维数组后通过参数传递进行排序，而本例是通过 COMMON 语句来将不同程序单元之间的变量(数组)通过公用区(地址对应)进行数据共享。

FORTRAN 程序中有两种公用区。一种是无名公用区，一种是有名公用区。任何一个程序中只可能有一个无名公用区。一个程序中可以根据需要由程序员开辟任意多个有名公用区。

1. 无名公用区

开辟无名公用区的 COMMON 语句一般形式如下：

COMMON 变量表…

变量表中允许是普通变量名、数组名和数组说明符(注意：并不是数组元素)，它们之间用逗号隔开。例如：

在主程序中写：COMMON X,Y,I,Z(3)

在子程序中写：COMMON A,B,J,T(3)

主程序在无名公用区中定义了实型变量 X、Y，数组 Z 及整形变量 I，在子程序中则在无名公用区中定义了实型变量 A 和 B、数组 T 及整型变量 J。FORTRAN 编译程序在编译时为以上的 COMMON 语句开辟一个无名公用区，不同程序单元在 COMMON 语句中的变量按其在语句中出现的先后顺序占用无名公用区中连续的存储单元。因此 X 和 A、Y 和 B、I 和 J 以及数组 Z 和 T 分别被分配在相同的存储单元中，数组 Z 和 T 共同占三个相邻的存储单元，如图 9.39 所示。

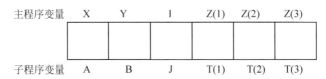

图 9.39　COMMON 建立的无名公用区共享关系

从图 9.39 可以看到，对于同一个存储单元，主程序以名字 X 调用，而子程序以名字 A 调用，通过这种方法建立起 X 和 A 的联系。如果在子程序中想要传递数据给主程序的 X 变量，只需要向 A 赋予要传递的值即可，反之亦然。

COMMON 语句开辟公用区的主要用途就是使不同程序单元的变量之间进行数据传递。只要把需要传递数据的变量按顺序分别放在各自程序单元的 COMMON 语句中，也就是说按一一对应的关系放在公用区中，就可使两个不同程序单元之间的变量建立起数据联系。

以下两个例子都是利用子例行子程序解一元二次方程的两个根,虽然主程序和子程序之间数据传递的方式不同,但它们的效果都是一样的。

【**例 9-21**】　通过虚实结合进行数据传递。

主程序：　　　　　　　　　　　　　　　子程序：

```
READ( * , * ) A1,A2,A3            SUBROUTINE QUAD(A,B,C,X1,X2)
CALL QUAD(A1,A2,A3,Z1,Z2)          P =  - B/(2.0 * A)
WRITE( * , * )Z1,Z2                Q = SQRT((B * B - 4.0 * A * C)/(2.0 * A))
END                                X1 = P + Q
                                   X2 = P - Q
                                 END
```

【**例 9-22**】　通过公用区进行数据传递。

主程序：　　　　　　　　　　　　　　　子程序：

```
COMMON Z1,Z2,A1,A2,A3            SUBROUTINE QUAD
READ( * , * )A1,A2,A3              COMMON X1,X2,A,B,C
CALL QUAD                          P =  - B/(2.0 * A)
WRITE( * , * )Z1,Z2               Q = SQRT((B * B - 4.0 * A * C)/(2.0 * A))
END                                X1 = P + Q
                                   X2 = P - Q
                                 END
```

在程序设计中,通常采用虚实结合和公用区两种方式交换数据。当需要传递数据的变量不多,而且只有少数几个程序单元需要使用这些数据时,就用虚实结合的方式。当需要传递大批数据,或是有很多个不同程序都需要使用这些数据时,就使用 COMMON 语句。

建立无名公用区的 COMMON 语句的使用规则和特点如下。

(1) COMMON 语句是说明语句,必须出现在所有可执行语句之前。COMMON 语句中只允许出现变量名、数组名和数组说明符,后者意味着可用 COMMON 语句定义数组,此数组必然是放在公用区中。例如以下 COMMON 语句:

```
COMMON A, B, NP(15), LOC(2,4)
```

就相当于以下两条语句:

```
DIMENSION NP(15), LOC(2,4)
COMMON A, B, NP, LOC
```

(2) 由于公用语句中的变量在编译时已被分配在实在的存储单元中,因此在 COMMON 语句中不能出现虚拟参数、可调数组,但是可调数组的维上、下界变量可以通过 COMMON 语句传递,当然这些变量就不再允许出现在虚参表中。例如:

```
SUBROUTINE SUB(A, B)
COMMON NA, NB
DIMENSION A(NA),B(NB)
      …
```

为了程序清晰起见,通常不提倡采用这种方式,而是通过虚实结合来传递与可调数组有关的全部量。

(3) 一个程序在运行过程中只有一个无名公用区。在同一个程序单元中可以出现几个

COMMON 语句,它们的作用相当于一个。FORTRAN 编译程序按 COMMON 语句在同一程序单元中出现的先后次序把语句中的变量按顺序放在无名公用区的存储单元中。

例如,在主程序中有以下语句:

```
COMMON A,B,C,D
COMMON A1,B1,C1,D1
```

在子程序中有以下语句:

```
COMMON A1,B1,C1,D1
COMMON A,B
COMMON C
```

变量在无名公用区中的存储分配和共享对应关系如图 9.40 所示。

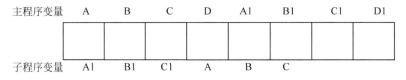

图 9.40　变量在无名公用区的分配、共享对应关系

(4) 各程序单元 COMMON 语句中的变量类型必须按位置一一对应一致才能正确传递数据。

(5) 在一个程序单元中,分配在公用区中的名字只能在公用语句中出现一次。例如:

```
COMMON A, B, C
COMMON A1, B1, A
```

是错误的,因为变量 A 在公用语句中出现了两次。

(6) 各程序单元中,无名公用区中的变量个数可以不一样,但只有在前面有对应关系的变量才建立起对应关系。

(7) 不要混淆 EQUIVALENCE 语句和 COMMON 语句的作用。EQUIVALENCE 语句是给同一程序单元中的不同变量分配同一个存储单元;而 COMMON 语句则用于给不同程序单元之间的变量分配同一存储单元。因此不允许在同一程序单元中写:

```
COMMON A, B, C
EQUIVALENCE (A, B)
```

因为 COMMON 语句把变量 A、B、C 分配在公用区中相邻的三个存储单元中,而 EQUIVALENCE 语句却又要把 A、B 分配在同一个存储单元中,两者是矛盾的,因此禁止以上写法。

2. 有名公用区

由于无名公用区中各程序单元之间数据传递按公用区中变量名的排列顺序一一对应进行,这虽然实现了程序单元之间的数据迅速传递,但也会在程序设计时出现新的麻烦。例如:

```
PROGRAM MAIN
    COMMON I,J,K,L,M,N ◄———— 在 COMMON 语句中定义了 6 个整型变量
```

```
   …
END
SUBROUTINE SUB( )
   COMMON N1,N2,N3,N4,N5,K    ←────
   …
END
```

假设子程序中只使用 K 和主程序的 N 传递数据,为了保证一一对应的关系,仍需要给出前面 5 个变量,才能将变量 K 和 N 对应起来

这种麻烦在公用区变量多的情况下更为复杂。用一个办法可以解决这一问题,就是将变量归类,放在彼此独立的 COMMON 区间中。针对上面的情况,可以改为:

```
PROGRAM MAIN
   COMMON I,J,K,L,M/Z1/N    ←────
   …
END
```

在 COMMON 语句中定义一个无名公用区,包括 5 个变量,而将变量 N 放在了有名公用区 Z1 中

```
SUBROUTINE SUB( )
   COMMON /Z1/K    ←────
   …
END
```

子程序中只需要在有名公用区 Z1 中定义 K 变量,K 就和主程序的 N 建立对应关系

FORTRAN 提供有名公用区来进行归类。将各程序单元之间需要传递数据的变量放在某个名字的公用区中。这样一来就避免了无名公用区的弊病,使之做到公用之中有"专用",人们只需要在各程序单元中做到**同名公用区中数据顺序一一对应即可**。有名公用区的使用不仅保留了各程序单元之间数据的快速传递,也使程序得到了简化。

COMMON 语句说明有名公用区的一般形式如下:

COMMON /公用区名 1/变量表 1,… /公用区名 2/变量表 2,…,…

公用区名放在两个斜杠之间,取名规则与变量相同。公用区名可以和本程序单元中的变量同名,但不允许和子程序同名。也可以用两个连续的斜杠来表示无名公用区。例如:

COMMON R,X,Y,Z /C2/A,B,C

也可以写成:

COMMON //R,X,Y,Z /C2/A,B,C

或者

COMMON /C2/A,B,C//R,X,Y,Z

说明有名公用区的规则与说明无名公用区的规则基本相同。

9.7.3　数据块子程序

COMMON 中的变量不能直接在子程序或主程序中使用 DATA 语句来赋初值,需要通过在 BLOCK DATA 程序模块中使用 DATA 语句来赋初值。BLOCK DATA 程序模块称为数据块子程序。它是一种特殊的子程序,只是用来给公用区中的变量赋初值。数据块子程序是一个独立的程序单元,可以单独进行编译。

【例 9-23】 数据块子程序应用示例。

```
PROGRAM EXAM9_23
COMMON I,J
COMMON /Z1/K,L
COMMON /Z2/M,N
PRINT *,A,B
PRINT *,K,L
PRINT *,M,N
END


BLOCK DATA                      !数据块子程序
COMMON I,J                      !I、J 定义在无名公用区中
COMMON /Z1/K,L                  !K、L 定义在有名公用区 Z1 中
COMMON /Z2/M,N                  !M、N 定义在有名公用区 Z2 中
DATA I,J/1,2/                   !给 I、J 赋初值
DATA K,L/3,4/                   !给 K、L 赋初值
DATA M,N/5,6/                   !给 M、N 赋初值
END BLOCK DATA
```

程序运行结果如图 9.41 所示。

数据块子程序的说明形式和说明规则如下。

（1）数据块子程序必须以 BLOCK DATA 作为第一个语句，以 END 作为最后一个语句。说明形式如下：

```
BLOCK DATA [子程序名]
    变量定义语句
    COMMON 语句
    DATA 语句
END
```

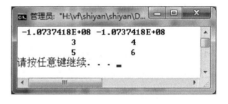

图 9.41　例 9-23 运行结果

（2）数据块子程序只是用来给公用区中的变量赋初值，不能被别的程序单元调用。

（3）数据块子程序中不允许出现可执行语句，只允许出现 DATA、COMMON、DIMENSION、EQUIVALENCE 和类型说明语句。其中 DATA 语句和 COMMON 语句是必不可少的。

（4）指定的某个公用区中的所有变量（即使其中有些变量并不要求在 DATA 语句中赋初值）都必须按顺序一一列在 COMMON 语句中。例如：

```
BLOCK  DATA
DIMENSION A(10), B(5)
COMMON/COM/A, X, Y, Z, B, I
INTEGER X, Y, Z
DATA X, Y, Z/3 * 0/, B/5 * 0.0/
END
```

是一个完整的数据块子程序。虽然 DATA 语句中只需要给 COM 公用区中 X、Y、Z 变量和 B 数组的元素赋初值，但仍然要列出 COM 公用区中的所有变量（名字可任意，类型必须对

应一致)。

(5) 一个 FORTRAN 程序可以包含任意多个数据块子程序,但每个公用区中的变量只能在一个数据块子程序中赋一次初值,不允许把一个公用区中的变量分在几个数据块子程序中赋初值。

习　题　9

1. 指出下列错误的语句函数定义。

(1) F(X,Y) = (X + Y)/(X * Y) + 7.0

(2) F (I,J,6) = 3 * I + 2 * J + 0.5 * 6

(3) H(A,B,C(I)) = SIN(A) + SIN(B) + C(I)

(4) S(A,B,C) = A * B + S(A * A,B,C)

2. 有以下语句函数:

P(A,B,C) = A + B * C

用 P(2.0,3.0,P (2.0,1.0,3.0)) 调用后的值是(　　　)。

A) 17.0　　　　　B) 11.0　　　　　C) 20.0　　　　　D) 29.0

3. 给出下列程序的运行结果。

(1)
```
DIMENSION A(4)
DATA A/1.1,2.2,3.3,4.4/
N = 3
PRINT * , (A(I),I = 1,4)
PRINT *,NF(N,A(N),A(N + 1)),N
PRINT * , 'N = ',N
END

FUNCTION NF(K,X,Y)
NF = X + Y
K = K + 1
END
```

(2)
```
INTEGER A(3, 4), B(4, 3)
DATA A/3 * 1, 3 * 2, 3 * 3, 3 * 4
CALL SUB(A,B)
PRINT 10, ((B(I,J),J = 1,3),I = 1,4)
10 FORMAT (1X, 3I4)
END

SUBROUTINE SUB(A,B)
INTEGER A(3, 4) ,B(4, 3)
DO I = 1,3
DO J = 1, 4
B(J, I ) = A(I, J )
ENDDO
ENDDO
END
```

（3）
```
COMMON A,B,C,D
A = 1.0
B = 2.0
C = 3.0
D = 4.0
CALL ABCD(2)
WRITE( * , * )A,C
END

SUBROUTINE ABCD(N)
COMMON B,C,D,A
IF(N.GT.0) THEN
B = A
C = D
ENDIF
END
```
（4）
```
DIMENSION X(5)
COMMON A,B,X
A = - 2.3
B = 2.6
DO I = 1,5
 X(I) = A * I
ENDDO
CALL SUB
END

SUBROUTINE SUB
COMMON R,Y,T(6)
PRINT * , R,Y,T
END
```

4. 下列关于等价语句的使用中,不正确的是（　　　）。

A. `DIMENSION A(6),B(10)`
   `EQUIVALENCE (A(1),B(2)),(A(3),B(3))`

B. `DIMENSION A(2,3) B(4)`
   `EQUIVALENCE (A(2,1), B(1))`

C. `DIMENSION A(2,3) B(2,2)`
   `EQUIVALENCE (A(1,2),B(1,1))`

D. `DEMENSION A(2,3) B(6)`
   `EQUIVALENCE (A, B)`

5. 编写函数子程序 $power(i,k) = i^k$ 与 $sop(n,k) = \sum_{i=1}^{n} power(i,k)$。

调用子程序求解 $\sum_{x=1}^{n} x^k$,k 和 n 的值由键盘输入。

6. 编写函数子程序,计算所输入的两个整数 M、N 的最大公约数。

7. 编写函数子程序,输入一个十六进制数,输出相应的十进制数。

8. 有 A、B 两个数列,编写一个子例行子程序,从 A 中删去在 B 中出现的数,在主程序中输出修改前的 A、B 数列及修改后的 A 数列。

9. 编写子程序,输出利用 1 角、2 角和 5 角硬币组成 1 元钱的各种方法。输出格式为:

方法号	1 角硬币个数	2 角硬币个数	5 角硬币个数
1	10	0	0
2	8	1	0
3	6	2	0
…			

10. 角夫(日本数学家)猜想:对于任意一个自然数,比如奇数,将其乘以 3 再加 1;如果是偶数将其除以 2,反复运算会出现什么结果。编程实现。

11. 下楼问题:从楼上走到楼下共有 H 个台阶,每一步有 3 种走法:走 1 个台阶;走 2 个台阶;走 3 个台阶。用递归方法来编程给出可以走出的所有方案。

12. 编写求方阵主对角线、副对角线所有元素和的函数。

13. 汉诺塔是由三根杆子 A、B、C 组成的。A 杆上有 N 个(N＞1)穿孔圆盘,盘的尺寸由下到上依次变小。要求按下列规则将所有圆盘移至 C 杆:每次只能移动一个圆盘;大盘不能叠在小盘上面。

以三个盘子为例,编写程序说明如何移动,最少要移动多少次。

提示:可将圆盘临时置于 B 杆,也可将从 A 杆移出的圆盘重新移回 A 杆,但都必须遵循上述两条规则。

汉诺塔背景介绍:

一位法国数学家曾编写过一个印度的古老传说:在世界中心贝拿勒斯(在现印度北部)的圣庙里,一块黄铜板上插着三根宝石针。印度教的主神梵天在创造世界的时候,在其中一根针上从下到上地穿好了由大到小的 64 片金片,这就是所谓的汉诺塔。不论白天黑夜,总有一个僧侣在按照下面的法则移动这些金片:一次只移动一片,不管在哪根针上,小片必须在大片上面。僧侣们预言,当所有的金片都从梵天穿好的那根针上移到另外一根针上时,世界就将在一声霹雳中消灭,而梵塔、庙宇和众生也都将同归于尽。

不管这个传说的可信度有多大,如果考虑把 64 片金片由一根针上移到另一根针上,并且始终保持上小下大的顺序。这需要多少次移动呢? 这里需要用递归的方法。假设有 N 片,移动次数是 $F(N)$。显然 $F(1)=1$,$F(2)=3$,$F(3)=7$,且 $F(K+1)=2*F(K)+1$。此后不难证明 $F(N)=2^N-1$。$N=64$ 时,有

$$F(64)=2^{64}-1=18446744073709551615$$

假如每秒钟一次,共需要多长时间呢? 一个平年 365 天有 31 536 000s,闰年 366 天有 31 622 400s,平均每年有 31 556 952s,计算可知,共需要

$$18446744073709551615/31556952=584554049253.855 \text{ 年}$$

这表明移完这些金片需要 5845 亿年以上,而地球存在至今不过 45 亿年,太阳系的预期寿命据说也只有数百亿年。真的过了 5845 亿年,不说太阳系和银河系,至少地球上的一切生命,连同梵塔、庙宇等,都早已消失。

第 10 章

文　件

教学目标：

- 理解文件的基本概念；
- 掌握常用的文件操作语句 OPEN 语句、READ 语句、WRITE 语句；
- 掌握有格式文件的存取方式和应用；
- 了解无格式文件的存取方式；
- 了解二进制文件的存取方式。

在前面学习的程序中，输入的各种数据以及程序运行结果只在程序运行时有效，这些数据都是暂时存放在内存中，没有做长期保存，程序结束后就消失了。如果想长期保存这些数据，就要用文件的形式。

本章主要介绍文件的基本概念、文件的操作语句以及文件的应用。

10.1　文件的基本概念

10.1.1　记录

记录是字符或数值的序列，在行式打印机输出时，一行字符就是一个记录，不管这行字符有多少个。在键盘输入时，一个记录是以"回车"符作为结束标志。在磁盘文件中，"回车"符也是一个记录结束的标志。

FORTRAN95 的记录有以下三种方式。

1. 格式记录

格式记录是一个有序的格式化数据序列，每个记录以"回车"符作为结束标志。在输入输出时，格式记录中的数据要经过编辑转换，以 ASCII 码或其他信息交换码的方式进行传输。数据的格式由用户指定或者由编译系统规定。

2. 无格式记录

无格式记录是由二进制代码直接传输，在输入输出时无须格式转换，因而传输速度较快，占用磁盘空间也较小。

3. 文件结束记录

文件结束记录是文件结束的一种标志，由系统和语言本身来规定。在输入输出时，文件结束记录并不作为数据的内容处理。该记录可由语句设置，或者由系统在文件操作时自动加以处理。

10.1.2　文件的概念

文件(File)就是一组相关信息的集合,主要用于存储程序、数据以及各种文档等。当给定任何一组信息一个标识符并将其存放在某一存储介质上之后,就构成一个文件。文件是记录的序列。一般来说,一个文件包含多个记录(当然也可以是无记录的空文件),记录中包含若干个值或数据项。

在对文件进行操作时是以记录为基本单位的。

10.1.3　文件的特性

在 FORTRAN 中,每一个文件都要与一个逻辑设备建立关联之后,才能对其进行操作。对文件的一系列操作包括文件的打开、关闭、定位、输入和输出等,通常也称对文件的存取或访问。而对一个可操作的文件,在操作时必须指出它的特性,否则就会出错。这些特性包括:文件标识、文件的存取方式、文件的结构和文件允许记录的长度。

1. 文件标识

文件标识由文件的标识符来实现,如 c:\chengxu\diyizhang\l.dat 就是文件 1.dat 的文件标识符。计算机在对文件进行操作时首先根据文件标识符寻找文件。

2. 文件的存取方式

在 FORTRAN 中文件的存取方式有两种:顺序存取方式和直接存取方式。对应的文件分别称为顺序存取文件和直接存取文件(或随机存取文件)。

顺序文件的存取操作总是从第 1 个记录开始,然后依次按文件记录的逻辑顺序逐个往下进行。即如果要操作第 N 个记录,必须先对前面 N-1 个记录进行操作。

直接文件的存取操作可以按任意的次序进行,即可以直接按存取操作指定的记录号进行操作。例如,要从一个直接文件中读取第 N 个记录,则只须在读语句中指明第 N 个记录的记录号即可,而无须对前面的 N-1 个记录做任何操作处理。

3. 文件的结构

文件的结构是指组成文件的记录格式。无论是顺序存取文件还是直接存取文件,数据在记录中的存放格式有三种:有格式存放、无格式存放和二进制形式存放。第一种是以字符形式(或称 ASCII 形式)存放的,后两种均以二进制代码存放。

文件的存取方式和文件的记录格式决定了文件的类型,这样,FORTRAN 的外部文件可以分为以下六种类型:

- 有格式顺序文件
- 有格式直接文件
- 无格式顺序文件
- 无格式直接文件
- 二进制顺序文件
- 二进制直接文件

(1) 有格式文件

有格式顺序文件是按照文件记录顺序将数据存储在文件中的有格式记录集合。当要存取或读写有格式顺序文件中的数据时,总是从第 1 个记录开始,然后依次按文件记录顺序逐个往下进行。有格式顺序文件中的记录长度可以各不相同,记录与记录间用回车符和换行符分隔。

有格式直接文件是可以按照文件记录的任意顺序将数据存储在文件中的有格式记录集合。要存取或读写有格式直接文件中的数据时可以按任意顺序进行。有格式直接文件中的记录长度是相同的,记录与记录间用回车符和换行符分隔。在有格式直接文件中,当一个记录被写入,就不能删除而只能重写。

当一个文件是有格式文件时,可以用文本编辑器打开并直接查看文件记录中的内容。

（2）无格式文件

无格式顺序文件是按照文件记录顺序将数据存储在文件中的无格式记录集合。当要存取或读写无格式顺序文件中的数据时,总是按文件中的记录顺序依次往下进行。无格式顺序文件的记录长度可以是不相同的,但最多不超过 128 个字节。数据是以一个不超过 128 个字节的块(也称物理块)方式进行存储的。在进行存取操作时,系统可以按逻辑记录长度对多个存储单元进行存取。

无格式直接文件是可以按照文件记录的任意顺序将数据存储在文件中的无格式记录集合。无格式直接文件的记录长度是相同的,当要存取或读写无格式直接文件中的数据时可以按任意顺序进行。在无格式直接文件中记录与记录之间无分隔符标志。在进行读写操作时,为保证每个记录具有相同的长度,系统自动在记录剩余空间中补充空格。

（3）二进制文件

二进制顺序文件是按照文件记录顺序将数据存储在文件中的二进制记录集合。当要存取或读写二进制顺序文件中的数据时,总是按文件中的记录顺序依次往下进行。二进制顺序文件的记录长度可以是不相同的,记录与记录之间无分隔符标志。任何存放在二进制顺序文件中的数据的格式和长度与这些数据在内存中的存放形式完全相同。因此,二进制顺序文件是一种结构简单、处理方便、运行速度最快的文件。

二进制直接文件是按照文件记录的任意顺序将数据存储在文件中的二进制记录集合。当要存取或读写二进制直接文件中的数据时,可以按任意顺序进行。二进制直接文件的记录长度是相同的。在进行读写操作时,为保证每个记录具有相同的长度,系统自动在记录剩余空间中补充二进制数据"0"。

当一个文件是无格式或二进制格式文件时,都不能直接用文本编辑器查看记录的内容。

4. 文件的记录长度

文件的记录长度是指数据项在记录中所占据空间的大小。文件的记录长度是有规定的,每条记录不能超过记录长度的允许值。

10.1.4　文件的定位

在文件的存取过程中,由文件指针控制文件的读写操作。

当文件指针位于第一个记录前的位置时,称文件定位在"文件头"。

当文件指针位于某一个记录中时,称该记录为"当前记录",此时文件定位在某一记录位置。

当文件指针位于最后一个记录后的位置时,称文件定位在"文件尾"或文件结束位置。

10.2 文件的操作语句

在 FORTRAN 语言中,跟文件有关的操作命令非常丰富,但是很多命令不常用,学习时只要记住常用的部分就可以了。

文件的操作语句主要有:文件的打开(open)语句、文件的关闭(close)语句、输入(read)语句、输出(write)语句、inquire 语句、rewind 语句、backspace 语句和 endfile 语句等。分别介绍如下。

10.2.1 文件的打开与关闭

不管是读文件还是写文件,先要建立或打开这个文件。在使用结束之后应关闭该文件。

1. 文件的打开

程序中要对文件进行操作,必须首先打开文件,这由 open 语句来完成。open 语句用来把一个设备号和一个文件名连接起来,一旦实现了连接,程序中将由该设备号来代表 open 语句中指定的那个文件。一个 open 语句只能打开一个文件。

open 语句的一般格式如下:

open(unit = number, file = 'filename', form = '…', status = '…', access = '…', recl = length, err = lable, iostat = var, blank = '…', position = '…', action = action, pad = '…', delim = '…')

括号中各项意义如下。

(1) unit 说明项

unit＝number 为设备号说明。number 必须是一个正整数,它可以使用变量或是常量来赋值,它与读(read)或写(write)语句指定的设备号相同;该说明符是必不可少的,当该说明符是 open 语句中的第一项时,"unit＝"可以省略。

(2) file 说明项

file＝filename 为文件说明,指定要打开的文件名。file 是文件标识符,它是一个字符串表达式,代表一个文件名(Windows 下文件名不区分大小写,且不要使用中文文件名)。open 语句的作用就是将该文件连接到指定的设备号上。

(3) form 选项

form＝'…'为记录格式说明。字段值只有两个可以设置:'formatted'或'unformatted'。含义如下:form＝'formatted',表示文件使用"文本文件"格式来保存;form＝'unformatted',表示文件使用"二进制文件"格式来保存。

form 说明项可以省略,省略时默认为 form＝'formatted'。

(4) status 选项

status＝'…'用来说明要打开一个新文件或是已经存在的旧文件。

status＝'new':表示这个文件原本不存在,是第一次打开,如果指定的文件存在,会出现输入输出错误。

status＝'old':表示这个文件原本已经存在,如果指定的文件不存在,会出现输入输出错误。

status='replace'：文件若已经存在，会重新创建一次，原来的内容会消失，文件若不存在，会创建新文件。

status='scratch'：表示要打开一个临时文件，这个时候可以不需要指定文件名称，也就是 file 这一项要省略，系统会自动取一个文件名，至于文件名是什么不重要，关闭文件和程序中断时会自动删除。

status='unknown'：表示由系统来确定文件的状态。如果指定文件不存在，则创建一个新文件。如果存在，则将文件指针定位于"文件头"。

status 说明项省略时，默认值为 unknown。

（5）access 选项

access='…'用来设置读写文件的方法。

access='sequential'：读写文件的操作会以"顺序"的方法来读写，即"顺序读取文件"。

access='direct'：读写文件的操作可以任意指定位置，即"直接读取文件"。

若省略此项，则默认为 sequential。

（6）recl 选项

recl 选项为记录长度说明。length 是一个正整型量或算术表达式，其值表示文件的记录长度，用字节数表示。

在顺序读取文件中，recl 字段值用来设置一次可以读写多大容量的数据。

在打开"直接读取文件"时，recl=length 中的 length 值用来设置文件中每一个模块单元的分区长度。

（7）err 选项

err=label 用来设置当文件打开发生错误时，程序会跳跃到 label 所指的代码行处继续执行程序。

（8）iostat 选项

iostat=var 用来设置一个整数值给后面的整型变量，用来说明文件打开的状态。数值会有下面三种情况：var>0，表示读取操作发生错误；var=0，表示读取操作正常；var<0，表示文件终了。

（9）blank 选项

blank 选项用来设置文件输入数字时，当所设置的格式字段中有空格存在时所代表的意义。blank=null 时，代表空格的字段全部忽略不计；blank=zero 时，代表空格全部处理为零。

（10）position 选项

position 选项用来设置文件打开时的读写位置。

position='asis'：表示文件打开时在已存在文件的上一次操作位置或新文件的起始位置，为默认值。

position='rewind'：表示文件打开时在已存在文件的起始位置。

position='append'：表示文件打开时在已存在文件的结束位置。

（11）action 选项

action 选项用来设置所打开文件的读写属性。

action=read，文件为只读方式打开；action=write，文件为只写方式打开；action=

readwrite：文件为可读写方式打开。

（12）pad 选项

pad 选项为填充说明，作用是在对文件进行读操作时，当出现记录中的数据少于需读取的数据时，是否用空格填充未取得数据的变量。该选项只能指定以下两种取值：pad＝'yes'，表示在格式化输入时，最前面的不足字段会自动以空格填满；pad＝'no'，表示在格式化输入时不足的字段不会以空格填满。

（13）delim 选项

delim 选项为分界符说明。

delim＝apostrophe：表示输出的字符串会在前后加上单引号。

delim＝quote：表示输出的字符串会在前后加上双引号。

delim＝none：表示纯粹输出字符串内容。

以上各选项在 open 语句中的位置没有特别规定，可在任意位置出现。对于 unit 选项，如果取消"unit＝"，则必须出现在首位。

注意：open 语句可以打开一个已存在的文件、建立一个新文件和对文件的部分属性进行修改，但不能对文件进行存取操作。对文件的存取操作须用读语句（read）和写语句（write）来实现。

以下两条 open 语句分别打开一个文件：

```
open(10, file = 'seqntl.txt', status = 'old', action = 'read')
open(3, file = 'wang.dat', status = 'new', access = 'direct', recl = 4)
```

第 1 个语句将名为 seqntl.txt 的文件连接到序号为 10 的设备上，它是一个已经存在的只读文件。由于 access 与 form 两个说明项缺省，意味着打开的是有格式顺序存取文件。

第 2 个语句将名为 wang.dat 的文件连接到序号为 3 的设备上，它是一个新文件。access＝'direct'指明这是一个直接文件，form 说明项缺省，意味着打开的是有格式文件，recl＝4 说明该新建文件的记录长度为 4。

2. 文件的关闭（close）

文件打开并使用结束后要执行关闭操作，关闭文件就是断开设备号与文件的连接。关闭文件用 close 语句，一个 close 语句只能关闭一个外部文件。close 语句的一般格式如下：

```
close(unit = number, err = lable, iostat = var, status = '…')
```

close 语句的主要功能是关闭已打开的文件，释放文件占用的内存。其中各说明项意义如下。

（1）unit 说明项

使用 unit 选项指定要关闭文件的设备号，设备号的意义与 open 语句中相同。如果在 close 语句中第一项指定设备号，则"unit＝"可省略，否则不能省略，必须指定一个设备号。

下面两个语句都是合法的 close 语句：

```
close(1)
close(unit = 1)
```

（2）err 选项

该选项与 open 语句中的作用相同。

（3）iostat 选项

该选项与 open 语句中的作用相同。

（4）status 选项

status＝'…'用来说明关闭文件后的状态。

status＝'keep'：表示关闭文件后，与设备号连接的文件保留下来不被删除。

status＝'delete'：表示在关闭文件后，与设备号连接的文件不予保留，被永久删除。

说明：以上各选项的前后顺序没有特别规定，可在 close 语句参数中任意位置出现。

10.2.2　文件的输入（read）语句和输出（write）语句

文件打开以后就可以进行读写操作了，也就是文件的输入输出操作。read 语句和 write 语句除了前面章节介绍的可以用于表控输入输出和格式输入输出外，也可以应用于文件的输入输出。

文件输入的一般格式如下：

read(unit = number, fmt = format, nml = namelist, rec = record, iostat = stat, err = errlabel, end = endlabel, adbance = advance, size = size)

文件输出与文件输入的格式完全相同，只不过是把 read 改为 write。即：

wirte(unit = number, fmt = format, nml = namelist, rec = record, iostat = stat, err = errlabel, end = endlabel, advance = advance, size = size)

括号中各项意义如下。

（1）unit 说明项

unit＝number 用来指定输入输出所对应文件的位置。number 为设备号说明，它与对应的 open 语句中指定的设备号相同。

（2）fmt 选项

fmt＝format 用于指定输入输出格式。fmt 是 format 语句标号，或是一个格式字符串。只有在对有格式文件进行输入或读操作时才需要格式说明，对无格式文件是不需要格式说明的。

（3）nml 选项

nml＝namelist 用于指定读写某个 namelist 的内容。该项直接用于对文件的输入操作，不能与格式说明和输入项列表同时使用，并且只适用于顺序文件。

（4）rec 选项

rec＝record 仅用于直接读取文件中。当 read 语句从文件中读取数据时，将从记录号为 rec 的记录开始读取。

（5）iostat 选项

iostat＝stat 用来说明输入输出的状态。stat 是一个整型变量，stat＞0 表示读取操作发生错误；stat＝0 表示读取操作正常；stat＜0 表示文件正常。

（6）err 选项

err＝errlabel 用来指定在读写过程中发生错误时，会转移到某个语句标号来继续执行程序。

（7）end 选项

end＝endlabel 用来指定读写到文件末尾时，会转移到某个语句标号来继续执行程序。

（8）advance 选项

advance＝advance 为高级输入使用说明。表示每执行一次 read 语句和 write 语句后，读写位置是否会自动向下移动一行。其取值如下：advance＝yes，默认值，表示每读写一行会向下移动一行；advance＝no，表示会暂停自动换行的操作。

需要注意的是，使用此说明项时，要设置输入输出的格式。

（9）size 选项

size＝size 用于指定读操作传输的字符数。使用此说明项的前提是 advance＝no。

10.2.3 查询文件的状态（inquire）语句

inquire 语句用来查询文件目前的属性，在 open 语句打开文件前后均可使用。

一般格式如下：

inquire(unit = number, file = filename, iostat = stat, err = label, exist = exist, opened = opened, number = number, named = named, access = access, sequential = sequential, direct = direct, form = form, formatted = formatted, unformatted = unformatted, recl = recl)

各说明项意义如下。

（1）unit 说明项

unit＝number 为赋值所要查询的文件代号。

（2）file 说明项

file＝filename 为赋值所要查询的文件名称。

（3）iostat 选项

iostat＝stat 用于查询文件读取情况，会自动设置一个整数值给它后面的变量。

stat＞0 表示读取操作发生错误；stat＝0 表示读取操作正常；stat＜0 表示文件终了。

（4）err 选项

err＝label 表示 inquire 发生错误时会转移到赋值的行代码，继续执行程序。

（5）exist 选项

exist＝exist 用于检查文件是否存在，会返回一个布尔变量给后面的逻辑变量，返回真值表示文件存在，反之表示文件不存在。

（6）opened 选项

opened＝opened 用于检查文件是否已经使用 open 命令打开，会返回一个布尔变量给后面的逻辑变量，返回真值表示文件已打开，反之表示文件尚未打开。

（7）number 选项

number＝number 表示由文件名来查询这个文件所给定的代码。

（8）named 选项

named＝named 用来查询文件是否取了名字，也就是检查文件是否为临时保存，返回值为逻辑数。

（9）access 选项

access＝access 用来检查文件的读取格式，会返回一个字符串。字符串值可以为：

sequential 表示文件使用顺序读取格式；direct 表示文件使用直接读取格式；undefined 表示没有意义。

（10）sequential 选项

sequential＝sequential 用来查看文件是否使用顺序格式，会返回一个字符串。字符串值可以为：yes 表示文件是顺序读取文件；no 表示文件不是顺序读取文件；unknown 表示无法判断。

（11）direct 选项

direct＝direct 用来查看文件是否使用直接格式，会返回一个字符串。字符串值可以为：yes 表示文件是直接读取文件；no 表示文件不是直接读取文件；unknown 表示无法判断。

（12）form 选项

form＝form 用来查看文件的保存方法。formatted 表示打开的是文本文件；unformatted 表示打开的是二进制文件；unknown 没有意义。

（13）formatted 选项

formatted＝formatted 用来查看文件是否为文本文件，会返回一个字符串。字符串值可以为：yes 表示本文件是文本文件；no 表示本文件不是文本文件；unknown 表示无法判断。

（14）unformatted 选项

unformatted＝unformatted 用来查看文件是否为二进制文件，会返回一个字符串。字符串值可以为：yes 表示本文件是二进制文件；no 表示本文件不是二进制文件；unknown 表示无法判断。

（15）recl 选项

recl＝recl 用来返回 open 文件时 recl 栏的设置值。

使用 inquire 命令时注意，如果查询一个不在当前目录的文件，则在查询文件时必须给出文件所在的盘符和路径。

10.2.4　rewind 语句

rewind 语句称为反绕语句，它的作用是把文件的读写位置倒回文件开头。

一般格式为：

rewind(unit = unit, err = err, iostat = iostat)

括号内的字段含义参见 open 语句。

10.2.5　backspace 语句

backspace 语句称为回退语句，它的作用是把文件的读写位置退回一步。

一般格式为：

backspace(unit = unit, err = err, iostat = iostat)

括号内的字段含义参见 open 语句。

注意：backspace 语句只能用于顺序存取文件。

10.2.6 endfile 语句

endfile 语句的作用是把目前文件的读写位置变成文件的结尾。

一般格式为：

endfile (unit = unit, err = err, iostat = iostat)

括号内的字段含义参见 open 语句。

注意：

(1) 执行 endfile 语句之后，就不能对文件进行读写操作了，必须先用 rewind 语句或 backspace 语句重新定位之后，才能对文件执行读写操作。

(2) endfile 语句只能用于顺序存取文件。

10.3 有格式文件的存取

10.3.1 有格式顺序文件存取

同时具有 formatted 和 sequential 属性的文件称为有格式顺序存取文件。

有格式顺序存取文件是一种可视化的文件，可用文本编辑器随时显示、浏览、修改、创建，也可在程序中通过 open 和 write 语句创建。

有格式顺序存取文件由若干文本行组成，每个文本行是一个记录。每个记录长度可以不同，默认最大记录长度为 132 个字节，可通过 recl 选项指定最大记录长度。

有格式顺序存取文件的读写操作与键盘、显示器的读写操作类似，不同的是需要用 open 语句打开文件，指定设备号，在 read 和 write 语句中指定设备号，而不是星号"＊"。对于有格式顺序存取文件，open 中的 recl 选项可指定文件的最大记录长度，但 recl 选项对输入没有影响，按实际记录长度输入数据。recl 选项对输出有影响，如果输出数据是字符串，则超过最大记录长度后将换行输出(下一个记录)，如果输出数据不是字符串，则按表控格式域宽或格式编辑符指定域宽输出，允许超出最大记录长度，保证输出数据的完整性。超出最大记录长度后，下一个输出数据项换行输出。下面给出使用有格式顺序存取文件的示例程序。

【例 10-1】 顺序文件 stu1.dat 存放了 10 个学生的姓名及一门单科成绩，读出文件中的所有数据，然后将成绩合格(≥60)的学生的姓名及成绩存入另一文件 stu2.dat 中。

程序编写如下：

```
      PARAMETER(N = 10)
      DIMENSION NAME(N),S(N)
      CHARACTER NAME * 10
      OPEN(1,FILE = 'stu1.dat',FORM = 'FORMATTED')
      DO I = 1 ,N
          READ(1,20)NAME(I),S(I)
      ENDDO
20    FORMAT(A10,F5.1)
      CLOSE(1)
```

```
OPEN(2,FILE = 'stu2.dat',FORM = 'FORMATTED')
  DO I = 1,N
       IF (S(I)> = 60) WRITE(2,20) NAME(I),S(I)
  ENDDO
CLOSE(2)
END
```

在执行程序前要按照源程序要求的格式建立数据文件 stu1.dat,如图 10.1 所示。

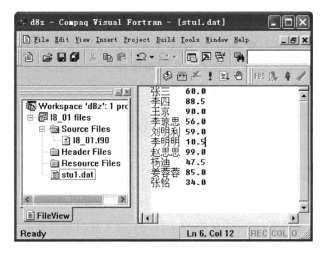

图 10.1 例 10-1 中的 stu1.dat

可将生成的数据文件 stu2.dat 加入到项目中,直接在编辑环境中查看结果是否满足要求,如图 10.2 所示。

图 10.2 例 10-1 中在编译环境下查看 stu2.dat

10.3.2 有格式直接文件存取

同时具有 formatted 和 direct 属性的文件称为有格式直接存取文件。有格式直接存取文件可用文本编辑器显示、浏览、修改、创建,文件中不能用回车符和换行符分隔记录,也可在程序中通过 open 和 write 语句创建。

在进行直接文件的输入输出时,read 语句和 write 语句中多了一个控制项:rec=rec。rec 是一个正整数,用来指定要读写的记录的序号。

有格式直接存取文件由若干文本段组成,每个文本段是一个记录。记录没有结束标志和行的概念,每个记录长度相同,可通过 recl 选项指定记录长度。有格式直接存取文件的记录格式如图 10.3 所示。

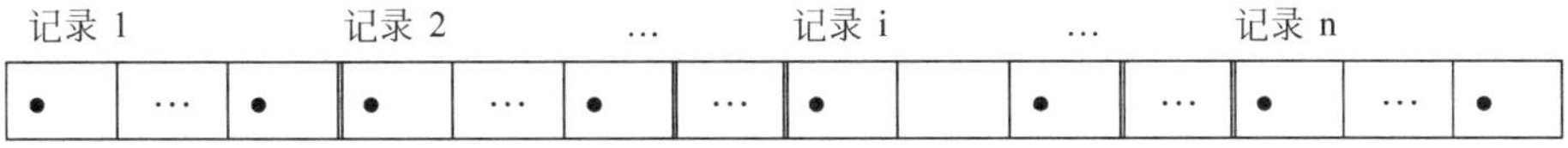

图 10.3　有格式直接存取文件的记录格式

有格式直接存取文件需按格式说明信息输入输出数据,不能按表控格式输入输出数据,格式说明不能是星号"＊"。输出数据列表总长度不能超过文件记录长度,如果超过,则产生输出错误。输出数据列表总长度可以小于文件记录长度,如果小于,则补足空格。输入数据列表总长度不能超过文件记录长度,如果超过,则产生输入错误。输入数据列表总长度可以小于文件记录长度,如果小于,则多余数据被忽略。

有格式直接存取文件不能按顺序存取方式打开,不能进行顺序存取,而只能按直接存取方式打开,按记录号任意存取记录。有格式直接存取文件给数据的输入输出带来极大方便,在程序中应尽可能使用这类文件。

【例 10-2】　将例 10-1 改为直接文件方式进行存取。

程序编写如下:

```
      PARAMETER (N = 10)
      DIMENSION NAME (N),S(N)
      CHARACTER NAME * 10
      OPEN(1,FILE = 'stu1.dat',ACCESS = 'DIRECT',FORM = 'FORMATTED',RECL = 11)
        DO I = 1 ,N
          READ(1,20,REC = I)NAME(I),S(I)
        ENDDO
20    FORMAT(A10,F5.1)
      CLOSE(1)

      OPEN(2,FILE = 'stu2.dat',ACCESS = 'DIRECT',FORM = 'FORMATTED',RECL = 11)
        DO I = 1,N
          IF (S(I)> = 60) WRITE(2,20,REC = I) NAME(I),S(I)
        ENDDO
      CLOSE(2)
      END
```

按照源程序要求的格式建立数据文件 stu1.dat,用记事本打开,如图 10.4 所示。

注意:编写数据文件时,注意记录的长度要与 open 语句中 recl 指定的长度一致,否则将会产生错误。

打开按照题意新生成的数据文件,查看计算结果是否满足要求。本题中生成的数据文件 stu2.dat 如图 10.5 所示。

图 10.4　例 10-2 中的 stu1.dat

图 10.5　例 10-2 中的 stu2.dat

10.4　无格式文件的存取

10.4.1　无格式顺序文件存取

同时具有 unformatted 和 sequential 属性的文件称为无格式顺序存取文件。无格式顺序存取文件不能用文本编辑器创建,只能在程序中通过 open 和 write 语句创建。

其他都和有格式顺序文件存取方式相同。

对于无格式顺序存取文件,在进行读写操作时只需在 read 或 write 语句中指定与文件连接的设备号即可,不能按表控格式或格式说明控制输入输出。

【例 10-3】　求 10 个数之和及它们的平均值。

```
INTEGER::A(10) = (/5,7,4,8,12,2,10,3,9,11/)
INTEGER:: SUM = 0,AVE
CHARACTER STR1 * 14,STR2 * 16
!打开一个数据文件,设置一个无格式顺序存取文件,将 10 个数分 3 个记录写入文件
!数据文件包含 3 个记录,每个记录行长度不相同
OPEN(1,FILE = 'INPUT31.TXT',FORM = 'UNFORMATTED',ACCESS = 'SEQUENTIAL')
WRITE(1)(A(I) + 20,I = 1,5)              !输出 5 个整数,逻辑记录 1 有 20 个字节
WRITE(1)(A(I) + 20,I = 6,7)              !输出 2 个整数,逻辑记录 2 有 8 个字节
WRITE(1)(A(I) + 20,I = 8,10)            !输出 3 个整数,逻辑记录 3 有 12 个字节
REWIND 1                                 !文件反绕至第一个记录
READ(1)(A(I),I = 1,5)                    !输入逻辑记录 1 的 5 个整数
READ(1)(A(I),I = 6,7)                    !输入逻辑记录 2 的 2 个整数
  READ(1)(A(I),I = 8,10)                 !输入逻辑记录 3 的 3 个整数
  DO I = 1,10
    SUM = SUM + A(I)
  ENDDO
  AVE = SUM/10
  !打开一个数据文件,设置一个无格式顺序存取文件,写入两个逻辑记录
  !数据文件包含 2 个记录,每个记录行长度不相同
OPEN(2,FILE = 'INPUT32.TXT',FORM = 'UNFORMATTED',ACCESS = 'SEQUENTIAL')
WRITE(2) '10 个数之和为: ',SUM           !输出一个逻辑记录,记录长度为 18
WRITE(2) '10 个数平均值为: ',AVE          !输出一个逻辑记录,记录长度为 20
```

```
WRITE(2) '程序运行正常结束.'              !输出一个逻辑记录,记录长度为 18
REWIND 2
READ(2) STR1,SUM                          !输入逻辑记录 2 的 1 个长度为 14 的字符串和 1 个整数
READ(2) STR2,AVE                          !输入逻辑记录 2 的 1 个长度为 16 的字符串和 1 个整数
PRINT * ,STR1,SUM
PRINT * ,STR2,AVE
END
```

程序运行结果如图 10.6 所示。

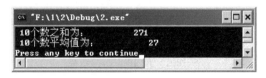

图 10.6　例 10-3 运行结果

10.4.2　无格式直接文件存取

同时具有 unformatted 和 direct 属性的文件称为无格式直接存取文件。无格式直接存取文件不能用文本编辑器创建,只能在程序中通过 open 和 write 语句创建。

无格式直接存取文件由若干逻辑记录组成,每次读写一个逻辑记录。记录长度相同,记录长度在 open 语句中通过 recl 选项设置,记录之间无分隔符和控制信息。如果输出数据时,长度小于记录长度,则用 null 字符或空格补足。

【例 10-4】　求 10 个数之和及它们的平均值。

程序编写如下:

```
INTEGER∷ SUM = 0,AVE,A(10) = (/5,7,4,8,12,2,10,3,9,11/)
CHARACTER S1 * 14,S2 * 16,S3 * 18
!打开一个数据文件,设置一个无格式直接存取文件,将 10 个数分 2 个记录写入文件
!数据文件生成 2 个记录,每个记录行长度相同,记录长度为 25
OPEN(1,FILE = 'INPUT41.DAT',FORM = 'UNFORMATTED',ACCESS = 'DIRECT',RECL = 20)
WRITE(1,REC = 1)(A(I) + 10,I = 1,5)      !按格式说明将头 5 个数写入第 1 个记录
WRITE(1,REC = 2)(A(I) + 10,I = 6,10)     !按格式说明将后 5 个数写入第 2 个记录
READ(1,REC = 2)(A(I),I = 6,10)           !按格式说明从第 2 个记录中读取后 5 个数
READ(1,REC = 1)(A(I),I = 1,5)            !按格式说明从第 1 个记录中读取头 5 个数
DO I = 1,10
   SUM = SUM + A(I)
ENDDO
ave = sum/10
!打开一个最大记录长度为 22 的无格式直接存取文件
OPEN(2,FILE = 'INPUT42.DAT',FORM = 'UNFORMATTED',ACCESS = 'DIRECT',RECL = 22)
WRITE(2,REC = 1) '10 个数之和为: ',SUM    !输出一个逻辑记录,记录长度为 22
WRITE(2,REC = 2) '10 个数平均值为: ',AVE  !输出一个逻辑记录,记录长度为 22
WRITE(2,REC = 3) '程序运行正常结束.'      !输出一个逻辑记录,记录长度为 22
!从外部文件 INPUT42.DAT 读取数据,并从显示器上输出
READ(2,REC = 1) S1,M
READ(2,REC = 2) S2,N
```

```
READ(2,REC = 3) S3
PRINT * ,S1,M
PRINT * ,S2,N
PRINT * ,S3
END
```

程序运行结果如图 10.7 所示。

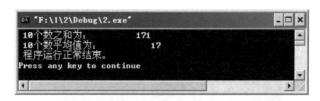

图 10.7　例 10-4 运行结果

10.5　二进制文件的存取

10.5.1　二进制顺序文件存取

同时具有 binary 和 sequential 属性的文件称为二进制顺序存取文件。二进制顺序存取文件不能用文本编辑器创建，只能在程序中通过 open 和 write 语句创建。

二进制顺序存取文件由连续的二进制位串组成。每个 read 和 write 语句读取或生成一个二进制子位串，每次读取或写入的二进制子位串长度可以不同，数据完全按内存存放的机内码形式存放。二进制顺序存取文件没有记录分隔符和其他控制信息，所以这类文件的存储空间开销比较小，存取速度比较快。

【例 10-5】

```
INTEGER :: A(10) = (/5,7,4,8,12,2,10,3,9,11/)
INTEGER :: SUM = 0,AVE
CHARACTER STR1 * 14,STR2 * 16,STR3 * 18
!打开一个数据文件,设置一个二进制顺序存取文件,将 10 个数分 3 次写入文件
!数据文件包含 10 个整数,分三个 write 语句输出至文件
OPEN(1,FILE = 'INPUT51.TXT',FORM = 'BINARY',ACCESS = 'SEQUENTIAL')
WRITE(1)(A(I) + 20,I = 1,5)          !输出 5 个整数(KIND = 4),占 20 个字节
WRITE(1)(A(I) + 20,I = 6,7)          !输出 2 个整数(KIND = 4),占 8 个字节
WRITE(1)(A(I) + 20,I = 8,10)         !输出 3 个整数(KIND = 4),占 12 个字节
REWIND 1                             !文件反绕至文件起始位置
READ(1)(A(I),I = 1,10)               !连续输入 10 个整数
DO I = 1,10
   SUM = SUM + A(I)
ENDDO
AVE = SUM/10
!打开一个数据文件,设置一个二进制顺序存取文件,写入 3 个字符串和 2 个整数
OPEN(2,FILE = 'INPUT52.TXT',FORM = 'BINARY',ACCESS = 'SEQUENTIAL')
WRITE(2) '10 个数之和为: ',SUM       !输出一个字符串和一个整数,总长度为 18
WRITE(2) '10 个数平均值为: ',AVE     !输出一个字符串和一个整数,总长度为 20
WRITE(2) '程序运行正常结束.'         !输出一个字符串,总长度为 18
```

```
REWIND 2
READ(2) STR1,SUM,STR2,AVE,STR3          !连续读取有关数据信息
PRINT *,STR1,SUM
PRINT *,STR2,AVE
PRINT *,STR3
END
```

程序运行结果如图 10.8 所示。

图 10.8   例 10-5 运行结果

10.5.2   二进制直接文件存取

同时具有 binary 和 direct 属性的文件称为二进制直接存取文件。二进制直接存取文件不能用文本编辑器创建，只能在程序中通过 open 和 write 语句创建。

二进制直接存取文件由若干逻辑记录组成（二进制位串）。每个 read 和 write 语句读取或生成一个逻辑记录，每个逻辑记录的记录长度相同，数据完全按内存存放的机内码形式存放。记录长度在 open 语句中通过 recl 选项设置，记录之间没有任何分隔符和控制信息，可随机存取，所以这类文件的存储空间开销比较小，存取速度比较快。如果输出数据时，长度小于记录长度，则用 null 字符补足。

【例 10-6】

```
INTEGER :: A(10) = (/5,7,4,8,12,2,10,3,9,11/)
INTEGER :: SUM = 0,AVE
CHARACTER STR1 * 14,STR2 * 16,STR3 * 18
!打开一个数据文件,设置一个二进制直接存取文件,将 10 个数分 2 个记录写入文件
!数据文件包含 10 个整数,用 2 个 WRITE 语句输出至文件
OPEN(1,FILE = 'INPUT61.TXT',FORM = 'BINARY',ACCESS = 'DIRECT',RECL = 20)
WRITE(1,REC = 1)(A(I) + 20,I = 1,5)      !输出头 5 个整数(KIND = 4),一个记录占 20 个字节
WRITE(1,REC = 2)(A(I) + 20,I = 6,10)     !输出后 5 个整数(KIND = 4),一个记录占 20 个字节
READ(1,REC = 2)(A(I),I = 6,10)           !输入后 5 个整数(KIND = 4),一个记录占 20 个字节
READ(1,REC = 1)(A(I),I = 1,5)            !输入头 5 个整数(KIND = 4),一个记录占 20 个字节
DO I = 1,10
   SUM = SUM + A(I)
ENDDO
AVE = SUM/10
!打开一个数据文件,设置一个二进制直接存取文件,写入 3 个字符串和 2 个整数
OPEN(2,FILE = 'INPUT52.TXT',FORM = 'BINARY',ACCESS = 'DIRECT',RECL = 20)
WRITE(2,REC = 1) '10 个数之和为: ',SUM   !输出一个记录(一个字符串和一个整数)
WRITE(2,REC = 2) '10 个数平均值为: ',AVE !输出一个记录(一个字符串和一个整数)
WRITE(2,REC = 3) '程序运行正常结束.'     !输出一个记录(一个字符串)
READ(2,REC = 3) STR3                      !输入第 3 个记录
READ(2,REC = 2) STR2,AVE                  !输入第 2 个记录
```

```
READ(2,REC = 1) STR1,SUM                    !输入第 1 个记录
PRINT * ,STR1,SUM
PRINT * ,STR2,AVE
PRINT * ,STR3
END
```

程序运行结果如图 10.9 所示。

图 10.9　例 10-6 运行结果

习　题　10

1. 下面关于文件的叙述,不正确的是(　　　)。

 A. 直接文件的所有记录的长度是相同的

 B. 对于顺序文件来说,缺省格式说明项,则隐含为按格式存或取

 C. 从一个存在的磁盘文件中读取数据,则 status＝status 选项可省略

 D. 在打开顺序文件的 open 语句中,定义记录长度的选项不能省略

2. 下列关于直接文件操作的说法中,不正确的是(　　　)。

 A. 直接文件不能按记录的顺序读取

 B. 直接文件的所有记录的长度都相等

 C. 直接文件不能按表控格式存取

 D. 顺序写入的文件都不能直接读取

3. 阅读下列 FORTRAN 程序:

```
DIMENSION A(3)
OPEN(6,FILE = 'XY.DAT',STATUS = 'NEW', ACCESS = 'DIRECT',
FORM = 'FORMATTED',RECL = 30)
DO I = 1,6
S = 2.0 * I
WRITE(6,100,REC = I)S
100 FORMAT(E15.6)
END DO
READ(6,100,REC = 3)A
S = 0.0
DO I = 1,3
S = S + A(I)
END DO
WRITE( * , * )S
CLOSE(6)
END
```

写出上述程序的执行结果。

4. 为什么要在程序中使用数据文件保存数据？使用数据文件有何优点？

5. 什么是记录？什么是文件？文件的最小存取单位是什么？对文件进行操作时，必须指出文件的哪些特性？

6. 已知一个有格式顺序存取文件(记录内容自定)，从中删除第 n 个记录。编写程序实现。

7. 已知一个有格式顺序存取文件(记录内容自定)，在第 n 个记录之后插入一个记录。编写程序实现。

8. 已知一个有格式顺序存取文件保存着某班学生的考试信息，每个学生的考试信息有：学号(字符串，7 位)、姓名(字符串，8 位)、性别(字符串，2 位)、课程(字符串，10 位)、成绩(整数，3 位)。从有格式顺序存取文件中读取学生的考试信息，存入一个二进制直接存取文件中，文件中第一个记录的成绩项保存学生人数信息，其余项填充星号"∗"。然后从二进制直接存取文件中读取记录信息，在屏幕上显示学生考试信息。编写程序实现。

9. 读入 n 位学生的姓名和某门课的成绩，存入顺序文件，然后对这个顺序文件进行以下各项操作。

(1) 按学生成绩排序。

(2) 插入 n_1 个记录，使插入后的文件内容仍按序排列。

(3) 删除 n_2 个记录，使删除后的文件内容仍按序排列。

(4) 修改 n_3 个记录，使修改后的文件内容仍按序排列。

(5) 把文件中超过平均成绩的学生姓名与成绩打印出来。

10. 建立一个有格式的直接数据文件 grade.dat。文件中存放全班 50 个学生期末考试成绩的有关信息，包括学生的学号、姓名、5 门功课的成绩、5 门功课的平均成绩和总分；再读取 grade.dat 中学生的学号、姓名和总分，建立一个按学生总分从高分到低分排序的有格式顺序文件 paixu.dat。

11. 首先建立一个文本文件，将某学年某班所有学生各门课程的成绩存放其中，然后根据现有公式，运用文件操作计算所有学生的综合考评成绩、学习平均成绩、学习排名、综合考评排名、奖学金的类型，并将学号、姓名、德育、智育、体育综合考评、学习平均成绩、学习排名、综合考评排名、奖学金类型保存到有格式直接文件中。

相关公式：

(1) 综合考评采用百分制，用下式计算：

$$U = D \times 25\% + Z \times 65\% + T \times 10\% + J$$

式中：U 为学年考评成绩；D 为德育考评成绩；Z 为智育考评成绩；T 为体育考评成绩；J 为奖励分。

(2) 智育考试成绩为必修课程成绩(百分制)的加权平均数，用下式计算：

$$Z = \frac{f_1 x_1 + f_2 x_2 + f_3 x_3 + \cdots f_n x_n}{f_1 + f_2 + f_3 + \cdots f_n}$$

式中：x_n 为该门课程考试、考查成绩；f_n 为该门课程学分数；n 为科目数。

12. 建立通讯录，要求存放姓名、电话号码、e-mail、住址，然后对通讯录进行查找、添加、修改及删除。

第11章

派生数据类型与结构体

教学目标：

- 理解派生数据类型的基本概念；
- 掌握结构体的定义方法；
- 掌握结构体成员的引用方法；
- 学会给结构体变量赋值；
- 学会给结构体数组赋初值；
- 掌握结构体数组的应用；
- 掌握文件和子程序在派生类问题中的应用。

11.1 概　　述

迄今为止，我们已经学习了六种基本数据类型的数据(整型、实型、双精度型、复型、字符型和逻辑型)，也学习了一种构造数据类型的数据——数组(数组中的各元素具有完全相同的数据类型)。这些数据类型都是 FORTRAN 系统预先定义好并能被用户直接拿来使用的数据类型，虽然用户使用它们可以处理许多实际问题，但依旧有些问题难以方便地处理。比如，假设学生的信息包括学号、姓名、性别、出生年月日、专业、考试成绩、总评成绩、专业排名和家庭地址，现在要按照总评成绩在专业内进行名次的升序排序，怎样编程解决该问题？

采用不同类型的简单变量存储学生的信息是不可取的。因为一个学生的信息项有 9 项，假如有 100 个学生，就得面对 900 个简单变量，而且存放专业信息的变量和存放总成绩信息的变量没有关联性，这都会给编程带来巨大的困难。既然简单变量不行，那就考虑数组。由于数组是相同类型数据的集合，根据上面所列学生信息的数据类型，可使用 3 个二维数组分别存放所有学生的信息项，其中二维字符数组存放所有学生的姓名、性别、专业和家庭地址，整型二维数组存放所用学生的学号、出生日期和名次，二维实型数组存放所有学生的各门功课成绩和总成绩，约定每个数组的第 N 行存储第 N 个学生的相应信息项。这看起来能解决一部分问题，如总成绩计算和名次计算，但还有一个排序问题。排序会使得存放总成绩或名次数组的数组元素发生位置的改变，但这种改变却不会传递给其他数组，造成学生间信息的错位。

若想便利地解决上述问题，就需要引入一种新的构造数据类型，这种数据类型可将不同类型的数据集合在一起以整体出现，这样这种类型的一个变量就可以存储上述一个学生的所有信息项，这种数据类型的一个一维数组就可以存放全部学生的所有信息项，其中一个数组元素存放的就是一个学生的全部信息项。当按照学生总成绩排序，数组元素的位置发生变化时，与之对应的学生的所有信息项会整体发生变化，就不会引起学生信息项的错位了，这无疑会给编写程序带来极大的方便。

另外，实际问题种类繁多，涉及的问题对象各不相同，描述其所需要的数据项不同，即便描述的是同一对象，由于侧重的角度不同，构成描述对象的数据项也会不同，这就要求这种数据类型本身是动态的，即用户根据处理问题的需求先自主定义针对此问题的数据类型，再定义这种数据类型的变量或数组。

针对上述编程需求，从 FORTRAN90 开始，FORTRAN 程序设计语言引入了体现现代程序设计语言特色的派生数据类型和结构体概念。派生数据类型简称派生类，是编程者根据具体问题的数据特征自主定义的、由不同类型数据组成的一种数据类型，它是复杂数据的一种抽象和形式化描述，在本质上和系统提供的基本数据类型（INTEGER、REAL 等）相同，系统不会为其分配存储空间。结构体是存储器内按照派生类描述的内容分配的具体存储空间，是派生类数据的具体体现，在本质上和数组相同，只不过数组存放的是相同类型的数据，而结构体存放的是不同类型的数据。派生类和结构体有着紧密的联系，它们是数据所具有的抽象和具体两个不同属性。

有了派生类和结构体的概念，针对上面学生信息的处理，用户就可以自主定义如下的派生类型 STUDENT：

```
TYPE STUDENT                    ! 开始定义一个名为 STUDENT 的派生类
INTEGER NUMBER                  !说明其第 1 个成员 NUMBER 是整型变量
CHARACTER * 10 NAME             !说明其第 2 个成员 NAME 是字符型变量
LOGICAL SEX                     !说明其第 3 个成员 SEX 是逻辑型变量
INTEGER BIRTH                   !说明其第 4 个成员 BIRTH 是整型变量
CHARACTER * 10 MAJOR            !说明其第 5 个成员 MAJOR 是字符型变量
REAL SCORE(6)                   !说明其第 6 个成员 SCORE 是一维实型数组
INTEGER ORDER                   !说明其第 7 个成员 ORDER 是整型变量
CHARACTER * 30 ADDRESS          !说明其第 8 个成员 ADDRESS 是字符变量
END TYPE                        !结束派生类 STUDENT 的定义
```

派生类型 STUDENT 定义完毕后，若要处理单个学生的信息，可定义一个 STUDENT 类型的结构体 STU1，形式如下：

```
TYPE(STUDENT)STU1
```

派生数据类型数组有别于传统意义上的数组，因为派生数据类型数组的每个数组元素就是一个结构体，而结构体在本质上与数组相同，均占据连续的一片存储单元（数组中每个数组元素占据的存储单元大小一样，结构体因成员类型不同，每个成员占据的存储单元大小一般不同）。从类比角度，又可以将结构体数据类型分为结构体变量和结构体数组，上例中的结构体 STU1 可以看成是结构体变量。为了便于读者理解，可以把结构体看成是一个表格，表格的关键字段是派生类型定义中用类型说明语句定义的每一个成员分量，每一行相当于一个记录（类似于 Excel 数据清单中的记录），对应一个该派生类的结构体变量或该派生类结构体数组中的一个数组元素。上例中的派生类和结构体变量的关系可表示成下面的表格形式：

	number	name	sex	birth	major	score(6)						order	address
						1	2	3	4	5	6		
stu1													

注：表中的 1、2、…、6 分别代表 score(1)、score(2)、…、score(6)

如果是结构体数组，则在上表的基础上增加若干行。

若处理 30 个学生的信息，可定义一个大小为 30 的一维 STUDENT 派生类型结构体数组 STU；若处理两个班、每班 36 人的学生信息，可定义一个 2×36 的二维 STUDENT 派生类型的结构体数组 CLASS，具体形式如下：

```
TYPE(STUDENT) STU(30)
TYPE(STUDENT) CLASS(2,36)
```

派生类型和结构体概念的引入极大增强了 FORTRAN 程序设计语言描述和处理数据的能力，使得 FORTRAN 程序设计语言的应用范围从科学计算领域扩展到数据处理领域。

本章将详细介绍派生数据类型、结构体和结构体数组的定义及其应用。

11.2　派生类型定义

派生类型是自行定义的由不同类型数据组成的一种数据类型，它能把相关的一些数据成分汇聚在一起进行统一处理。

定义派生类型时必须使用 TYPE 块。TYPE 块应写在程序的说明部分中，通常写在说明的前部。派生类型定义的一般格式为：

```
TYPE 派生类型名称
    成员 1 类型说明 ⎤
    成员 2 类型说明 ⎬ 结构体成员
    …              ⎪
    成员 n 类型说明 ⎦
END TYPE [派生类型名称]
```

说明：

（1）派生类型定义由 TYPE 语句、结构体成员和 ENDTYPE 语句三部分组成。

（2）TYPE 语句是定义派生类型的开始语句，并指出派生类型的名称。在一个程序单元中，派生类型的名称必须唯一，不能和其他标识符同名，可用任意标识符来命名。

（3）派生类型结构体成员中的成员类型说明语句可以是变量、数组、结构体变量、结构体数组等的定义语句。结构体成员是派生类型定义的主体。

（4）ENDTYPE 语句是派生类型定义结束的标志，其后的派生类型名称可省略。

（5）派生类型定义中不允许包含其他派生类型的定义，即多个派生类型定义不能嵌套，只能并列。

（6）派生类型定义的位置应放在所有可执行语句之前。

下面通过两个具体例子来说明派生类型的定义。

首先，定义一个描述学生出生年月日数据的派生类型。可定义如下：

```
TYPE BIRTH
   INTEGER YEAR,MONTH,DAY
END TYPE
```

该派生类型名称为 BIRTH,结构体成员包含一个成员定义语句,定义的出生年、月、日均为整型数据。

上例中如果给该名学生再增加学号、姓名、性别、5 门课程成绩等信息,那么数据类型就比较复杂,可定义如下派生类型来处理这些不同类型的数据:

```
TYPE STUDENT
     INTEGER NUMBER
     CHARACTER * 15 NAME
     LOGICAL SEX
     REAL SCORE(5)
     TYPE(BIRTH) DATE
END TYPE
```

该派生类型包含 5 个成员,分别是:一个整型变量 NUMBER,一个长度为 15 的字符变量 NAME,一个逻辑变量 SEX,一个存放 5 门课程成绩的实型数组 SCORE,以及一个结构体变量 DATE。结构体将在 11.3 节中讲述。

11.3　结构体的定义与引用

11.3.1　结构体定义

派生类型和结构体有着密切的联系。派生数据类型是复杂数据的一种抽象和形式化描述,在定义时并未对其所包含的变量进行存储空间的分配,不能对派生类型名进行赋值、引用和处理。结构体是派生类型数据的具体体现,在定义结构体时在内存中按照派生数据类型描述的内容分配具体的存储区域。只有定义了派生类型结构体或结构体数组,才能对结构体或结构体数组及成员进行赋值、引用和处理。派生类型和结构体是数据所具有的抽象和具体两个不同属性。

结构体定义的一般格式如下:

TYPE(派生类型名)∷结构体列表

说明:

(1) TYPE 后括号内的派生类型名必须给出。结构体列表由一个或多个结构体组成,若有多个结构体,它们之间用逗号隔开。结构体命名规则遵循标识符规则,但不能与其他已命名的对象同名。

例如,11.2 节中定义 BIRTH 派生类型后,就可以用它来说明结构体。例如:

TYPE (BIRTH)∷ DATE1,DATE2

该语句定义了两个结构体 DATE1 和 DATE2,二者都包含派生类型 BIRTH 的所有成员:YEAR、MONTH 和 DAY 这 3 项内容。

(2) 结构体既可以在程序中定义,也可以和其他内部数据类型一样放在另一个派生类型的定义中定义,即嵌套定义。

例如,11.2 节中定义派生类型 STUDENT 时,其结构体成员中就包含一个结构体说明语句"TYPE(BIRTH) DATE",该语句对派生类型 BIRTH 说明了一个结构体 DATE。

如果用派生类型 STUDENT 定义其结构体:

```
TYPE (STUDENT) STU
```

则结构体 STU 除了包含 NUMBER、NAME、SEX 三个变量和一个数组 SCORE 外,还包含一个结构体 DATE。因此,一个结构体可以包含另一个结构体。

11.3.2　结构体成员引用

结构体是由结构体成员组成的一种复合数据。使用结构体的主要目的就是在结构体成员中保存数据,或对结构体成员数据进行运算,因此使用结构体主要就是使用其成员。

使用结构体成员时,须对结构体成员进行引用。具体引用方式有如下两种:

```
结构体名 % 成员名
结构体名 . 成员名
```

说明:

(1) 两种引用方式可混合使用,但为了清晰起见,在同一个程序中最好使用同一种引用符。

例如,对上面定义的 DATE1、DATE2 两个结构体,其成员的引用如下:

```
DATE1 % YEAR, DATE1 % MONTH, DATE1 % DAY;
DATE2. YEAR, DATE2. MONTH, DATE2. DAY
```

(2) 在含嵌套定义的结构体中,成员引用应当嵌套使用引用符"%"或"."。

例如,对上面说明的结构体 STU 中成员 YEAR 的引用可表示为:

```
STU % DATE % YEAR
```

(3) 使用"."作为引用符,成员名不能使用逻辑运算符和关系运算符。

11.4　结构体初始化

同普通变量一样,在程序中常常需要对结构体进行初始化,给结构体成员赋初值,以便对其进行处理运算。

11.4.1　用赋值语句给结构体成员赋值

(1) 用赋值语句给结构体成员赋值的基本要求,与对普通变量使用赋值语句的要求相同。

例如,对 11.3 节中定义的结构体 DATE1 和 STU,可用下列赋值语句给其各成员赋值:

```
DATE1 % YEAR = 1988
DATE1 % MONTH = 6
DATE1 % DAY = 1
```

```
STU % NUMBER = 200703501
STU % NAME = '李盼盼'
STU % SEX = .TRUE.
STU % SCORE = (/80,78,89,90,85/)
```

(2) 对结构体赋值与对结构体成员赋值不同,要用到结构体构造函数。

结构体构造函数的一般格式为:

派生类型名(成员初值表)

例如,对结构体 DATE1 可赋值如下:

```
DATE1 = BIRTH(1988,6,1)
```

该赋值语句给结构体 DATE1 的三个成员一次性赋值,其作用相当于给结构体每个成员分别赋值。

又如,对结构体 STU 中包含的结构体成员 DATE 可赋值如下:

```
STU % DATE = BIRTH(1987,9,10)
```

这里 DATE 虽是结构体 STU 的成员,但它本身仍然是一个结构体,因而也需要用到结构体构造函数。于是,对结构体 STU 可赋值如下:

```
STU = STUDENT(200703501,'李盼盼',.TRUE.,&
        &(/80,78,89,90,85/),BIRTH(1987,9,10))
```

需要注意的是,在使用结构体构造函数时,应使成员初值表中数据的类型与顺序和结构体各成员的类型与顺序保持一致,并且个数相同。各数据之间用逗号隔开。

(3) 可以将一个结构体的值直接赋值给另外一个结构体,其作用等价于对对应结构体成员进行赋值。

例如,可将结构体 DATE1 的值赋给 DATE2,等价于将 DATE1 中各成员的值赋给 DATE2 中对应的成员。赋值语句如下:

```
DATE2 = DATE1
```

11.4.2 定义的同时给结构体成员赋值

在说明结构体的同时对结构体赋值,需要使用结构体构造函数。其一般格式为:

TYPE(派生类型名)::结构体名 = 派生类型名(成员初值表)

其中,赋值符号"="后面部分即为结构体构造函数,构造函数中的派生类型名应与 TYPE 后圆括号内的派生类型名保持一致。此外,圆括号后的双冒号"::"必须具有。

例如,对于 11.2 节中的派生类型 BIRTH 和 STUDENT,可在说明其结构体的同时对正说明的结构体赋值,分别如下:

```
TYPE(BIRTH):: DATE = BIRTH(1987,9,10)
TYPE(STUDENT):: STU = STUDENT(200703501,'李盼盼',.TRUE., &
            &(/80,78,89,90,85/),BIRTH(1987,9,10))
```

类似于普通变量,也可通过输入语句来给结构体和结构体成员赋初值。例如,对于 11.3 节中说明的结构体 DATE,用输入语句赋值如下:

```
READ * ,DATE
```

执行上述输入语句,输入数据为:

```
1987  9  10↙
```

上述语句执行后,结构体 DATE 的值为:BIRTH(1987,9,10)。上述输入语句等价于下列输入语句:

```
READ * ,DATE % YEAR,DATE % MONTH,DATE % DAY
```

又如,对于 11.3 节中说明的结构体 STU,用输入语句赋值如下:

```
READ * ,STU
```

执行上述输入语句,输入数据为:

```
200703501,'李盼盼',.TRUE.,(/80,78,89,90,85/),BIRTH(1987,9,10)↙
```

此外,还可使用 DATA 语句对结构体或结构体成员进行初始化,例如:

```
DATA DATE1/BIRTH(1988,6,1)/
DATA DATE1 % YEAR,DATE1 % MONTH,DATE1 % DAY/1988,6,1/
```

上述两语句作用等价,但是对结构体初始化时需要使用结构体构造函数。

11.5 结构体数组

前面讲述的例子只是处理一名学生的简单信息,在实际中要处理的学生人数也许很多,比如一个班或一个学校的所有学生,这种情况下用结构体数组更方便。

11.5.1 结构体数组定义

结构体数组定义的一般格式有如下两种:

```
TYPE(派生类型名)结构体数组名(维说明表),…
```

或

```
TYPE(派生类型名),DIMENSION(维说明表)结构体数组名[(维说明表)],…
```

对于 11.2 节中的派生类型 BIRTH 和 STUDENT,可定义如下的结构体数组:

```
TYPE(BIRTH) DATE3(2),DATE4(2,20)
TYPE(STUDENT) STU1(2),STU2(-20:-1,20)
TYPE(BIRTH),DIMENSION(40) DATE5,DATE6(50)
TYPE(STUDENT),DIMENSION(40) STU3,STU4(50)
```

上述 1、2 条定义中,结构体数组 DATE3 和 STU1 是一个包含 2 个结构体元素的一维数组,DATE4 和 STU2 是一个包含 40 个结构体元素的二维数组。对于 3、4 条定义语句需要注意的是,当结构体数组名后自带的维说明符与 DIMENSION 后的维说明符不同时,则以自带的优先。因此,结构体数组 DATE5 和 STU3 均为包含 40 个结构体元素的一维数组,结构体数组 DATE6 和 STU4 均为包含 50 个结构体元素的一维数组。

11.5.2 结构体数组初始化

结构体数组的初始化同普通数组的初始化类似,可通过数组赋值符和 DATA 语句来赋初值。给结构体数组赋初值需要使用结构体构造函数。

（1）使用数组赋值符给结构体数组赋初值

例如,对于前面定义的结构体数组 DATE3 和 STU1,可赋值如下:

```
DATE3 = (/BIRTH(1987,9,10),BIRTH(1988,1,19)/)
STU1 = (/STUDENT(200703501,'李盼盼',.TRUE.,(/80,78,89,90,85/),&
     &BIRTH(1987,9,10)),STUDENT(200703502,'张军',.FALSE.,&
     &(/75,78,81,85,88/),BIRTH(1987,9,10))/)
```

（2）使用 DATA 语句给结构体数组赋初值

例如,对于结构体数组 DATE3 和 STU1,可赋值如下:

```
DATA DATE3/BIRTH(1987,9,10),BIRTH(1988,1,19)/
DATA STU1/STUDENT(200703501,"李盼盼",.TRUE.,(/80,78,89,90,85/),&
     &BIRTH(1987,9,10)),STUDENT(200703502,'张军', &
     & .FALSE.,(/75,78,81,85,88/),BIRTH(1987,9,10))/
```

11.6 程 序 举 例

【例 11-1】 现有 3 名学生,他们的各项信息如下。要求打印一份成绩单,成绩单包含的数据项有:学号、姓名、语文成绩、数学成绩、英语成绩、各人平均成绩。

学号	姓名	语文	数学	英语
200901	张伟	78.0	81.0	69.0
200902	李丽	85.0	77.5	80.5
200903	赵德	80.0	92.0	79.0

分析:首先定义一个派生类型 STUDENT_SCORE,其成员包括学号 NUM、姓名 NAME、语文 CHIN、数学 MATH、英语 ENG、平均成绩 AVE,再说明三个结构体 S1、S2 和 S3。通过赋值语句给结构体赋值,并计算平均成绩,最后打印出成绩单。

程序编写如下:

```
TYPE STUDENT_SCORE
    INTEGER NUM
    CHARACTER * 6 NAME
    REAL CHIN,MATH,ENG,AVE
END TYPE
TYPE(STUDENT_SCORE) S1,S2,S3
S1 = STUDENT_SCORE(200901,'张伟',78.0,81.0,69.0,0)
```

```
    S2 = STUDENT_SCORE(200902,'李丽',85.0,77.5,80.5,0)
    S3 = STUDENT_SCORE(200903,'赵德',80.0,92.0,79.0,0)
    S1 % AVE = (S1 % CHIN + S1 % MATH + S1 % ENG)/3.0
    S2 % AVE = (S2 % CHIN + S2 % MATH + S2 % ENG)/3.0
    S3 % AVE = (S3 % CHIN + S3 % MATH + S3 % ENG)/3.0
    PRINT * ,' 学号　姓名　语文　数学　英语　平均成绩'
    PRINT 10,S1
    PRINT 10,S2
    PRINT 10,S3
10  FORMAT(2X,I6,3X,A4,4(3X,F4.1))
    END
```

程序中给结构体 S1、S2 和 S3 赋值时,由于还没有计算各人的平均成绩,因此平均成绩这一项设为 0。

程序运行结果如图 11.1 所示。

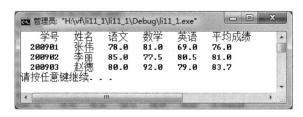

图 11.1　例 11-1 程序运行结果

【例 11-2】　建立某单位职工信息查询系统。某单位职工信息记录包含如下数据项:工号、姓名、性别、年龄、工资。该单位共有职工 500 人。要求建立数据文件,存放职工所有信息,并且输入一个职工的工号,程序能打印出该职工的所有信息。

分析:首先定义一个派生类型 CLERK_RECORD,其成员包括工号 NUM、姓名 NAME、性别 SEX、年龄 AGE、工资 SAL,再根据派生类型说明一个结构体数组 CR,其元素个数为 500。

当输入一个职工的工号 NUMBER 后,将该工号与结构体数组 CR 中存放的工号一一进行比较,若相等则找到该职工,打印输出该职工所有信息即可,若比较完还没有找到,也输出提示信息。

程序编写如下:

```
PARAMETER(N = 500)
TYPE CLERK_RECORD
    INTEGER NUM
    CHARACTER * 6 NAME
    LOGICAL SEX
    INTEGER AGE
    INTEGER SAL
END TYPE
TYPE(CLERK_RECORD) CR(N)
INTEGER NUMBER
OPEN(8,FILE = 'CLERK.TXT',STATUS = 'OLD')
DO I = 1,N
```

```
        READ(8,100) CR(I)
    END DO
    PRINT * ,"ENTER A CLERK′S NUMBER:"
    READ * ,NUMBER
    DO I = 1,N
        IF(NUMBER == CR(I) % NUM) THEN
            PRINT * ,' 工号 姓名 性别 年龄 工资'
            PRINT 100,CR(I)
            EXIT
        END IF
    END DO
    IF(I > N) PRINT * ,'CAN NOT FIND THE CLERK!'
100 FORMAT(I8,3X,A6,3X,A2,3X,I2,3X,I4)
    CLOSE(8)
    END
```

　　程序中数据文件 CLERK.TXT 的格式应与 READ 语句格式一致,并且数据文件与程序放在同一个 PROJECT 中。为简便起见,设定职工人数为 10 人,建立数据文件 CLERK.TXT,其内容如图 11.2 所示,各列数据之间按照语句标号 100 中指定的格式设置 3 个空格。调试时可将结构体数组的元素个数改小,减小测试数据的输入工作量,待调试完毕、正确无误后,再改回原来的数组元素数 500。

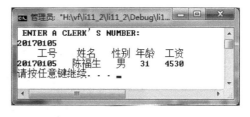

图 11.2　测试用数据文件内容及格式　　　　图 11.3　例 11-2 运行结果

　　【例 11-3】　输入若干名学生的学号和三门课程(语文,数学和外语)的成绩,要求打印出按平均成绩进行排名的成绩单。如果平均成绩相同,则名次并列,其他名次不变。要求用派生类型编写程序。

　　分析:首先定义一个派生类型 STUDENT_RECORD,其成员包括学号 NUM、三门课程成绩 A、平均成绩 AVE、排名 S,其中 A 为包含三个元素的数组。再根据派生类型说明一个结构体数组 CLASS,其元素个数为学生人数。

　　程序编写如下:

```
PARAMETER(N = 10)
TYPE STUDENT_RECORD
    INTEGER NUM,S
    REAL A(3),AVE
END TYPE
TYPE(STUDENT_RECORD) CLASS(N)
PRINT 100,"请输入",N,"个学生的学号和成绩:"
DO I = 1,N
    READ * ,CLASS(I) % NUM,CLASS(I) % A
```

```
      CLASS(I) % AVE = (CLASS(I) % A(1) + CLASS(I) % A(2) + CLASS(I) % A(3))/3.0
    END DO
    DO I = 1, N
     K = 0
     DO J = 1, N
        IF(CLASS(J) % AVE > CLASS(I) % AVE) K = K + 1
     END DO
     CLASS(I) % S = K + 1
    END DO
    PRINT * , ''
   PRINT * , '按照平均分排名如下: '
   PRINT * , '--------------------------------------------------- '
   PRINT * , ' 名次    学号    语文    数学    英语    平均成绩'
   DO I = 1, N
     DO J = 1, N
       IF(CLASS(J) % S == I) PRINT 200, CLASS(J) % S, CLASS(J) % NUM&
            CLASS(J) % A, CLASS(J) % AVE
     END DO
   END DO
100 FORMAT(A, I3, A)
200 FORMAT(I5, I10, 4F8.1)
    END
```

程序运行结果如图 11.4 所示。

图 11.4　例 11-3 运行结果

【**例 11-4**】　D:\shuju\worker.txt 文件中记录了一家企业部分员工的工资信息,包括工号、姓名、部门、基本工资、奖金、总工资。企业因被要求代扣员工个人所得税,所以需要完善员工信息,新增信息包括三险一金、所得税和实发工资。要求编写程序完成如下工作。

(1) 根据基本工资和奖金数据,完成总工资、三险一金、所得税和实发工资的计算,并将员工工资信息保存到 D 盘 SHUJU 文件夹的 SALARY.TXT 文件中。

（2）可按部门名称筛选出某部门全部员工的工资信息并保存。

（3）可按人名查询某员工的工资信息，若该人信息不存在，则将其添加到员工信息库当中。

（4）可将离职员工信息从员工信息表中删除

分析：这是一个综合问题，建议采用子程序形式编写。员工工资信息由多种数据类型数据构成，应采用派生类数据处理，当采用子程序处理派生类数据时可能需要在每个子程序内定义派生类，比较麻烦，不妨将派生类的定义放在模块内。按照题目设计要求，可将总任务分解成 9 项任务：①定义包含派生类型定义的模块；②读取员工信息数据文件；③计算个人总工资和三险一金；④计算个人所得税；⑤计算个人最终总工资；⑥个人信息查询；⑦新员工信息添加；⑧离职员工信息删除；⑨部门人员信息汇总。最后设计测试算例并编写主程序。

任务 1 定义包含派生类型定义的模块，以便子程序方便使用派生类。

```
MODULE SHUJU          !定义模块语句,SHUJU 是模块名
TYPE CLERK
INTEGER NUM
CHARACTER * 6 NAME
CHARACTER * 6 DEPARTMENT
REAL SALARY(9)        !工资项由相同类型数据构成,故用数组作为成员
END TYPE
END MODULE            !模块定义结束语句
```

任务 2 读取员工数据文件，由于可能存在多次读取不同位置的不同数据文件，这里将数据文件名采用字符参数形式处理，通过虚实结合，可方便主程序调用。设计此子程序时考虑到员工人数扩容问题，故形参有 4 个，分别是数组名、原有员工数、新增员工数和数据文件路径。对应子程序 INPUT 编写如下：

```
       SUBROUTINE INPUT(A,M,N,PATH)
       USE SHUJU
       INTEGER M,N
       TYPE(CLERK) A(M + N)
       CHARACTER * ( * ) PATH
       OPEN(10,FILE = PATH)
       DO I = 1,M
            READ(10,100),A(I)
       ENDDO
       CLOSE(10)
100 FORMAT(I8,A6,2X,A6,2X,9F10.2)
       END
```

任务 3 计算"三险一金"，对应子程序如下。其中 B1、B2、B3、B4 分别是养老保险、医疗保险、失业保险和住房公积金缴存比例系数（具体调用时参考相关政策，一般为 8%、2%、1% 和 10%），本子程序按照基本工资缴纳"三险一金"。WAGE 子程序如下：

```
SUBROUTINE WAGE(A,M,B1,B2,B3,B4)
USE SHUJU
```

```
REAL B1, B2, B3, B4
TYPE(CLERK) A(M)
DO I = 1, M
A(I).SALARY(3) = A(I).SALARY(1) + A(I).SALARY(2)
A(I).SALARY(4)  = A(I).SALARY(1) * B1
A(I).SALARY(5) = A(I).SALARY(1) * B2
A(I).SALARY(6) = A(I).SALARY(1) * B3
A(I).SALARY(7) = A(I).SALARY(1) * B4
ENDDO
END
```

子程序 TAX 采用 2012 年实行的 7 级超额累进个人所得税税率表进行员工个人所得税计算。任务 4 对应子程序如下：

```
SUBROUTINE TAX(A,M)
USE SHUJU
TYPE(CLERK) A(M)
REAL T
DO I = 1, M
T = A(I).SALARY(3)
    DO J = 4, 7
    T = T -  A(I).SALARY(J)
    ENDDO
T = T - 3500
IF(T < 0)THEN
A(I).SALARY(8) = 0
ELSE IF(T < = 1500)THEN
A(I).SALARY(8) = T * 0.03
ELSE IF(T < = 4500)THEN
A(I).SALARY(8) = T * 0.1 - 105
ELSE IF(T < 9000)THEN
A(I).SALARY(8) = T * 0.2 - 555
ELSE IF(T < 35000)THEN
A(I).SALARY(8) = T * 0.25 - 1005
ELSE IF(T < 55000)THEN
A(I).SALARY(8) = T * 0.3 - 2755
ELSE IF(T < 80000)THEN
A(I).SALARY(8) = T * 0.35 - 5505
ELSE
A(I).SALARY(8) = T * 0.45 - 13505
ENDIF
ENDDO
END
```

任务 5 比较简单，只是计算实发工资。其对应子程序 NET_WAGE 如下：

```
SUBROUTINE NET_WAGE(A,M)
USE SHUJU
TYPE(CLERK) A(M)
DO I = 1, M
A(I).SALARY(9) = A(I).SALARY(3)
```

```
DO J = 4,8
A(I).SALARY(9) = A(I).SALARY(9) - A(I).SALARY(J)
ENDDO
ENDDO
END
```

任务 6 是按照员工姓名查询,查询结果由逻辑型参数 JIEGUO 返回给主调程序单元,查询到则返回逻辑值". TRUE. ",查询不到则返回逻辑值". FALSE. "。对应子程序 FIND 如下:

```
SUBROUTINE FIND(A,M,NAME,JIEGUO)
USE SHUJU
TYPE(CLERK) A(M)
CHARACTER * ( * ) NAME
LOGICAL JIEGUO
DO I = 1,M
IF(NAME == A(I).NAME)THEN
JIEGUO = .TRUE.
EXIT
ENDIF
ENDDO
IF(I > M)JIEGUO = .FALSE.
END
```

任务 7 用于插入新招聘的员工,插入前先进行查询,是新员工就插入,否则打印是老员工。子程序代码如下:

```
SUBROUTINE ADD(A,M,NAME,JIEGUO)
USE SHUJU
TYPE(CLERK) A(M + 1)
CHARACTER * ( * ),NAME
LOGICAL JIEGUO
INTEGER P
CALL FIND(A,M,NAME,JIEGUO)
IF(JIEGUO == .FALSE.)THEN
PRINT * ,"请输入新员工工号"
READ * ,A(M + 1).NUM
A(M + 1).NAME = NAME
PRINT * ,"请输入新员工的部门"
READ * ,A(M + 1).DEPARTMENT
 PRINT * ,"请输入新员工基本工资"
READ * ,A(M + 1).SALARY(1)
PRINT * ,"请输入新员工奖金"
READ * ,A(M + 1).SALARY(2)
ELSE
PRINT * ,NAME,"是老员工"
ENDIF
END
```

任务 8 用于删除离职员工的信息,删除前先查询,如果是本单位员工执行删除操作,否则打印"不是本单位职工",删除时按名称找到该员工的信息记录位置,然后将其后面的员工信息向前复制,实现删除。删除后形成的新员工信息文件可覆盖原有数据文件或另行存放。
程序代码如下:

```
SUBROUTINE DELETE(A,M,NAME,JIEGUO,N,PATH)
USE SHUJU
TYPE(CLERK) A(M)
CHARACTER * ( * ),NAME,PATH
LOGICAL JIEGUO
INTEGER P,N
N = M
CALL FIND(A,M,NAME,JIEGUO)
IF(JIEGUO == .TRUE. )THEN
DO I = 1,M
IF(NAME == A(I).NAME)THEN
P = I
EXIT
ENDIF
ENDDO
IF(P < M)THEN
A(P:M - 1) = A(P + 1:M)
N = N - 1
ELSE
N = N - 1
ENDIF
PRINT * ,NAME,"已从本单位职工信息中删除"
OPEN(12,FILE = PATH)
DO J = 1,N
WRITE(12,20),A(J)
ENDDO
ELSE
PRINT * ,NAME,"不是本单位职工"
ENDIF
20 FORMAT(I8,A6,2x,A6,2x,9F10.2)
END
```

任务 9 完成部门人员信息的筛选。对应子程序如下:

```
SUBROUTINE SELECT(A,M,DEPARTMENT,PATH)
USE SHUJU
TYPE(CLERK) A(M)
CHARACTER * ( * ),DEPARTMENT,PATH
OPEN(30,FILE = PATH)
DO I = 1,M
IF(A(I).DEPARTMENT == DEPARTMENT)THEN
WRITE(30,20),A(I)
ENDIF
ENDDO
20 FORMAT(I8,A6,2X,A6,2X,9F10.2)
CLOSE(30)
END
```

任务 10 是设计测试主程序,通过调用各个子程序,验证子程序的功能是否实现。这里
假定文件 SHUJU.TXT(图 11.6)内有 8 个员工记录,又招聘 2 名新员工。制作一个所用员

工的工资清单,保存到 WAGE_CLERK.TXT 文件(图 11.7),删除员工"叶檀"后形成数据文件 SHUJU_DEL.TXT(图 11.8),筛选出广告部全部员工的信息并存入文件 DEPARTMENT_SHUJU.TXT(图 11.9)。测试主程序如下,运行过程中的人机交互输入如图 11.5 所示。

```
        PROGRAM ZHU
        USE SHUJU
        TYPE(CLERK),ALLOCATABLE:: XIBEI(:)
        INTEGER M,N,K
        LOGICAL JIEGUO
        PRINT *,"请输入原有员工人数"
        READ *,M
        PRINT *,"请输入新员工人数"
        READ *,N
        ALLOCATE(XIBEI(M + N))
        CALL INPUT(XIBEI,M,N,"SHUJU.TXT")
        CALL ADD(XIBEI,M,"张晓芳",JIEGUO)
        CALL ADD(XIBEI,M + 1,"梅兰芳",JIEGUO)
        CALL WAGE(XIBEI,M + N,0.02,0.02,0.01,0.05)
        CALL TAX(XIBEI,M + N)
        CALL NET_WAGE(XIBEI,M + N)
        OPEN(30,FILE = "WAGE_CLERK.TXT")
        DO I = 1,M + N
        WRITE(30,100),XIBEI(I)
        ENDDO
        CLOSE(30)
        CALL FIND(XIBEI,M + N,"张晓芳",JIEGUO)
        CALL DELETE(XIBEI,M + N,"叶檀",JIEGUO,K,"SHUJU_DEL.TXT")
        CALL SELECT(XIBEI,K,"广告部","DEPARTMENT_SHUJU.TXT")
100 FORMAT(I8,A6,2X,A6,2X,9F10.2)
        END
```

图 11.5 运行过程中的人机交互输入

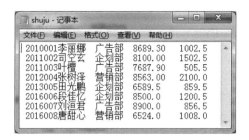

2010001李丽娜	广告部	8689.30	1002.5
2011002司空玄	企划部	8100.00	1502.5
2011003叶檀	广告部	7687.90	505.5
2012004张树泽	营销部	8563.00	2100.0
2013005田光鹏	企划部	6589.5	859.5
2016006段佳忆	企划部	8500.0	1200.5
2016007刘洹君	广告部	8900.0	856.5
2016008唐甜心	营销部	6524.0	1008.0

图 11.6　程序中的初始员工数据

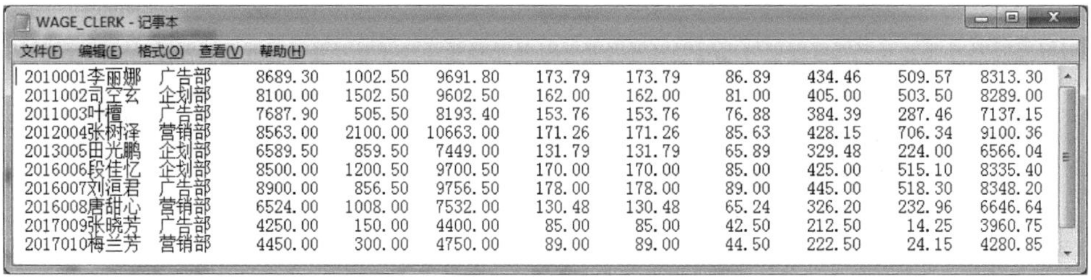

2010001李丽娜	广告部	8689.30	1002.50	9691.80	173.79	173.79	86.89	434.46	509.57	8313.30
2011002司空玄	企划部	8100.00	1502.50	9602.50	162.00	162.00	81.00	405.00	503.50	8289.00
2011003叶檀	广告部	7687.90	505.50	8193.40	153.76	153.76	76.88	384.39	287.46	7137.15
2012004张树泽	营销部	8563.00	2100.00	10663.00	171.26	171.26	85.63	428.15	706.34	9100.36
2013005田光鹏	企划部	6589.50	859.50	7449.00	131.79	131.79	65.89	329.48	224.00	6566.04
2016006段佳忆	企划部	8500.00	1200.50	9700.50	170.00	170.00	85.00	425.00	515.10	8335.40
2016007刘洹君	广告部	8900.00	856.50	9756.50	178.00	178.00	89.00	445.00	518.30	8348.20
2016008唐甜心	营销部	6524.00	1008.00	7532.00	130.48	130.48	65.24	326.20	232.96	6646.64
2017009张晓芳	广告部	4250.00	150.00	4400.00	85.00	85.00	42.50	212.50	14.25	3960.75
2017010梅兰芳	营销部	4450.00	300.00	4750.00	89.00	89.00	44.50	222.50	24.15	4280.85

图 11.7　测试程序运行时形成的数据文件 WAGE_CLERK

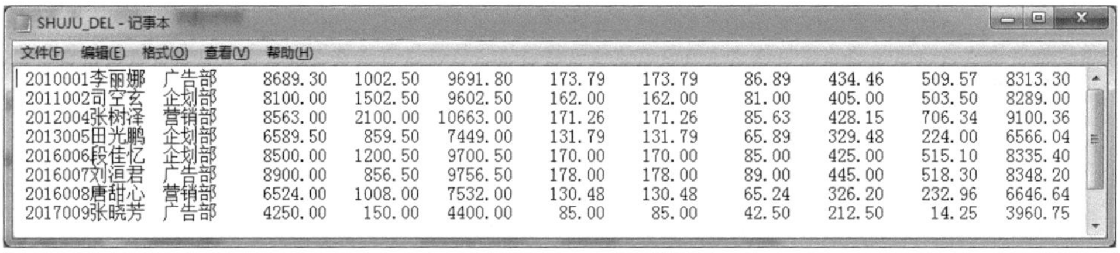

2010001李丽娜	广告部	8689.30	1002.50	9691.80	173.79	173.79	86.89	434.46	509.57	8313.30
2011002司空玄	企划部	8100.00	1502.50	9602.50	162.00	162.00	81.00	405.00	503.50	8289.00
2012004张树泽	营销部	8563.00	2100.00	10663.00	171.26	171.26	85.63	428.15	706.34	9100.36
2013005田光鹏	企划部	6589.50	859.50	7449.00	131.79	131.79	65.89	329.48	224.00	6566.04
2016006段佳忆	企划部	8500.00	1200.50	9700.50	170.00	170.00	85.00	425.00	515.10	8335.40
2016007刘洹君	广告部	8900.00	856.50	9756.50	178.00	178.00	89.00	445.00	518.30	8348.20
2016008唐甜心	营销部	6524.00	1008.00	7532.00	130.48	130.48	65.24	326.20	232.96	6646.64
2017009张晓芳	广告部	4250.00	150.00	4400.00	85.00	85.00	42.50	212.50	14.25	3960.75

图 11.8　测试程序运行时删除“叶檀”后的数据文件 SHUJU_DEL

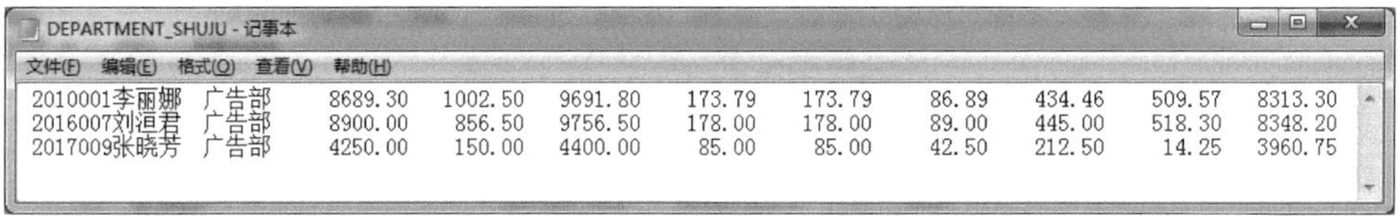

2010001李丽娜	广告部	8689.30	1002.50	9691.80	173.79	173.79	86.89	434.46	509.57	8313.30
2016007刘洹君	广告部	8900.00	856.50	9756.50	178.00	178.00	89.00	445.00	518.30	8348.20
2017009张晓芳	广告部	4250.00	150.00	4400.00	85.00	85.00	42.50	212.50	14.25	3960.75

图 11.9　测试程序运行时筛选形成的部门员工信息数据文件

习　题　11

1. 某班要建立学生信息档案，学生信息数据包括学号、姓名、性别、年龄、家庭住址、5门课程成绩。定义一个学生信息的派生类型，并定义一个能保存全班 50 人信息的结构体数组。

2. 输入 10 名学生的学号、姓名、性别和一门课程的成绩，要求打印出不及格学生的所有信息。

3. 已知职工工资表记录包括：职工号、姓名、年龄、职称、工资，建立一个 10 个职工组成的记录表,打印输出职工中工资最高和最低者的所有信息,以及工资总额和平均工资。

4. 输入 10 个数,将它们从小到大排序,输出排序后的数及这些数在排序前的次序号。

5. 设有 30 名投票人给 5 名候选人投票,统计候选人得票结果。要求建立数据文件存放投票信息,并按票数由多到少的次序输出每名候选人的姓名、票数及其占总票数的百分比。

6. 教室分配问题。某校共有 20 间教室,每间教室规定了教室编号和座位数。现有若干个班级需要分配教室,班级个数不定,一间教室只能分配给一个班级,一个班级也只能分配一间合适教室(座位数大于或等于班级人数且最接近班级人数的教室)。输入班级编号和人数,进行教室分配,输出教室分配结果,包括:班级编号、人数、有无教室分配给该班、分配的教室编号、座位数。

7. 修改例 11-3 中的程序,使之满足下面的要求。

(1) 把输入的数据存放在文件中,通过程序调用文件来给变量赋值。

(2) 成绩单除了在屏幕上打印外,还要存放在另一个数据文件中。

第 12 章

指　针

教学目标：

- 学会指针的定义方法；
- 掌握两种常见的指针的使用方式；
- 掌握指针数组的定义格式；
- 学会使用指针数组；
- 学会结点的定义方法；
- 掌握链表的基本操作。

指针是 FORTRAN90 开始引入的一个非常有用的概念。正确而灵活地运用指针，可以使程序简洁、紧凑、高效。它既可以用来保存变量，也可以动态使用内存，更高级地，则可以应用在特别的数据结构上，如创建"串行结构""树状结构"等。

本章主要介绍指针的概念和应用。指针的概念比较复杂，使用也比较灵活，因此初学时常会觉得困难，使用时容易出错，请大家多思考、多比较、多上机，在实践中掌握它。

12.1　指针的概念

要理解和掌握指针的概念，必须弄清楚数据在内存中是如何存储的，又是如何读取的。

如果在程序中定义了一个变量，在编译时就给这个变量分配内存单元。系统根据定义变量的数据类型，分配一定长度的空间。例如，一般微机的 FORTRAN95 系统为一个整型变量分配 4 个字节，为一个单精度实型变量分配 4 个字节，为长度为 5 的字符型变量分配 5 个字节，为元素个数为 3 的整型数组分配 12 个字节。内存区的每一个字节都有一个"编号"，这就是地址。内存就好像一个大旅馆，内存单元的地址就相当于房间号，内存单元里的数据则相当于旅馆中各房间居住的旅客。

如同旅客和房间号是两个概念一样，一个内存单元的内容和地址也是两个概念。

如图 12.1 所示，假设程序中已经定义了三个整型变量 I、J 和 K，编译时系统分配 2001～2004 的 4 个字节给变量 I，分配 2005～2008 的 4 个字节给变量 J，分配 2009～2012 的 4 个字节给变量 K。在程序中一般通过变量名来对内存单元进行存取操作。程序经过编译后已经将变量名转换为变量的地址，对变量值的

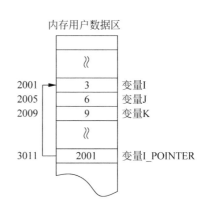

图 12.1　变量与内存单元的对应关系

存取都是通过地址进行的。例如,有赋值语句 K＝I＋J,执行情况是这样的:先找到变量 I 的起始地址 2001,然后从由 2001 开始的 4 个字节中取出变量 I 的值 3,再从起始地址 2005 开始的 4 个字节中取出变量 J 的值 6,把它们相加后将其和值 9 送到变量 K 所占的、起始地址为 2009 的 4 个字节的整型存储单元中。这种按变量地址存取变量值的方式称为"直接访问"方式。

除此之外,还可以采用一种称为"间接访问"的方式。定义一个指针变量 I_POINTER,将变量 I 的地址存放到变量 I_POINTER 中。假设指针变量 I_POINTER 被分配 3011～3014 的 4 个字节,通过下面的语句可以将变量 I 的起始地址(2001)存放到指针变量 I_POINTER 中。

```
I_POINTER=>I
```

这样一来就使指针变量 I_POINTER 指向整形变量 I,整型变量 I 成为指针变量 I_POINTER 的目标变量。

可以通过赋值语句 I_POINTER＝3,采用"间接访问"方式,将数值 3 送到变量 I 中。

如图 12.2 所示,为了将数值 3 送到整型变量 I 中,可以有直接访问和间接访问两种方式。

图 12.2 直接访问和间接访问的示意

(1) 直接将 3 送到整型变量 I 所标识的单元中,见图 12.2(a),即"直接访问"。

(2) 将 3 送到变量 I_POINTER 所"指向"的单元中,见图 12.2(b),即"间接访问"。

在 FORTRAN 语言中,所谓"指向"是通过给目标变量冠以别名的方式来体现的。I_POINTER 就是变量 I 的一个别名,这样在 I_POINTER 和 I 之间就建立了一种联系,即通过 I_POINTER 能知道变量 I 所占用的内存地址和其中所存放的内容。图中用箭头来表示这种"指向"关系。FORTRAN 中,称一个变量的别名为该变量的"指针",那个作为别名的变量就是"指针变量"。例如,I_POINTER 即为变量 I 的指针,I_POINTER 就是指针变量。

12.2 指针的定义与使用

指针变量定义的一般格式为:

类型说明,`target`:: 目标变量名 1,目标变量名 2,…
类型说明,`pointer`:: 指针变量名 1,指针变量名 2,…

说明:

(1) 定义指针变量前,必须先要定义指针变量的目标变量。

（2）指针是一种特殊的变量,特殊性表现在类型和值上。从变量角度来讲,指针变量也具有变量的三个要素。

① 变量名,这与一般的变量命名规则相同。

② 指针变量的类型是指针所指向的变量的类型,而不是自身的类型。

③ 指针变量的值是某个变量在内存中的地址,即变量的内存地址。

例如:

```
INTEGER, TARGET :: I, J
INTEGER, POINTER :: P1, P2
```

上面两个语句定义了两个整型目标变量 I、J 和两个指向整型变量的指针变量 P1、P2。

12.3　指针的使用

指针变量的使用有两种方式,即指向一般变量(非指针变量)和指向动态存储(程序运行中)空间。

12.3.1　指向一般变量的应用

对于一般变量,指针记录变量的内存位置,称为指向,其后指针相当于这个一般变量的别名,这个变量在说明时必须具有 target 属性,称为目标变量。

指针变量的赋值格式为:

指针变量 =>目标变量或另一个指针变量

说明:

（1）多个指针变量可以指向同一目标变量,但是,一个指针变量只能指向一个目标变量,不能同时指向多个目标变量。

（2）指针变量和目标变量的数据类型必须一致。

（3）指针变量是其目标变量的别名,在编译时当作同一变量,指针变量的使用就是对目标变量的使用。

（4）在程序中,指针变量有以下三种状态。

① 未定义状态。在程序初始化状态中,所有指针处于这种状态。

② 空指针,只是指针而不是任何目标变量的别名。

③ 关联状态,即指针是某一目标变量的别名。只有在这种状态下,指针才能参与运算,否则会出错或是非法操作。

例如:

```
P1 => I              (把变量 I 的地址存放在指针 P1 中)
P2 => J              (把变量 J 的地址存放在指针 P2 中)
```

接下来通过例题来了解指针变量指向一般变量的应用。

【例 12-1】 编写程序,实现以下要求:用指针变量来记录另外一个目标变量的地址,再通过指针来读写数据。

程序编写如下：

```
IMPLICIT NONE
INTEGER, TARGET::A = 1          !定义一个目标变量,即整型变量 A
INTEGER, POINTER::P             !定义一个可以指向整型变量的指针
P = > A                        !把指针 P 指向变量 A
PRINT * , P
A = 5                          !改变 A 的值
PRINT * , P
P = 8
PRINT * , A
END
```

图 12.3　例 12-1 运行结果

程序运行结果如图 12.3 所示。

分析：第 1 行输出 1,输出语句"PRINT ＊,P"要输出指针 P 的值,即为输出指针 P 所指向的变量 A 的值,因此输出结果为 1；执行 A＝5 后,A 变量的值发生了变化,同前面的输出语句一样,要输出指针 P 的值就是输出变量 A 的值,因此第 2 行输出为 5；通过赋值语句 P＝8 改变了指针 P 的值,也就是改变了指针 P 所指向的变量 A 的值,因此第 3 行输出的是 8。

从这个例子中可以看出,程序中,指针 P 指向变量 A 的存储单元,改变一个变量的值,另一个的值也会跟着改变。这是指针的第一种使用方式,只要将指针指向一个目标变量,使用指针和使用这个一般变量(目标变量)没有差别。

【例 12-2】　编写程序实现指针变量指向另一个指针变量,观察指针变量值的变化情况。

程序编写如下：

```
IMPLICIT NONE
REAL, TARGET :: A1 = 15, A2 = 27
REAL, POINTER :: P1, P2
P1 = > A1
P2 = > P1
PRINT * , P1,P2,A1
P2 = > A2
PRINT * , P1, P2
P1 = P2
PRINT * , P1,P2,A1,A2
END
```

程序运行结果如图 12.4 所示。

图 12.4　例 12-2 运行结果

程序中,指针赋值语句 P＝> A1 指定指针变量 P1 为变量 A1 的别名,指针赋值语句 P2＝> P1 指定指针变量 P2 为指针变量 P1 的别名。因为 P1 已经指向了 A1,所以 P2 同样

是 A1 的别名,如图 12.5(a)所示,因此输出结果的第 1 行均为 15.00000。

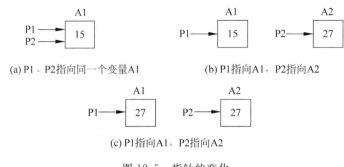

(a) P1、P2指向同一个变量A1   (b) P1指向A1,P2指向A2

(c) P1指向A1,P2指向A2

图 12.5 指针的变化

指针赋值语句 P2=>A2 又指定指针变量 P2 指向变量 A2,即 P2 为 A2 的别名,如图 12.5(b)所示,因此输出结果的第 2 行分别为 15.00000 和 27.00000。

通过赋值语句 P1=P2 将指针变量 P2 的值赋值为 P1 的值,也就是将 A2 的值赋值给了 A1,此时 P1、P2 的指向关系没变,如图 12.5(c)所示,因此输出结果的第 3 行均为 27.00000。

12.3.2 指向动态存储空间

在程序执行过程中,可以动态地分配存储空间,通过指针指向这一空间来进行应用。

【例 12-3】 指针指向动态存储空间。

程序编写如下:

```
IMPLICIT NONE
INTEGER, POINTER :: P          !定义一个可以指向整型数的指针
ALLOCATE(P)                    !动态分配一块可以存放整型数的存储空间给指针 P
P = 50                         !得到存储空间后,指针 P 可以像一般整型变量一样来使用
PRINT *,P
DEALLOCATE(P)
END
```

程序运行结果如图 12.6 所示。

程序中使用了函数 ALLOCATE 和 DEALLOCATE,这两个函数在第 7 章中已经介绍过,那时候是用

图 12.6 例 12-3 运行结果

ALLOCATE 函数来配置一块内存空间给动态数组使用,它也可以用来配置一块内存空间给指针使用,如本例。

这里指针变量 P 是一个能存储整型变量内存地址的指针变量,通过第 4 行 ALLOCATE(P)语句为 P 配置了 4 个字节的整型存储空间,并将地址存放在指针 P 中,使指针变量 P 成为动态分配所得内存空间的别名,如图 12.7(a)所示。

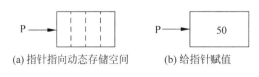

(a) 指针指向动态存储空间   (b) 给指针赋值

图 12.7 指针变量 P 的运行过程

第 4 行赋值语句 P=50,通过 P 为存储空间赋值,如图 12.7(b)所示,所以输出 P 的值为 50。

当不需要 P 所指向的存储空间时,通过第 5 行 DEALLOCATE(P)语句释放其空间。如果不释放空间,会在计算机中形成一块已经配置、却被丢弃的内存。一般而言,函数 ALLOCATE 和 DEALLOCATE 总是配对使用。

使用指针之前,一定要先设置好指针的目标,不然在程序执行时,会发生意想不到的情况。因为使用指针是使用它所存储的内存地址,还没设置指向的指针不会知道哪里有内存可以使用,在这个时候使用指针会出现内存使用错误的信息。

FORTRAN 提供函数 ASSOCIATED,用来检查指针是否已经设置指向。

```
ASSOCIATED ( 指针变量名[,变量名] )
```

函数的返回值为逻辑型,有以下三种情况。

(1) 函数的参数只有一个指针变量名,如 ASSOCIATED(P)。

如果 P 是一个目标变量的别名,即指针变量已经指向了一个目标变量,则函数返回 .TRUE.；否则返回.FALSE.。

(2) 函数有两个参数,第 2 个参数是一个目标变量名。

如果指针变量是第 2 个参数所代表的目标变量的别名,则函数返回.TRUE.；否则返回.FALSE.。

(3) 函数有两个参数,且第 2 个参数也是指针变量名。

当这两个指针均为空或指向同一个目标变量时,则函数返回.TRUE.；否则返回 .FALSE.。

程序中,可以使用 NULLIFY 语句,又称置空语句,将指针变量设置成空状态。

```
NULLIFY(指针变量)
```

【例 12-4】　ASSOCIATED 的应用。

程序编写如下：

```
IMPLICIT NONE
INTEGER, POINTER :: P
INTEGER, TARGET :: A = 1,B = 2
NULLIFY(P)                        !将指针 P 设为空指针
PRINT * , ASSOCIATED(P)          !函数值为 FALSE
P = > B
PRINT * , ASSOCIATED(P)          !函数值为 TRUE,指针 P 已赋值
PRINT * , ASSOCIATED(P,B)        !函数值为 TRUE,指针 P 指向目标变量 B
PRINT * , ASSOCIATED(P,A)        !函数值为 FALSE,指针 P 不指向目标变量 A
END
```

程序运行结果如图 12.8 所示。

指针可以声明成任何数据类型,甚至是用户自定义的数据类型,但是不管指针是用来指向哪一种数据类型,每一种指针变量都占用相同的内存空间。因为指针变量实际上是用来存放内存地址,以现在的 32 位计算机来说,存放一个内

图 12.8　例 12-4 运行结果

存地址固定需要使用 4 个字节的空间。

12.4　指针与数组

指针也可以定义成数组,定义成数组的指针同样可以有两种使用方法,即将指针指向其他数组或动态配置内存空间来使用。

12.4.1　指针指向其他数组

定义指针数组指向目标数组。指针数组定义格式为:

类型说明,DIMENSION(：…：),POINTER::指针数组名

【例 12-5】　一维指针数组应用 1。

程序编写如下:

```
       IMPLICIT NONE
       INTEGER, POINTER :: P(:)
       INTEGER, TARGET :: A(5),B(10)
       INTEGER I
       P = > A
       DO I = 1,5
         P(I) = 13 - I
       ENDDO
       PRINT 10, A
10     FORMAT(1X,5I5)
       P = > B
       DO I = 1,10
         B(I) = I
       ENDDO
       PRINT 20,P
20     FORMAT(1X,10I5)
       END
```

程序运行结果如图 12.9 所示。

图 12.9　例 12-5 运行结果

程序中,P 为指向一维整型数组的指针数组,指针数组在定义时只要说明它的维数即可,不能说明它的大小,类似于动态数组。

被当成目标给指针使用的数组,在定义时同样要加上 TARGET 说明。

第 5 行指针赋值语句 P=>A 使指针数组 P 指向一维数组 A,即成为一维数组 A 的别名。P(1)=>A(1),P(2)=>A(2),P(3)=>A(3),P(4)=>A(4),P(5)=>A(5),因此对 P 的运算等同于对 A 的运算。同样,第 11 行指针赋值语句 P=>B 使指针变量 P 成为一维数

组 B 的别名,对 B 的运算等同于对 P 的运算。

【例 12-6】　一维指针数组应用2。

程序编写如下:

```
IMPLICIT NONE
INTEGER, POINTER :: P(:)
INTEGER, TARGET :: A(5) = (/ 1,2,3,4,5 /)
P = > A(1:3)
PRINT * , P
P = > A(1:5:2)
PRINT * , P
P = > A(5:1: - 1)
PRINT * , P
END
```

程序运行结果如图 12.10 所示。

图 12.10　例 12-6 运行结果

程序中可以看到指针数组可以只选择目标数组中的一部分来使用。第 4 行取出数组 A 中的前三个元素来使用,这时指针数组 P 的大小为 3,相当于 P(1)=>A(1),P(2)=>A(2), P(3)=> A(3)。

还可以间隔地选择目标数组中的一部分来使用。第 6 行取出数组 A 的第 1、3、5 个元素来使用,即 P(1)=> A(1),P(2)=> A(3),P(3)=> A(5)。

逆序赋值也可以做到。第 8 行将指针数组 P(1)~P(5)逆向指向数组 A,即 P(1)=> A(5),P(2)=> A(4),P(3)=> A(3),P(4)=> A(2),P(5)=> A(1)。

以上两个例题是一维指针数组的应用,也可有多维指针数组。

【例 12-7】　多维指针数组应用。

程序编写如下:

```
IMPLICIT NONE
INTEGER, POINTER :: P(:, :)
INTEGER, TARGET :: A(3,3,2)
INTEGER I
DO I = 1,3
    A(:, I, 1) = I
    A(:, I, 2) = 2 * I
ENDDO
P = > A(:,:,1)
PRINT'(9I3)',P
P = > A(1:3:2,1:2,2)
PRINT'(4I3)', P
END
```

程序运行结果如图 12.11 所示。

图 12.11　例 12-7 运行结果

本例中用二维指针数组 P 指向三维数组 A 中的一小部分。

经过赋值,三维数组 A 如下:

$$
\begin{array}{ccccccc}
A(1,1,1) & A(1,2,1) & A(1,3,1) & \quad 1 & 2 & 3 \\
A(2,1,1) & A(2,2,1) & A(2,3,1) & \quad 1 & 2 & 3 \\
A(3,1,1) & A(3,2,1) & A(3,3,1) & \quad 1 & 2 & 3 \\
\\
A(1,1,2) & A(1,2,2) & A(1,3,2) & \quad 2 & 4 & 6 \\
A(2,1,2) & A(2,2,2) & A(2,3,2) & \quad 2 & 4 & 6 \\
A(3,1,2) & A(3,2,2) & A(3,3,2) & \quad 2 & 4 & 6
\end{array}
$$

程序第 9 行中,P=>A(:,:,1),这时二维指针数组 P 是 3×3 的指针数组,指向 A 数组的片段,即:

$$
\begin{array}{lll}
P(1,1)=>A(1,1,1), & P(1,2)=>A(1,2,1), & P(1,3)=>A(1,3,1) \\
P(2,1)=>A(2,1,1), & P(2,2)=>A(2,2,1), & P(2,3)=>A(2,3,1) \\
P(3,1)=>A(1,1,1), & P(3,2)=>A(3,2,1), & P(3,3)=>A(3,3,1)
\end{array}
$$

第 11 行中,P=>A(1:3:2,1:2,2),这时二维指针数组 P 是 2×2 的指针数组,指向 A 数组的片段,即:

$$
\begin{array}{ll}
P(1,1)=>A(1,1,2), & P(1,2)=>A(1,2,2) \\
P(2,1)=>A(3,1,2), & P(2,2)=>A(3,2,2)
\end{array}
$$

所以有如图 12.11 所示运行结果。

在程序中常常需要使用数组的一部分,可以通过定义指针数组来使用这一部分的数组,应用起来会比较方便。

12.4.2　指针指向动态配置的内存空间

指针数组除了可以指向某个目标数组之外,还可以使用 ALLOCATE 来配置一块内存空间使用,所以指针数组也可以拿来当作动态数组使用。

【例 12-8】　指针数组当作动态数组。

程序编写如下:

```
INTEGER,POINTER :: A(:)        !定义 A 是一维指针数组
ALLOCATE(A(5))                 !配置 5 个整数的空间给指针数组 A
A = (/1,2,3,4,5/)
PRINT * , A
DEALLOCATE(A)                  !应用完成后释放相应内存空间
END
```

程序运行结果如图 12.12 所示。

图 12.12　例 12-8 运行结果

指针数组的这种使用方法可以有效地避免存储空间的浪费,可以在程序运行时给数组动态分配大小。

【例 12-9】　利用指针数组打印下三角矩阵,如图 12.13 所示。

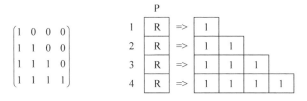

图 12.13　要打印的三角矩阵

程序编写如下:

```
IMPLICIT NONE
INTEGER N,I,J
PARAMETER (N = 4)
TYPE  ROW
    INTEGER,POINTER:: R(:)
END TYPE
TYPE(ROW):: P(N)
DO I = 1,N
    ALLOCATE(P(I) % R(1:I))
ENDDO
DO I = 1,N
    P(I) % R(1:I) = 1
ENDDO
DO I = 1,N
    PRINT * , (P(I) % R(J),J = 1,I)
ENDDO
DO I = 1,N
    DEALLOCATE(P(I) % R)
ENDDO
END
```

程序运行结果如图 12.14 所示。

图 12.14　例 12-9 运行结果

12.5　指针与链表

指针重要的用途之一是使得数据在计算机中可以按链接方式存储,而在链接存储结构中,最简单的是链表。本节将介绍链表的一些基本知识。

链表是一种常见的、重要的动态数据结构,它可以根据需要开辟内存单元。最简单的一种链表(单向链表)结构如图 12.15 所示。

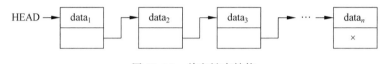

图 12.15　单向链表结构

链表有一个"头指针"变量,图 12.15 中以 HEAD 表示,它指向链表中的第一个结点。链表中每个结点都应包括两部分内容,即用户需要的实际数据和指针。数据可以包含多个数据项。指针的作用是指向下一个结点,从而环环相扣,构成链表。从图中可以看出,HEAD 指向第一个结点;第一个结点又指向第二个结点,……,直到最后一个结点,该结点指针不再指向其他结点,称为空指针,这一结点称为"表尾",链表到此结束。

可以看出,链表中各结点在内存单元中可以不是连续存放的。要找某一结点,只须先找到上一个结点,根据它提供的指针来查找到下一个结点。因此链表要提供"头指针"HEAD,否则整个链表都无法访问。链表如同一条铁链,一环扣一环,中间不能断开。只要知道头指针,就能找到第一个结点,然后顺序找到每一个结点。

可以看出,链表这种数据结构必须利用指针变量才能实现环环相扣的要求。即一个结点中应包含一个指针变量成员,用它指向下一个结点。前面介绍了派生类型和结构体,它包含若干成员,这些成员可以是 5 种基本数据类型、数组类型,也可以是指针类型。这个指针类型可以指向其他派生类型数据,也可以指向它所在的派生类型数据,因此结点可以用派生类型和结构体来实现。

12.5.1　结点的定义

结点是存放数据的基本单位,前面学习的数组中的每一个元素都可以看作一个结点,这是一类最简单的结点。

复杂的结点包含多种类型的数据,一般定义为一个派生类型数据。定义的一般格式如下:

```
TYPE NODE
    用户数据成员定义
    TYPE(NODE),POINTER::NEXT
END TYPE
```

具有这种派生类型的结构体变量可以作为一个结点。NEXT 是成员名,它是指针类型,指向 TYPE(NODE)派生类型。用这种方法可以建立链表。

例如：

```
TYPE NODE
    INTEGER NUM
    REAL SCORE
    TYPE(NODE),POINTER:: NEXT
END TYPE
```

如图 12.16 所示，其中每一个结点都属于 TYPE(NODE)类型，它的成员 NEXT 存放下一结点的地址，程序设计人员不必知道具体地址是什么，只要保证将下一个结点的地址放到前一个结点的成员 NEXT 中即可。

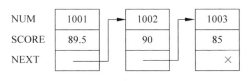

图 12.16　链表结构

需要注意的是，这里只是定义了一个 TYPE(NODE)派生类型，并未实际分配存储空间。链表是动态进行存储空间分配的，即在需要的时候才开辟一个结点的存储空间。利用 ALLOCATE 函数来配置内存空间。

有了以上的初步认识后，就可以对链表进行操作了。链表的基本操作包括建立链表、插入或删除链表中的一个结点、输出链表等。

12.5.2　链表的基本操作

1. 建立和输出链表

在程序中要使用链表，首先要建立链表。建立链表是指从无到有地建立起一个链表，即一个个地输入各结点数据，并建立起前后相链的关系。这里通过一个例子来说明如何建立一个链表。

【例 12-10】　编写程序，建立有 5 名学生数据的单项链表，并输出。

分析：为了便于理解，假设链表结点仅包含一个数据项 NUM 和一个指针项 NEXT。

设两个指针变量 HEAD、P，它们都指向派生类型数据。首先将 HEAD 置空，这是链表为"空"时的情况，以后每增加一个结点时就使 HEAD 指向该结点。用 ALLOCATE 函数开辟一个结点，并使 P 指向它。然后从键盘输入一个学生的数据给 P 所指向的结点。这里约定学号不为零，如果输入的学号为 0，则表示建立链表的过程结束，该结点不被连接到链表中。

如果输入的 P%NUM 不等于 0，HEAD=>P，使 HEAD 指向新开辟的结点即第一个结点，建立了有一个结点的链表。然后再开辟另一个结点并使 P 指向它，接着输入该结点的数据。如果输入的 P%NUM≠0，则在第一个结点前链入第 2 个结点，令 P%NEXT＝HEAD，将原链表结点指针 HEAD 赋予指针 P 的 NEXT 项，建立链接关系，后令 HEAD=> P，使 HEAD 再指向新结点，建立了具有两个结点的链表。重复如上操作，再开辟另一个结点并使 P 指向它，并输入该结点的数据，令 P%NEXT=> HEAD，将第 3 个结点连接到第 2

个结点之前,并令 HEAD=> P,使 HEAD 再指向新结点,为建立下一个结点做准备。建立链表过程如图 12.17 所示。

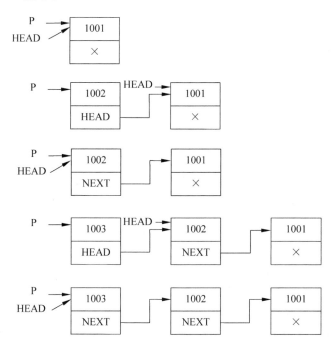

图 12.17 例 12-10 建立链表过程

以此类推,建立第 4 个结点和第 5 个结点。开辟第 6 个新结点后,如果输入 P％NUM＝0,则不再执行循环,这个新结点不被连接到链表中。建立链表过程到此结束。

链表输出指将链表中各结点的数据依次输出,这一问题比较容易处理。首先知道头指针 HEAD 的值,设一个指针变量 P,令 P=>HEAD,使 P 指向第一个结点,输出 P 所指的结点。然后令 P=> P％NEXT,使 P 后移一个结点再输出,直到链表的结束。

程序编写如下:

```
TYPE NODE
    INTEGER NUM
    TYPE(NODE),POINTER∷ NEXT
END TYPE
TYPE(NODE),POINTER∷ HEAD,P
NULLIFY(HEAD)
PRINT *,'请输入数据,输入 0 结束: '
ALLOCATE(P)
READ *,P％NUM
NULLIFY(P％NEXT)
DO WHILE(P％NUM/＝0)
    P％NEXT＝> HEAD
    HEAD＝> P
```

```
        ALLOCATE(P)
        READ * , P % NUM
ENDDO
P = > HEAD
DO WHILE(ASSOCIATED(P))
    PRINT * , P % NUM
    P = > P % NEXT
ENDDO
END
```

程序运行结果如图 12.18 所示。

图 12.18 例 12-10 运行结果

程序中链表的建立是逆序的,即通过从表头插入结点来创建链表,因此在输出时是从最后一个结点开始,到第一个结点结束。

【例 12-11】 依据结点输入顺序建立链表,即通过从表头后依次链入结点来创建链表。

分析:设三个指针变量 HEAD、P1、P2,它们都指向派生类型数据。首先将 HEAD 置空,这是链表为"空"时的情况,增加第一个结点时使 HEAD 指向该结点。用 ALLOCATE 函数开辟一个结点,并使 P1、P2 指向它。然后从键盘输入一个学生的数据给 P1 所指向的结点。同样约定学号不为零,如果输入的学号为 0,则表示建立链表的过程结束,该结点不被连接到链表中。

如果输入的 P1%NUM 不等于 0,且输入的是第 1 个结点数据时,令 HEAD=> P1,使 HEAD 指向新开辟的结点即第 1 个结点,同时使 P2 也指向该节点。然后再开辟一个新结点并使 P1 指向它,接着输入该结点的数据。如果输入的 P1%NUM≠0,则连入第 2 个结点,令 P2%NEXT=> P1,使第 1 个结点的 NEXT 成员指向第 2 个结点,连接完成。接着令 P2=> P1,也就是使 P2 指向刚才建立的第 2 个结点。重复如上操作,再开辟第 3 个结点并使 P1 指向它,输入该结点的数据,令 P2%NEXT=> P1,将第 3 个结点连接到第 2 个结点之后,并使 P2=> P1,为建立下一个结点做准备。建立链表过程如图 12.19 所示。

以此类推,建立第 4 个结点和第 5 个结点。开辟第 6 个新结点后,如果输入 P1%NUM= 0,不再执行循环,这个新结点不被连接到链表中。此时将 P2%NEXT 置空,建立链表过程到此结束,P1 最后所指的节点没有被连入链表,第 5 个结点的 NEXT 成员置空,不指向任何结点。

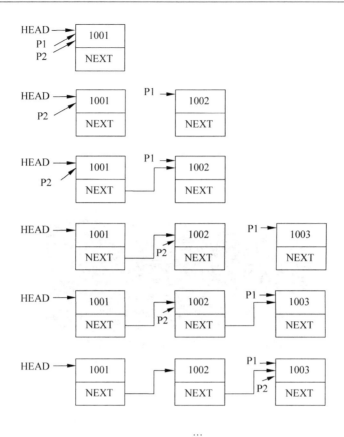

图 12.19　例 12-11 建立链表过程

程序编写如下：

```
TYPE NODE
   INTEGER NUM
   TYPE(NODE),POINTER::NEXT
END TYPE
TYPE(NODE),POINTER::HEAD,P1,P2
INTEGER::N=0
NULLIFY(HEAD)
PRINT *,'请输入数据,输入 0 结束: '
ALLOCATE(P1)
P2=>P1
READ *,P1%NUM
DO WHILE(P1%NUM/=0)
   N=N+1
   IF(N==1) THEN
       HEAD=>P1
   ELSE
       P2%NEXT=>P1
   ENDIF
   P2=>P1
```

```
      ALLOCATE(P1)
      READ * ,P1 % NUM
ENDDO
NULLIFY(P2 % NEXT)
P1 = > HEAD
DO WHILE(ASSOCIATED(P1))
   PRINT * , P1 % NUM
   P1 = > P1 % NEXT
ENDDO
END
```

程序运行结果如图 12.20 所示。

图 12.20　例 12-11 运行结果

程序中链表的建立是按输入结点的顺序依次建立的。

2. 插入结点

用 P0 表示待插入结点，首先执行以下语句创建结点 P0：

```
ALLOCATE(P0)
READ * ,P0 % NUM
NULLIFY(P0 % NEXT)
```

将一个结点插入到链表中可以分为以下四种情况。

（1）链表为空表

如果链表为空表，即头指针 HEAD 为空指针，可执行以下赋值语句实现插入。

```
HEAD = > P0
```

（2）在表头前插入

要在表头结点前插入新节点，可执行下面赋值语句实现插入。

```
P0 % NEXT = > HEAD
HEAD = > P0
```

（3）在表中某结点后插入

链表头指针为 HEAD，指针 P 指向链表中某一结点（不是表尾结点），要将新结点 P0 插入到 P 结点之后，可执行下面的赋值语句实现插入。

```
P0 % NEXT = > P % NEXT
```

```
P % NEXT = > P0
```

（4）在表尾插入

链表头指针为 HEAD，指针 P 指向链表表尾结点，要将新结点 P0 插入到 P 结点之后，可执行下面的赋值语句实现插入。

```
P % NEXT = > P0
```

【例 12-12】 设已有一个按成员项 NUM 由小到大顺序排列的链表，输入一个新结点，插入到已有链表中，插入后仍满足按成员项 NUM 由小到大排列的顺序。编写插入结点子程序。

```
SUBROUTINE INSERT(HEAD,P0)
  TYPE(NODE),POINTER:: HEAD,P,P0,P1
   IF(.NOT.ASSOCIATED(HEAD)) THEN
       HEAD = > P0
   ELSE IF(P0 % NUM < HEAD % NUM) THEN
     P0 % NEXT = > HEAD
     HEAD = > P0
   ELSE
     P1 = > HEAD
     DO WHILE(ASSOCIATED(P1).AND.P1 % NUM < P0 % NUM)
       P = > P1
       P1 = > P1 % NEXT
     ENDDO
     IF(ASSOCIATED(P1)) THEN
         P0 % NEXT = > P % NEXT
         P % NEXT = > P0
      ELSE
         P % NEXT = > P0
      ENDIF
   ENDIF
END SUBROUTINE INSERT
```

3. 删除结点

已有一个链表，希望删除其中某个结点，用 P0 表示待删除结点，可以分为以下两种情况。

（1）删除表头节点

链表头指针为 HEAD，指针 P0 指向表头结点，可以执行以下语句实现删除。

```
HEAD = > P0 % NEXT
```

（2）删除非表头结点

链表头指针为 HEAD，指针 P0 指向待删除结点，P 指针指向待删除结点 P0 的前一个结点，可以执行以下语句实现删除。

```
P % NEXT = > P0 % NEXT
```

【例 12-13】 设已有一个链表，输入要删除学生信息的学号，将满足条件的结点从链表中删除。编写删除结点子程序。

```
SUBROUTINE DEL(HEAD,NUM)
  TYPE(NODE),POINTER:: HEAD,P,P0
  IF(.NOT.ASSOCIATED(HEAD)) THEN
     PRINT *,'无学生数据,删除失败.'
  ELSE
     P0 = > HEAD
     DO WHILE(ASSOCIATED(P0).AND.P0 % NUM/ = NUM)
       P = > P0
       P0 = > P0 % NEXT
     ENDDO
     IF(ASSOCIATED(P0)) THEN
        IF(ASSOCIATED(P0,HEAD))THEN
           HEAD = > P0 % NEXT
           DEALLOCATE(P0)
        ELSE
           P % NEXT = > P0 % NEXT
           DEALLOCATE(P0)
        ENDIF
        PRINT * , '删除: ',NUM
     ELSE
        PRINT * , '找不到该结点,删除失败.'
     ENDIF
  ENDIF
END SUBROUTINE DEL
```

12.5.3 综合实例

用链表完成学生情况的管理,已知学生情况包含姓名、学号和一门课程的成绩等基本信息。建立 n 个学生的链表(n 由键盘输入),完成按学号的排序、插入、查找和删除等操作。

程序编写如下:

```
MODULE LINK
  TYPE NODE
    INTEGER NUM
    CHARACTER(10) NAME
    REAL SCORE
    TYPE(NODE),POINTER:: NEXT
  END TYPE
 CONTAINS

 SUBROUTINE CREAT(HEAD,N)
   TYPE(NODE),POINTER:: HEAD,P1,P2,P
   INTEGER:: I,NUM
   NULLIFY(HEAD)
   PRINT *,'请输入学生基本数据:'
   DO I = 1,N
     ALLOCATE(P1)
     PRINT 10,"输入第",I,"个学生的数据:"
```

```
      PRINT 20,"学号: "
      READ * , P1 % NUM
      PRINT 20,"姓名: "
      READ * , P1 % NAME
      PRINT 20,"成绩: "
      READ * , P1 % SCORE
      NULLIFY(P1 % NEXT)
      IF(I == 1) THEN
          HEAD = > P1
      ELSE IF(P1 % NUM < HEAD % NUM) THEN
          P1 % NEXT = > HEAD
          HEAD = > P1
      ELSE
          P2 = > HEAD
          DO WHILE(P1 % NUM > P2 % NUM. AND. ASSOCIATED(P2))
            P = > P2
            P2 = > P2 % NEXT
          ENDDO
          IF(ASSOCIATED(P2)) THEN
            P1 % NEXT = > P % NEXT
            P % NEXT = > P1
          ELSE
            P % NEXT = > P1
          ENDIF
      ENDIF
      ENDDO
10 FORMAT(A, I3, 2X, A)
20 FORMAT(A, \)
END SUBROUTINE CREAT

SUBROUTINE OUTPUT(HEAD, N)
  TYPE(NODE),POINTER:: HEAD,P
  INTEGER:: I
  P = > HEAD
  PRINT 30,"序号","学号","姓名","成绩"
  DO I = 1,N
      PRINT 40, I,P % NUM,P % NAME,P % SCORE
      P = > P % NEXT
  ENDDO
30 FORMAT(A4,2X,A4,2X,A8,2X,A6)
40 FORMAT(I3,3X,I4,2X,A8,2X,F4.1)
  END SUBROUTINE OUTPUT

  SUBROUTINE INSERT(HEAD, N)
    TYPE(NODE),POINTER:: HEAD,P,P0,P1
    PRINT *,'请输入待插入学生的基本数据: '
    ALLOCATE(P0)
    PRINT 20,"姓名: "
    READ * , P0 % NAME
    PRINT 20,"学号: "
    READ * , P0 % NUM
```

```fortran
      PRINT 20,"成绩: "
      READ *, P0 % SCORE
    IF(.NOT.ASSOCIATED(HEAD)) THEN
        HEAD = > P0
    ELSE IF(P0 % NUM < HEAD % NUM) THEN
        P0 % NEXT = > HEAD
        HEAD = > P0
    ELSE
        P1 = > HEAD
        DO WHILE(ASSOCIATED(P1).AND.P1 % NUM < P0 % NUM)
          P = > P1
          P1 = > P1 % NEXT
        ENDDO
        IF(ASSOCIATED(P1)) THEN
            P0 % NEXT = > P % NEXT
            P % NEXT = > P0
        ELSE
            P % NEXT = > P0
        ENDIF
    ENDIF
    N = N + 1
20 FORMAT(A,\)
END SUBROUTINE INSERT


SUBROUTINE DEL(HEAD,N)
   TYPE(NODE),POINTER:: HEAD,P,P0
   PRINT *,'请输入待删除学生的学号: '
   READ *,NUM
   IF(.NOT.ASSOCIATED(HEAD)) THEN
       PRINT *,'无学生数据,删除失败.'
   ELSE
       P0 = > HEAD
       DO WHILE(ASSOCIATED(P0).AND.P0 % NUM/ = NUM)
         P = > P0
         P0 = > P0 % NEXT
       ENDDO
       IF(ASSOCIATED(P0)) THEN
           IF(ASSOCIATED(P0,HEAD))THEN
               HEAD = > P0 % NEXT
               DEALLOCATE(P0)
           ELSE
               P % NEXT = > P0 % NEXT
               DEALLOCATE(P0)
           ENDIF
           PRINT *, '删除: ',NUM,"的数据."
           N = N - 1
       ELSE
           PRINT *, '查无此人,删除失败.'
       ENDIF
   ENDIF
END SUBROUTINE DEL
```

```
SUBROUTINE INDEX1(HEAD)
  TYPE(NODE),POINTER::HEAD,P,P1
  INTEGER NUM
  PRINT *,'请输入待查找学生的学号：'
  READ *, NUM
  P => HEAD
  DO WHILE(ASSOCIATED(P))
    IF(P%NUM == NUM) THEN
      EXIT
    ELSE
      P => P%NEXT
    ENDIF
  ENDDO
  IF(.NOT.ASSOCIATED(P)) THEN
    PRINT *, '查无此人！'
  ELSE
   PRINT 30,"序号","学号","姓名","成绩"
   PRINT 40, I,P%NUM,P%NAME,P%SCORE
  ENDIF
 30 FORMAT(A4,2X,A4,2X,A8,2X,A6)
 40 FORMAT(I3,3X,I4,2X,A8,2X,F4.1)
END SUBROUTINE INDEX1
END MODULE LINK

PROGRAM EXAM10
USE LINK
TYPE(NODE),POINTER::HEAD,P
INTEGER N,NUM,KEY
DO
PRINT *
PRINT *,"              选 择 菜 单"
PRINT *,"_____"
PRINT *
PRINT *,"   1—输入学生数据","   2—输出学生数据"
PRINT *,"   3—添加学生数据","   4—删除学生数据"
PRINT *,"   5—查询学生数据","   6—退出"
PRINT *,"_____"
PRINT *
PRINT '(A,\)', "请输入选择操作的序号："
READ *, KEY
IF(KEY == 1) THEN
  PRINT *,"请输入学生人数："
  READ *, N
  CALL CREAT(HEAD,N)
  CALL OUTPUT(HEAD,N)
ELSE IF(KEY == 2) THEN
  CALL OUTPUT(HEAD,N)
ELSE IF(KEY == 3) THEN

    CALL INSERT(HEAD,N)
ELSE IF(KEY == 4) THEN
```

```
      CALL DEL(HEAD,N)
  ELSE IF(KEY == 5) THEN
      CALL INDEX1(HEAD)
  ELSE
      EXIT
  ENDIF
  ENDDO
  END
```

习　题　12

1. 下面的变量在目前的 PC 中分别会占用多少内存空间？

```
INTEGER (KIND = 4)∷A
REAL(KIND = 4)∷B
REAL(KIND = 8)∷C
CHARACTER(LEN = 10)∷STR
INTEGER(KIND = 4), POINTER ∷PA
REAL(KIND = 4),POINTER ∷PB
REAL(KIND = 8),POINTER∷C
CHARACTER(LEN = 10),POINTER∷PSTR
TYPE STUDENT
  INTEGER COMPUTER,ENGLISH,MATH
ENDTYPE
TYPE(STUDENT)∷ S
TYPE(STUDENT),POINTER∷ PS
```

2. 写出下列程序段的运行结果。

（1）
```
INTEGER, TARGET ∷ A = 1
INTEGER, TARGET ∷ B = 2
INTEGER, TARGET ∷ C = 3
INTEGER, POINTER ∷ P
P = > A
PRINT * ,P
P = > B
PRINT * ,P
P = > C
PRINT * ,P
P = 5
PRINT * ,C
END
```

（2）
```
IMPLICIT NONE
INTEGER,POINTER∷ S(:,:)
INTEGER,TAGTER∷ A(2,3)
DATA A/1,2,3,4,5,6/
  S = > A
  S(1:2,1:3:2) = 9
  PRINT 10,A
```

```
   10 FORMAT(1X,6I3)
      END
```

（3）
```
      IMPLICIT NONE
      INTEGER,POINTER:: S(:,:)
      INTEGER,TAGER:: W(5,5)
      INTEGER I,J,X(5)
      DATA W/5 * 1,5 * 2,5 * 3,5 * 4,5 * 5/
      DATA X/5 * 10/
      S = > W
      DO I = 1,5
      S(1:I,I:5) = X(I) + W(I,I)
      ENDDO
      PRINT 10,((W(I,J),J = 1,5),I = 1,5)
   10 FORMAT(1X,5I3)
      END
```

3. 输入 10 个数，将其中最小的数与第一个数对换，最大的数与最后一个数对换。用指针方法处理。

4. 建立一个链表，每个结点包括学号和平均成绩。要求链表包括 8 个结点，从键盘输入结点中的有效数据，然后把这些结点的数据打印输出。

5. 已有 a、b 两个链表，每个链表中的结点包括学号和成绩。要求把两个链表合并，按学号升序排列。

6. 建立一个链表，每个结点包括学号、性别和年龄。输入一个年龄，如果链表中的结点所包含的年龄等于此年龄，则将此结点删去。

第 13 章

模块、接口与重载

教学目标：

- 掌握模块的定义方法；
- 学会使用 USE 语句；
- 掌握接口界面块定义格式；
- 学会使用接口界面块；
- 掌握函数和子例行程序的重载方法；
- 了解操作符的重载方法。

为适应面向对象程序设计方法，FORTRAN 程序设计语言自 FORTRAN90 版本开始推出一系列面对对象程序设计的功能，其中模块（MODULE）、接口（INTERFACE）和重载（OVERLOAD）是 FORTRAN 中添加的最为重要的功能。模块的作用主要体现在把具有相关功能的函数及数据封装在一起以及特性继承、操作超载等面向对象的操作。

目前，面向对象程序设计方法方兴未艾，支持面向对象设计方法、体现面向对象设计特色，已经成为新一代程序设计语言不可缺少的内容。面向对象的程序设计方法直接强调以问题域中的事物为中心来思考问题、认识问题，并根据这些事物的本质特征，把它们表示为系统中的对象。面向对象的程序设计方法比面向过程的结构化程序设计方法更结构化、更模块化、更抽象。一般认为，结构化程序设计强调了功能抽象和模块化，将解决问题看作是一个处理过程；而面向对象的程序设计综合了功能抽象和数据抽象，将解决问题看作分类演绎过程。简单地说，面向对象就是在做程序代码封装、数据封装、特性继承和操作重载等工作，这使得程序更加安全、可靠、高效，易于修改和维护。

封装的代码和数据可以分为两类，一类是可以让大家直接使用的公共代码和数据，另一类是只能在内部使用的私有代码和数据。封装后的程序代码和数据比较安全，就像银行内的网络管理系统和金库是银行的私有资产，为了安全，银行不会把网络管理系统和金库直接向客户开放，而只能由银行内部特定工作人员对其进行操作。客户上银行取钱时，一定要通过银行的服务途径（银行柜台工作人员和自动取款机）才能取到钱。银行的服务途径可以看成是银行对外服务的接口，这个接口隐含了背后的实际工作情况。俗话说"老鼠生的儿子会打洞"，这说明子代可以从父辈那里可以继承一些信息。同样，在程序设计中，使用本章讲述的内容可以用类似继承的方式来重复使用代码。总而言之，面向对象程序设计方法给程序员两个思考方向：

（1）为了安全，有些数据不应该让外界使用。

（2）经过继承来重复使用程序代码。

13.1 模块的定义

模块定义的一般格式为：

```
MODULE 模块名
    模块说明语句
    CONTAINS
    模块子程序定义 1
    模块子程序定义 2
    …
    模块子程序定义 N
END MODULE 模块名
```

说明：

（1）模块的命名遵循标识符规则。

（2）模块说明语句中可声明符号常量、变量、数组、派生类、结构体、结构体数组、接口界面块、模块函数和模块子例行程序，这些被声明的对象可在本模块范围内使用，其中若有公有属性（PUBLIC）的对象，也可在模块外其他程序单元中使用。

（3）模块子程序定义必须安置在所有说明语句之后的 CONTAINS 语句和 END 语句之间，模块子程序（处于模块内，故称为模块子程序，同内部子程序一样，只是位置不同）包括模块函数和模块子例行程序，定义方法与第 9 章的子程序定义完全相同。

（4）模块内各子程序的排列顺序是无序的。

（5）模块中不允许出现不属于任何一个子程序单元的可执行语句，即可执行语句只能出现在模块函数和模块子例行程序单元中。

下面是一些模块定义的例子：

```
MODULE EXAMPLE1                         !模块 EXAMPLE 专门用来声明某些变量
PARAMETER (PI = 3.1415926,G = 9.8)      !声明两个符号常量
INTEGER A,B                             !声明两个整型变量
REAL X1,X2,SHUZU(4,5)                   !声明两个实型变量和一个实型数组
COMMON A,B                              !声明无名公用区中的两个实型变量
END MODULE EXAMPLE1


MODULE EXAMPLE2                         !该模块只声明了一个派生类型 STUDENT
 IMPLICIT NONE
 TYPE STUDENT
  CHARACTER * 10 NAME
  INTEGER AGE
  REAL SCORE(5)
 END TYPE
END MODULE


MODULE EXAMPLE3                         !该模块声明数据类型并定义模块子程序
 USE EXAMPLE2
 !模块嵌套定义,结果是本模块继承了 EXAMPLE2 中的所有信息,因而本模块中也有 STUDENT 类
 TYPE(STUDENT) STU                      !声明结构体 STU
```

```
    PUBLIC GREET                        !特别声明子例行程序的公有属性
    PUBLIC                              !声明 A、B、C 是公有属性
    PRIVATE A                           !声明 A 是私有属性
    INTEGER A,B,C                       !声明 A 是私有整型变量,B 和 C 是公有整型变量
    CONTAINS
    SUBROUTINE GREET()                  !子例行程序的定义
     PRINT *, 'hello !', STU.NAME
    END SUBROUTINE
  END MODULE
```

本例中出现了对象的公有属性和私有属性声明,具有公有属性的对象除可在本模块范围内使用外,还可被模块外的程序单元使用,具有私有属性的对象只能在模块范围内使用。

公有属性声明的一般格式是:

PUBLIC 对象名列表

私有属性声明的一般格式是:

PRIVATE 对象名列表

上述对象属性声明语句分别称为公有语句和私有语句。若公有语句的对象列表为空,则意味着模块中所有数据对象和模块子程序对象中除特别说明的外,其他的均具有公有属性。私有语句中对象列表为空时同理。

模块 EXAMPLE3 中出现公有语句、私有语句和无对象列表的公有语句,则除公有语句、私有语句特别声明的对象外,其余均为公有属性。因此,只有变量 A 是私有属性,其余的变量 B 和 C、结构体 STU 和子程序 GREET 皆为公有属性。

13.2 USE 语句

模块和子程序一样,不能独立运行,只能被主程序单元和其他单元调用。USE 语句可以在主调程序单元调用已定义好的模块单元。

USE 语句的格式是:

USE 模块名

或

USE 模块名,别名 =>数据对象名或子程序名

或

USE 模块名,ONLY: 数据对象名或子程序名列表

其中,"USE 模块名"是最简单形式,13.1 节中模块 EXAMPLE3 就使用了这种形式。但当被引用的模块或模块公有数据对象、子程序名称比较长或被引用的多个模块中含有相同名字时,"USE 模块名,别名=>数据对象名或子程序名"方式就比较方便。当只是对模块中的个别数据对象或子程序进行引用时,ONLY 方式比较适合,也可以在该方式下使用别名调用方式。

【例 13-1】 对于 13.1 节已定义的三个模块,编写三个简单的主程序调用它们,分别使用三种调用方法。

下面分别采用以上三种方法编写程序。

主程序 1:

使用"USE 模块名列表"方式调用模块 EXAMPLE3。输入学生姓名,调用该模块中的子例行程序 GREET( ),对数据对象 B、C 赋值并打印输出。

```
PROGRAM EXAM13_1_1
  USE EXAMPLE3
  READ * , STU.NAME
  CALL GREET
  B = 2
  C = 5
  PRINT * , B, C
END
```

主程序 1 的运行结果如图 13.1 所示。

程序中只使用了模块 EXAMPLE3,因模块 EXAMPLE3 中已调用模块 EXAMPLE2,故无须在程序中再调用它。当然,主调程序单元也可以调用一个模块而不使用它。

主程序 2:

使用"USE 模块名,别名=>数据对象名或子程序名"方式调用模块 EXAMPLE1 和模块 EXAMPLE3。别名调用该模块中的数据对象 A 和 B。A 和 B 在两个模块中均被声明过,在主程序调用时存在名称冲突,必须对起冲突的数据对象或子程序名进行别名使用。

```
PROGRAM EXAM13_1_2
!在主程序中以别名 A1 和 B1 使用 EXAMPLE1 中的 A 和 B
USE EXAMPLE1, A1 = > A, B1 = > B
USE EXAMPLE3
A1 = 35
B1 = 27
B = A1 + B1       !B 是 EXAMPLE3 中的 B,不再与 EXAMPLE1 中的 B 冲突
PRINT * , A1, B1, B
END
```

主程序 2 的运行结果如图 13.2 所示。

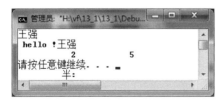

图 13.1　例 13-1 主程序 1 运行结果

图 13.2　例 13-1 主程序 2 运行结果

主程序 3:

使用 ONLY 方式调用模块 EXAMPLE1 中的数据对象 A 和 B,以 ONLY 和别名调用的组合方式调用模块 EXAMPLE3 中数据对象 B,并对它们操作后输出。

```
PROGRAM EXAM13_1_3
USE EXAMPLE1,ONLY:A,B
USE EXAMPLE3,ONLY:B1 = > B
A = 20
B = 35
B1 = A + B
PRINT * ,A, B, B1
END
```

主程序 3 的运行结果如图 13.3 所示。

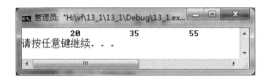

图 13.3　例 13-1 主程序 3 运行结果

【例 13-2】　使用模块知识,编写求解圆面积和周长的程序。

分析:将圆面积函数子程序和周长函数子程序放在模块中作为模块函数子程序,通过主程序调用模块实现对模块函数的调用,完成面积计算。

程序编写如下:

模块:

```
MODULE CIRCLE
PARAMETER(PI = 3.14159)
PRIVATE PI
ONTAINS
FUNCTION ZHOUCHANG_R(R)
ZHOUCHANG_R = 2 * PI * R
END FUNCTION
FUNCTION AREA_R(R)
AREA_R = PI * R * R
END FUNCTION
END MODULE
```

主程序:

```
PROGRAM EXAM13_2
USE CIRCLE
REAL R, L, AREA
READ * , R
L = ZHOUCHANG_R(R)
AREA = AREA_R(R)
PRINT * , '圆周长是', L, '圆面积是', AREA
END
```

从上面的例子可以看出,主调单元因调用了模块,就继承了模块中公有属性的数据对象和子程序,也就能够直接使用这些对象。例 13-2 主程序运行时输入 5,其运行结果如图 13.4 所示。

图 13.4 例 13-2 运行结果

实际上模块中的数据对象也可以作为不同程序单元传递数据的工具，只须把模块中的变量定义为全局变量即可。在模块定义中指定为 SAVE 的变量，功能上等同于全局变量。为了实现这一点，将上面的程序改写成如下形式：

```
MODULE CIRCLE
 PARAMETER(PI = 3.14159)
 PUBLIC
 REAL,SAVE :: R                    !R是全局变量
 CONTAINS
 FUNCTION ZHOUCHANG_R(R)
 ZHOUCHANG_R = 2 * PI * R
 END FUNCTION
END MODULE
!主程序单元

PROGRAM EXAM13_2_2
 USE CIRCLE                        !调用继承模块 CIRCLE 中的数据对象和函数子程序
 REAL L,AREA
 READ * ,R                         !在主程序中对全局变量赋值
 L = ZHOUCHANG_R(R)
 CALL DAYIN( )
 AREA = AREA_R(R)
  PRINT * ,'圆周长是', L,'圆面积是',AREA
END
!子例行程序 DAYIN( ),修改全局变量 R 的值并打印 R
SUBROUTINE DAYIN( )
USE CIRCLE,ONLY:R                  !引用模块中的数据对象 r
WRITE( * , * ) R
R = 10                             !在子例行程序单元中对全局变量重新赋值
WRITE( * , * ) R
RETURN
END SUBROUTINE
!用来计算圆面积的函数子程序
FUNCTION AREA_R(S)
USE CIRCLE,ONLY:PI                 !引用模块中的数据对象 PI
AREA_R = PI * S * S
END FUNCTION
```

修改后的程序运行结果如图 13.5 所示。

图 13.5 例 13-2 修改后的程序运行结果

注意,出现这种结果的原因是周长计算使用的半径是 5,而面积计算使用的半径是 10。

13.3 接口界面块

FORTRAN 语言的接口界面块 INTERFACE 是一段程序模块,用来说明所要调用函数的参数类型及返回值类型等的"使用接口"。一般情况下,使用外部子程序时不需要特别说明它们的"使用接口",但是在下面这些情况下,必须在主调程序中使用接口界面块。

- 函数返回值为数组时;
- 函数返回值是长度未知的一个字符串时;
- 函数返回值为指针时;
- 所调用的子程序参数数目不固定时;
- 所调用的子程序形式参数是一个数组片断时;
- 所调用的子程序改变参数传递位置时;
- 调用外部子程序时使用关键字实参变元或缺省的可选变元时;
- 所调用的子程序扩展了赋值号的使用范围时。

接口界面块的定义和引入可以很好地在主调程序单元中描述外部子程序的调用信息,保证了外部子程序的正确使用。

接口界面块定义的一般格式是:

```
INTERFACE
   接口界面块
END INTERFACE
```

例如:

```
INTERFACE
  REAL FUNCTION AREA(R1,R2)
    REAL R1,R2
  END FUNCTION
  SUBROUTINE ZHUANZHI(A,B,M,N)
   INTEGER, A(M,N), B(N,M),I,J
  END SUBROUTINE
END INTERFACE
```

该接口界面块声明了一个外部函数子程序 AREA 和一个外部子例行子程序 ZHUANZHI

的接口界面。

接口界面块说明:

(1)接口界面块以 INTERFACE 表征开始,以 END INTERFACE 为结束标记。

(2)接口界面块可以出现在主程序单元、模块单元和外部子程序单元的说明部分。

(3)接口界面块内可以并列包含若干个函数或子例行子程序接口界面说明。

(4)出现在接口界面块中的语句只能是有关函数子程序或子例行子程序的接口说明语句(即 FUNCTION 语句、SUBROUTINE 语句、函数名、虚参类型声明语句、END FUNCTION 语句和 END SUBROUTINE 语句),不允许有任何可执行语句。

(5)接口界面块内的函数名、子例行程序名、形参个数、形参类型、形参位置必须与被调用的函数名、子例行程序名、形参个数、形参类型、形参位置完全一样(形参名称可以不同)。

(6)接口界面块中不允许出现 ENTRY、DATA、FORMAT 语句和语句函数。

【例 13-3】 以函数子程序的形式编程实现两个一维整型数组的减法。

分析:数组减法的结果依然是一个数组,采用子例行子程序很容易实现,但采用函数子程序就相对比较麻烦。函数子程序的返回值是函数名,通常只返回一个值,现在函数子程序需要返回一个数组,所以必须使用接口界面块功能。另外在本程序的编写中还使用了动态数组的功能和实参关键字改变位置调用。

```
!外部函数子程序,对两个一维数组求差
FUNCTION SHUZU_SUB(A,B,N)
INTEGER N,A(N),B(N),SHUZU_SUB(N)          !声明函数名是一维数组
INTEGER I
DO I = 1,N,1
SHUZU_SUB(I) = A(I) - B(I)
ENDDO
RETURN
END


!主程序

PROGRAM EXAM13_3
INTERFACE                                 !定义接口界面块
  FUNCTION SHUZU_SUB(A,B,N)               !函数接口界面
  INTEGER N, A(N), B(N)                   !虚参类型说明
  INTEGER SHUZU_SUB(N)                    !声明返回值是一维数组
  END FUNCTION
END INTERFACE
INTEGER, ALLOCATABLE::M(:), S(:)          !动态数组
INTEGER K
PRINT *,'指定一维数组的元素个数'
READ *, K
ALLOCATE(M(K),S(K))                       !给数组 M,S 开辟存储空间
PRINT *,'输入 M 数组的数组元素'
```

```
READ( * , * )(M(I),I = 1,K)                      !给被减数数组赋值
PRINT * ,' 输入 S 数组的数组元素'
READ( * , * )(S(I),I = 1,K)                      !给减数数组赋值
PRINT * ,' 未改变实参位置是的结果'
WRITE( * , * )SHUZU_SUB(M,S,K)                   !常规调用,实参与形参按位置一一对应
PRINT * ,' 改变实参位置是的结果'
WRITE( * , * )SHUZU_SUB(N = K,B = M,A = S)       !改变实参位置,按名称关键字对应
END
```

程序运行结果如图 13.6 所示。由于接口界面块的特殊作用,实参与形参之间可以按照名称建立传递关系,语句"WRITE(* , *)SHUZU_SUB(N = K,B = M,A = S)"中,实参 S 与形参 A 共享同一片连续存储空间,实参 M 与形参 B 共享同一片连续存储空间,因此完成的数组运算是 S−M。而语句"WRITE(* , *)SHUZU_SUB(M,S,K)"进行的运算是 M−S。

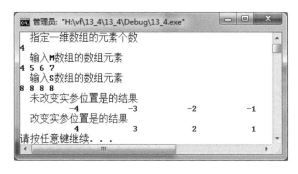

图 13.6　例 13-3 运行结果

13.4　重　　载

面向对象的一个重要特征就是重载(OVERLOAD)。所谓重载,从功能上看,就是使对象的功能超越原有的限制;从表现形式上看,就是在程序代码中可以同时拥有多个名称相同但是参数类型、数目不同的子程序和运算符,这些同名子程序和运算符允许其具有若干不同的、超出传统的功能。

13.4.1　函数和子例行程序的重载

函数和子例行程序是具有特定功能的一段程序代码集合。一般来说,无论是内部函数还是用户编写的子程序,其参数的数据类型或子程序的功能总存在一些限制,如内部函数 SQRT(X)、LOG(X)只能对实型数据进行操作。下面通过定义模块 PFG 中的接口界面块 SQRT 来突破内部标准函数 SQRT(X)关于参数实型的限制,使其也能够计算整型数据的平方根。

【例 13-4】　创建内部函数 SQRT(X)的重载,使其也能够计算整型数据的平方根。

分析:这是一个同名函数的重载。整型数据类型只要转换为实型数据类型,就可以使用内部函数 SQRT(X),因此在子程序中使用内部函数 REAL(X),将整型 X 转换为实型。

程序编写如下：

模块单元程序：

```
MODULE PFG                              !定义模块 PFG
IMPLICIT NONE
INTERFACE SQRT                          !虚拟函数 SQRT
  MODULE PROCEDURE SQRT_INT             !定义等待选择的函数 SQRT_INT
END INTERFACE
CONTAINS
FUNCTION SQRT_INT(X)                    !定义函数子程序 SQRT_INT
  IMPLICIT NONE
  INTEGER,INTENT(IN)::X                 !定义 X 是只读属性参数,参数只能从外向内传递
  REAL SQRT_INT                         !函数返回值是实型
  SQRT_INT = SQRT(REAL(X))              !使用原内部函数
END FUNCTION
END MODULE
```

主程序 1：

```
PROGRAM EXAM13_4
USE PFG                                 !调用模块 PFG
PRINT * ,SQRT(4.0),SQRT(4)
END
```

程序运行结果如图 13.7 所示。

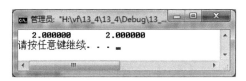

图 13.7　例 13-4 运行结果

读者可上机执行上面的程序代码,再将主程序修改为下面的主程序 2,看看结果有何不同。

主程序 2：

```
PROGRAM EXAM13_4_2
PRINT * ,SQRT(4.0),SQRT(4)
END
```

主程序 2 没有调用模块 PFG,因而没有平方根函数的重载功能,不能对整型数进行运算,故在编译时会遇到如图 13.8 所示错误提示。

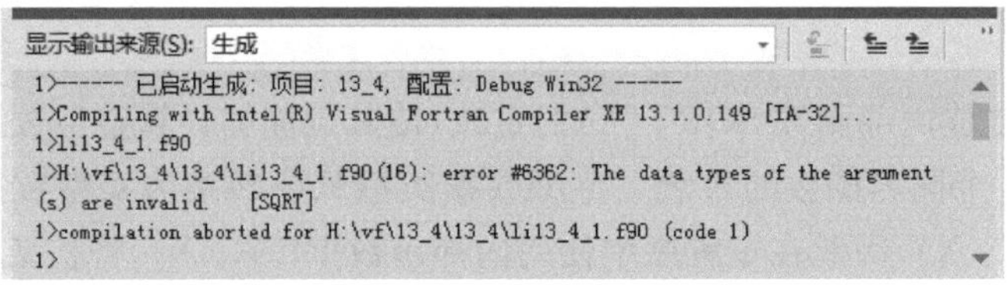

图 13.8　例 13-4 主程序 2 编译时错误提示

子程序重载的一般格式为：

```
MODULE  模块名
    ……
    INTERFACE  子程序重载名
    MODULE PROCEDURE  等待子程序名 1
    MODULE PROCEDURE  等待子程序名 2
    ……
    MODULE PROCEDURE  等待子程序名 N
END INTERFACE
CONTAINS
    FUNCTION 或 SUBROUTINE  等待子程序名 1(形参列表)
      程序体
    END FUNCTION 或 SUBROUTINE
    FUNCTION 等待函数名 2(形参列表)
      ……
    FUNCTION 或 SUBROUTINE  等待子程序名 N(形参列表)
      程序体
    END FUNCTION 或 SUBROUTINE
END MODULE
```

说明：

（1）只有位于模块内的接口界面块才能创建重载。

（2）重载一般分同名函数的重载、同名子例行程序的重载和操作符重载。

（3）在主调单元调用包含重载定义的模块，可实现对函数或子例行程序重载的使用。

（4）等待子程序中的变量一般要声明成只读属性的变量，其形式为：

```
类型说明关键字,INTENT(IN)::变量名列表
```

（5）必须在接口块中声明每个等待子程序，格式为：

```
MODULE PROCEDURE 等待子程序名
```

上面是一个同名函数重载的例子，下面给出一个同名子例行程序的重载实例。

程序中通常会遇到多种类型的数据，FORTRAN 语言中内部数据类型的输入输出都比较简单，而数组数据的输入输出就相对繁琐一些。在实际工作中，数组数据往往通过数据文件读入，或读出到某个数据文件。下面提供一个将一维数组或二维数组输出到某个指定文件的子例行程序的重载。

【例 13-5】 使用同一个子例行程序名将一维整型、实型数组和二维整型、实型数组输出到指定文件。

分析：本程序中需要四个等待子例行程序分别把一维整型、实型数组和二维整型、实型数组输出到调用者指定的数据文件。每个子程序的编写都十分简单，将它们按重载定义形式写到模块 ARR_PUT 中，以子程序名 PRINT_ARR_FILE 进行调用。

模块程序单元编写如下：

```
MODULE ARR_PUT                          !模块 ARR_PUT
IMPLICIT NONE
INTERFACE PRINT_ARR_FILE                !虚拟子程序名称
```

```
MODULE PROCEDURE PRINT_1              !等待子程序 PRINT_1
MODULE PROCEDURE PRINT_2              !等待子程序 PRINT_2
MODULE PROCEDURE PRINT_3              !等待子程序 PRINT_3
MODULE PROCEDURE PRINT_4              !等待子程序 PRINT_4
END INTERFACE
CONTAINS
!输出长度为 M 的一维整型数组到数据文件 STR1 中
SUBROUTINE PRINT_1(A,M,STR1)
INTEGER I                            !定义局部变量 I
INTEGER, INTENT(IN):: M,A(M)         !只读属性参数
CHARACTER( * ), INTENT(IN):: STR1    !动态定义字符型变量 STR1 的长度
OPEN(8,FILE = STR1)                  !打开路径为 STR1 的数据文件
WRITE(8,"(<M>I6)") (A(I),I = 1,M)    !向文件写数据
CLOSE(8)                             !关闭打开的文件 8
END SUBROUTINE
!输出长度为 M 的一维实型数组到数据文件 STR1 中
SUBROUTINE PRINT_2(A,M,STR1)
INTEGER I
INTEGER,INTENT(IN)::M
REAL, INTENT(IN):: A(M)
CHARACTER( * ), INTENT(IN):: STR1
OPEN(9,FILE = STR1)
WRITE(9,"(<M>F10.3)") (A(I),I = 1,M)
CLOSE(9)
END SUBROUTINE
!输出长度为 M×N 的二维整型数组到数据文件 STR1 中
SUBROUTINE PRINT_3(A,M,N,STR1)
INTEGER I,J
INTEGER, INTENT(IN):: M,N,A(M,N)
CHARACTER( * ), INTENT(IN):: STR1
OPEN(10,FILE = STR1)
WRITE(10,"(<N>I6)") ((A(I,J),J = 1,N),I = 1,M)
CLOSE(10)
END SUBROUTINE
!输出长度为 M×N 的二维实型数组到数据文件 STR1 中
SUBROUTINE PRINT_4(A,M,N,STR1)
INTEGER I,J
INTEGER,INTENT(IN)::M,N
REAL, INTENT(IN):: A(M,N)
CHARACTER( * ), INTENT(IN):: STR1
OPEN(11,FILE = STR1)
WRITE(11,"(<N>F10.3)") ((A(I,J),J = 1,N),I = 1,M)
CLOSE(11)
END SUBROUTINE
END
```

现在编写一个简单的主程序调用模块，验证 PRINT_ARR_FILE 子程序的重载功能。
主程序编写如下：

```
PROGRAM EXAM13_5
USE ARR_PUT
```

```
INTEGER::A(5) = (/1,2,3,4,5/),B(2,3) = (/1,4,2,5,3,6/)
REAL::C(3) = (/2.5,13.2,3.14/)
REAL::D(2,3) = (/1.0,4.0,2.0,5.0,3.0,6.0/)
CALL PRINT_ARR_FILE(A,5,'E:\SHUJU1.DAT')
CALL PRINT_ARR_FILE(B,2,3,'E:\SHUJU2.DAT')
CALL PRINT_ARR_FILE(C,3,'E:\SHUJU3.DAT')
CALL PRINT_ARR_FILE(D,2,3,'E:\SHUJU4.DAT')
END
```

执行程序后,在 E 盘根目录建立了四个数据文件 shuju1. dat、shuju2. dat、shuju3. dat 和 shuju2. dat。打开数据文件,如图 13.9 所示。

图 13.9 例 13-5 程序运行后形成的数据文件

13.4.2 赋值号重载

一般只有赋值号"="两边类型相同或相容才能进行赋值操作。例如,整型数据可以赋值给整型变量、逻辑型变量和实型变量,而不能赋值给字符串变量,更不能赋值给数组、结构体变量。当然也不能把不存在的数据类型赋值给某个变量,例如 FORTRAN95 不存在分数,就不能把分数赋值给实型变量。重载功能的引入可以赋予赋值号新的意义。

赋值号重载的一般格式与子程序重载的格式几乎完全相同,只是将模块中的接口界面块改为:

```
…
INTERFACE ASSIGNMENT( = )
MODULE PROCEDURE   等待子程序名 1
…
END INTERFACE
…
```

需要注意的是,在重载赋值号时,等待子程序的参数必须有两个,子程序的功能是将其中的一个参数赋值给另一个,因而,待赋值的参数必须指定为 IN 只读属性,而被赋值参数必须指定为 OUT 属性(由模块内向外传递)。

【**例 13-6**】 重载赋值号"=",允许将分数赋值给实型变量或整型变量。

分析:本程序通过建立包含两个整型成员(分子和分母)的结构体类来创建分数数据类型,然后将分子与分母的商赋值给实型变量或整型变量。

模块程序编写如下：

```
MODULE FENSHULEI                           !在该模块中定义分数类
TYPE FENSHU
  INTEGER FENZI
  INTEGER FENMU
END TYPE
END MODULE

MODULE FENSHUFUZHI                          !在该模块中实现赋值号重载
USE FENSHULEI                              !调用 FENSHULEI 模块
INTERFACE ASSIGNMENT( = )
MODULE PROCEDURE FS_TO_R                    !声明等待子程序 FS_TO_R
MODULE PROCEDURE FS_TO_I                    !声明等待子程序 FS_TO_I
END INTERFACE
CONTAINS
SUBROUTINE FS_TO_R(R,A)                     !实现将分数赋值给实型变量的子程序
REAL,INTENT(OUT)::R
TYPE(FENSHU),INTENT(IN):: A
R = REAL(A.FENZI)/REAL(A.FENMU)            !将分子分母转换为实型后相除
END SUBROUTINE

SUBROUTINE FS_TO_I(I,A)                     !实现将分数赋值给整型变量的子程序
INTEGER,INTENT(OUT)::I
TYPE(FENSHU),INTENT(IN):: A
I = A.FENZI/A.FENMU
END SUBROUTINE
END
```

为了查看结果，主程序编写如下：

```
PROGRAM EXAM13_6
USE FENSHULEI
USE FENSHUFUZHI
INTEGER K
REAL R
K = FENSHU(4,2)
R = FENSHU(1,3)
PRINT * ,K,R
END
```

程序运行结果如图 13.10 所示。

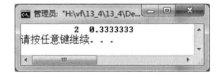

图 13.10 例 13-6 运行结果

13.4.3 操作符重载

操作符能够操作的操作数同样存在着许多限制，如算数运算符的操作数只能是数值型数据，不能是字符串和派生类数据。操作符重载就是突破原操作符不能对某数据类型进行操作的限制或创建新运算符。操作符重载的一般格式与子程序重载的格式很相似，只是在模块内使用如下的形式：

```
...
INTERFACE OPERATOR(运算符名)
MODULE PROCEDURE  等待子程序名 1
...
END INTERFACE
...
```

【例 13-7】 两个字符串通过"＋"运算连接成一个字符串。

模块程序编写如下：

```
MODULE ADD_CHAO                     !定义模块 ADD_CHAO
INTERFACE OPERATOR( + )             !操作符形式的重载,操作符为 +
  MODULE PROCEDURE ADD_C           !重载的功能由等待子程序 ADD_C 完成
END INTERFACE
CONTAINS
FUNCTION ADD_C(STR1,STR2)RESULT(STR3)
!说明函数子程序 ADD_C,由于返回值是字符串,必须使用 RESULT 语句,且指
!定返回值的长度
INTEGER,PARAMETER::NMAX = 20
CHARACTER(NMAX) STR3
CHARACTER( * ),INTENT(IN):: STR1,STR2
STR3 = STR1//STR2                  !实际上,重载运算符" + "就是别名使用字符串连接符
END FUNCTION
END
```

编写简单的主程序调用模块,查看是否实现了对运算符"＋"的重载。

```
PROGRAM EXAM13_7
USE ADD_CHAO
CHARACTER STR1 * 10,STR2 * 8,STR3 * 36
STR1 = 'i am a'
STR2 = 'student'
STR3 = STR1 + STR2
PRINT * ,STR3
END
```

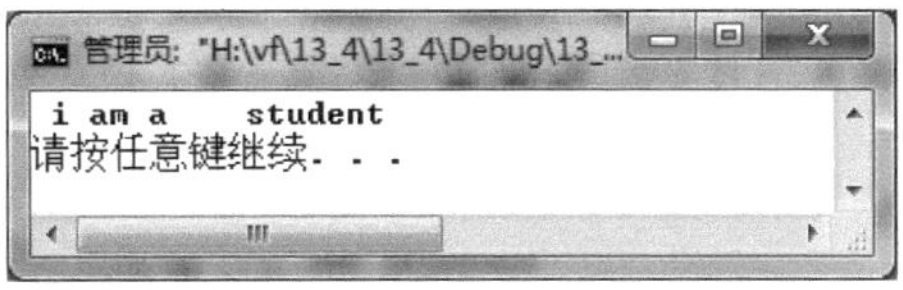

图 13.11 例 13-7 运行结果

程序运行结果如图 13.11 所示。

13.5 应 用 举 例

模块的引入丰富了 FORTRAN 程序设计语言的功能,为用户提供了更好的程序设计方法,提高了编写程序的效率。

【例 13-8】 利用模块和重载实现分数的加(＋)、减(－)、乘(＊)和除(/),以及关系运算如大于(>)、小于(<)、等于(==)、不等于(/=)、大于等于(>=)和小于等于(<=)。

分析：FORTRAN 语言不存在分数这样的数据类型,需要建立用来描述分数的派生类型。在 13.4.2 节中,已经在模块 FENSHULEI 中建立了描述分数的类 FENSHU,在模块 FENSHUFUZHI 中建立了分数对实数和整数变量的赋值重载,这里可以直接继承使用。

假定这项工作由三个人完成,项目主管制定各模块的名称和公有子程序的名称,并分配任务。项目主管提供派生类 FENSHU,并完成分数运算中涉及的计算两个整数的最大公约数、分数化简及主程序的编写;成员 A 完成分数的＋、－、＊和/运算,这些功能放在模块 A 中,成员 B 完成分数的关系运算,这些功能放在模块 B 中。现在三个人可同时开展编程工作。

项目主管编写程序如下:

```
MODULE ZHUGUAN
USE FENSHULEI                    !调用模块 FENSHULEI
PUBLIC GONGYUESHU,HUAJIAN,PUT     !声明是公有子程序
CONTAINS
    FUNCTION GONGYUESHU(I,J)      !用辗转相除法求两个正整数的最大公约数,该函数子程序在循
                                 !环结构中编写过,只须稍加改造
    INTEGER,INTENT(IN):: I,J
    INTEGER BIG,TEMP,GONGYUESHU
    BIG = MAX(I,J)
    GONGYUESHU = MIN(I,J)
    DO WHILE(GONGYUESHU > 1)
      TEMP = MOD(BIG,GONGYUESHU)
    IF(TEMP == 0)EXIT
    BIG = GONGYUESHU
    GONGYUESHU = TEMP
    ENDDO
  END FUNCTION

    FUNCTION HUAJIAN(A)          !该程序实现对分数的化简
      TYPE(FENSHU),INTENT(IN)::A  !A 是由外部传递的参数
    INTEGER B
    TYPE(FENSHU)::TEMP,HUAJIAN    !声明返回值类型是 FENSHU 类型
    !计算分子和分母绝对值的最大公约数
      B = GONGYUESHU(ABS(A.FENZI),ABS(A.FENMU))
    TEMP.FENZI = A.FENZI/B        !函数名不能使用成员,因此使用中间变量 TEMP
      TEMP.FENMU = A.FENMU/B
      HUAJIAN = TEMP
  END FUNCTION
SUBROUTINE PUT(A)                !实现分数数据的输出
  TYPE(FENSHU),INTENT(IN)::A
  IF(A.FENMU/ = 1)THEN
    WRITE( * ,"(2X,'(',I3,'/',I3,')')")A.FENZI,A.FENMU
    ELSE
    WRITE( * ,"(2X,I3)") A.FENZI
    ENDIF
END SUBROUTINE
 END MODULE
```

成员 A 完成的模块程序单元如下:

```
MODULE CHENGYUAN_A               !实现分数算数运算的模块
USE FENSHULEI
USE ZHUGUAN
```

```
PUBLIC OPERATOR( + ),OPERATOR( - ),OPERATOR( * ),OPERATOR(/)
INTERFACE OPERATOR( + )                !加法运算符重载,具体由 ADD_FENSHU 实现
 MODULE PROCEDURE ADD_FENSHU
END INTERFACE
INTERFACE OPERATOR( - )                !减法运算符重载,具体由 MINUS_FENSHU 实现
 MODULE PROCEDURE MINUS_FENSHU
END INTERFACE
INTERFACE OPERATOR( * )                !乘法运算符重载,具体由 TIMES_FENSHU 实现
 MODULE PROCEDURE TIMES_FENSHU
END INTERFACE
INTERFACE OPERATOR(/)                   !除法运算符重载,具体由 DIV_FENSHU 实现
 MODULE PROCEDURE DIV_FENSHU
END INTERFACE
CONTAINS
FUNCTION ADD_FENSHU(A,B)
TYPE(FENSHU),INTENT(IN)::A,B
TYPE(FENSHU) ADD_FENSHU,TEMP
TEMP.FENZI = A.FENZI * B.FENMU + A.FENMU * B.FENZI
TEMP.FENMU = A.FENMU * B.FENMU
ADD_FENSHU = HUAJIAN(TEMP)
END FUNCTION

FUNCTION MINUS_FENSHU(A,B)
TYPE(FENSHU),INTENT(IN)::A,B
TYPE(FENSHU) MINUS_FENSHU,TEMP
TEMP.FENZI = A.FENZI * B.FENMU - A.FENMU * B.FENZI
TEMP.FENMU = A.FENMU * B.FENMU
MINUS_FENSHU = HUAJIAN(TEMP)
END FUNCTION

FUNCTION TIMES_FENSHU(A,B)
TYPE(FENSHU),INTENT(IN)::A,B
TYPE(FENSHU) TIMES_FENSHU,TEMP
TEMP.FENZI = A.FENZI * B.FENZI
TEMP.FENMU = A.FENMU * B.FENMU
TIMES_FENSHU = HUAJIAN(TEMP)
END FUNCTION

FUNCTION DIV_FENSHU(A,B)
TYPE(FENSHU),INTENT(IN)::A,B
TYPE(FENSHU) DIV_FENSHU,TEMP
TEMP.FENZI = A.FENZI * B.FENMU
TEMP.FENMU = A.FENMU * B.FENZI
DIV_FENSHU = HUAJIAN(TEMP)
END FUNCTION
END MODULE
```

成员 B 编写的、实现分数关系运算的模块程序单元如下:

```
MODULE CHENGYUAN_B              !实现分数关系运算的模块
USE ZHUGUAN                     !调用 ZHUGUAN 模块
```

```
USE CHENGYUAN_A                    ! 调用 CHENGYUAN_A 模块,使用其中的算术运算符重载
USE FENSHUFUZHI                    ! 调用 FENSHUFUZHI 模块,使用其中的赋值号重载
PUBLIC OPERATOR(>), OPERATOR(> = ),OPERATOR(<)
PUBLIC OPERATOR(< = ),OPERATOR( == ),OPERATOR(/ = )

INTERFACE OPERATOR(>)
MODULE PROCEDURE BIG_THAN
END INTERFACE
INTERFACE OPERATOR(> = )
MODULE PROCEDURE BIG_EQUAL
END INTERFACE

INTERFACE OPERATOR(<)
MODULE PROCEDURE SMALL_THAN
END INTERFACE

INTERFACE OPERATOR(< = )
MODULE PROCEDURE SMALL_EQUAL
END INTERFACE

INTERFACE OPERATOR( == )
MODULE PROCEDURE EQUAL
END INTERFACE

INTERFACE OPERATOR(/ = )
MODULE PROCEDURE NOT_EQUAL
END INTERFACE

CONTAINS
FUNCTION BIG_THAN(A,B)
TYPE(FENSHU),INTENT(IN)::A,B
TYPE(FENSHU) TEMP
REAL R
LOGICAL BIG_THAN
TEMP = A − B
R = TEMP
IF(R > 0)THEN
  BIG_THAN = .TRUE.
ELSE
  BIG_THAN = .FALSE.
ENDIF
END FUNCTION

FUNCTION BIG_EQUAL(A,B)
TYPE(FENSHU),INTENT(IN)::A,B
TYPE(FENSHU) TEMP
REAL R
LOGICAL BIG_EQUAL
TEMP = A − B
R = TEMP
```

```
IF(R<0)THEN
 BIG_EQUAL = .FALSE.
ELSE
 BIG_EQUAL = .TRUE.
ENDIF
END FUNCTION


FUNCTION SMALL_EQUAL(A,B)
TYPE(FENSHU),INTENT(IN)::A,B
TYPE(FENSHU) TEMP
REAL R
LOGICAL SMALL_EQUAL
TEMP = A - B
R = TEMP
IF(R>0)THEN
 SMALL_EQUAL = .FALSE.
ELSE
 SMALL_EQUAL = .TRUE.
ENDIF
END FUNCTION


FUNCTION SMALL_THAN(A,B)
TYPE(FENSHU),INTENT(IN)::A,B
TYPE(FENSHU) TEMP
REAL R
LOGICAL SMALL_THAN
TEMP = A - B
R = TEMP
IF(R<0)THEN
 SMALL_THAN = .TRUE.
ELSE
 SMALL_THAN = .FALSE.
ENDIF
END FUNCTION


FUNCTION EQUAL(A,B)
TYPE(FENSHU),INTENT(IN)::A,B
TYPE(FENSHU) TEMP
REAL R
LOGICAL EQUAL
TEMP = A - B
R = TEMP
IF(R == 0)THEN
 EQUAL = .TRUE.
ELSE
 EQUAL = .FALSE.
ENDIF
END FUNCTION
```

```
FUNCTION NOT_EQUAL(A,B)
TYPE(FENSHU),INTENT(IN)::A,B
TYPE(FENSHU) TEMP
REAL R
LOGICAL NOT_EQUAL
TEMP = A - B
R = TEMP
IF(R/ = 0)THEN
  NOT_EQUAL = .TRUE.
ELSE
NOT_EQUAL = .FALSE.
ENDIF
END FUNCTION
END MODULE
```

项目主管编写验证主程序单元,采用三分之一与三分之二两个分数进行验证。

```
PROGRAM EXAM13_8
  USE ZHUGUAN
  USE CHENGYUAN_A
  USE CHENGYUAN_B
  TYPE(FENSHU) A,B,C
  A = FENSHU(1.0,3.0)
  B = FENSHU(2.0,3.0)
PRINT *,"第一个分数为"
  CALL PUT(A)
PRINT *,"第二个分数为"
  CALL PUT(B)
PRINT *,"两个分数的和为"
  C = A + B
  CALL PUT(C)
PRINT *,"两个分数的差为"
  C = A - B
  CALL PUT(C)
PRINT *,"两个分数的积为"
  C = A * B
  CALL PUT(C)
PRINT *,"两个分数的商为"
  C = A/B
  CALL PUT(C)
PRINT *,"两个分数的>,>= ,<,<= , == ,/ = 运算结果为: "
PRINT *,A>B,A>= B,A<B,A<= B,A == B,A/ = B
END
```

以上三个人的工作可以并行开展,在程序编译调试时,创建一个工程项目并将原有模块(例 13-6 中除主程序以外的全部)和新建模块添加到工程中,按先后顺序分别编译。若有问题则修改调整,直至每个模块单元都编译通过,然后连接生成可执行文件,运行后查看结果是否正确。程序运行结果如图 13.12 所示。

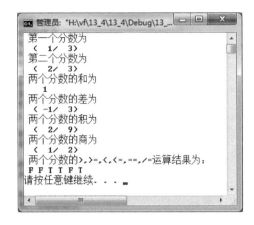

图 13.12 例 13-8 运行结果

习　题　13

1. 面向对象程序设计方法有哪些重要概念？试举一个生活中的实际例子,说明数据封装的概念和重要性。

2. FORTRAN 语言为何要引入模块？使用模块有什么优点？

3. 在模块中可定义哪些对象？

4. 在模块中为何要指定对象的公有、私有属性？默认情况下,模块中对象具有何种属性？

5. 如何调用模块？如何别名使用模块中的对象？

6. 使用模块定义重力加速度 G,编写程序计算投掷物的投掷距离。

7. 为什么要引入接口界面块功能？它与 EXTERNAL 语句功能有何异同？

8. 在什么情况下必须使用接口界面块？

9. 接口界面块中声明的子程序参数与实际的子程序参数有何异同？

10. 在 FORTRAN 语言中,通过什么功能实现重载？重载的本质是什么？

11. 实现重载时,声明形式参数类型要使用 INTENT(IN)和 INTENT(OUT)属性,这两个属性有何作用？

12. 使用函数子程序重载功能,实现函数 area。如果用一个实数调用 area,则参数看作是圆的半径,计算圆的面积并返回。如果用两个实数调用 area,则参数看作是圆的内径和外径,计算圆环的面积并返回。试编写主程序和模块单元程序。

13. 统计某钟点工的总工作时间,以小时和分钟计时。编写程序实现加法运算符重载,使其能够计算时间的加法。如 1h 20m 加 2h 45m 的结果是 4h 5m。

第 14 章

常用数值算法

教学目标：

- 掌握求解一元方程的方法；
- 掌握求解数值积分的方法；
- 掌握常用线性代数数值方法；
- 掌握龙格库塔方法求解微分方程。

数值计算是 FORTRAN 语言最主要的应用，可以应用前面学习的知识来进行一些常用算法的程序设计。本章介绍一些最基本的数值方法，以此来学习程序设计的方法与技巧，并在此基础上举一反三。

14.1　求解一元方程

求解一元方程，就是计算函数 $f(x)=0$ 的解，也就是计算函数 $f(x)$ 的曲线和 x 轴的交点。

14.1.1　二分法

二分法（Bisection）求解一元方程的根是一种简单直观的方法。基本思路如下。

(1) 先任取两个值 x_1 和 x_2，设函数 $f(x)$ 在区间 $[x_1,x_2]$ 上连续，而且 $f(x_1)f(x_2)<0$，也就是 $f(x_1)$ 和 $f(x_2)$ 异号，则在 $[x_1,x_2]$ 区间上至少有一个根，即存在一个 x 使得 $f(x)=0$，如图 14.1 所示。

(2) 令 $x=(x_1+x_2)/2$，如果 $f(x)=0$，就找到了一个根，计算完成。由于 $f(x)$ 是一个实型数据，所以在判断 $f(x)$ 是否等于 0 时，是通过判断 $|f(x)|$ 是否小于一个足够小的数 ε（误差容限），如果 $|f(x)|<\varepsilon$，就认为 $f(x)$ 为 0。

(3) 若 $f(x)$ 不为 0，判断如果 $f(x_1)$ 和 $f(x)$ 异号，则说明根在 $[x_1,x]$ 区间，就以 x_1 和 x 为新的取值来重复步骤(2)，这时用 x 作为新的 x_2，舍掉原 $[x,x_2]$ 区间；如果 $f(x_2)$ 和 $f(x)$ 异号，则以 x、x_2 为新的取值来重复步骤(2)，这时用 x 作为新的 x_1，舍掉原 $[x_1,x]$ 区间。这样做实际上是将求解的区间减少了一半，如此反复，不断缩小求解

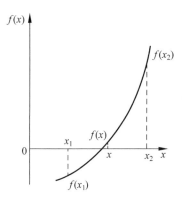

图 14.1　二分法

区间,直到$|f(x)|<\varepsilon$为止。

【例 14-1】　用二分法求方程 $f(x)=x^3-2x^2+7x+4$ 在区间$[-1,1]$上的根。

程序编写如下:

```
MODULE BISECT
CONTAINS
REAL FUNCTION FUNC(X)                    !定义方程函数
IMPLICIT NONE
REAL X
FUNC = X ** 3 - 2 * X ** 2 + 7 * X + 4
END FUNCTION FUNC
REAL FUNCTION SOLVE(X1,X2)               !二分法求解函数
IMPLICIT NONE
REAL X1,X2,X,F1,F2,FX
X = (X1 + X2)/2.0
FX = FUNC(X)
DO WHILE(ABS(FX)> 1E - 6)
   F1 = FUNC(X1)
   F2 = FUNC(X2)
   IF(F1 * FX < 0) THEN
      X2 = X
   ELSE
      X1 = X
   ENDIF
   X = (X1 + X2)/2.0
   FX = FUNC(X)
ENDDO
SOLVE = X
END FUNCTION SOLVE
END MODULE BISECT

PROGRAM EXAM14_1
USE BISECT                               !应用二分法模块
REAL X1,X2,X
DO
   PRINT * , '输入 X1,X2 的值: '        !输入 x1 和 x2,直到 f(x1)和 f(x2)异号为止
   READ * , X1,X2
   IF(FUNC(X1) * FUNC(X2)< 0.0) EXIT
   PRINT * , '此区间无根,请重新输入!'
ENDDO
X = SOLVE(X1,X2)                         !调用求解函数
PRINT 10, 'X = ',X
10   FORMAT(A,F15.7)
END
```

程序运行结果如图 14.2 所示。

本例中,模块 BISECT 的目的是计算方程在$[x_1,x_2]$区间的根,模块里包含了两个函数子程序,定义方程的函数子程序 FUNC 和求解方程的函数子程序 SOLVE。在

图 14.2　例 14-1 运行结果

主程序单元中通过循环要求输入区间的两个取值 x_1 和 x_2，直到满足条件 $func(x_1)func(x_2)<$ 0 为止，以保证在 $[x_1,x_2]$ 区间有根。在得到满足条件的两个取值 x_1 和 x_2 后，调用二分法模块 BISECT 中的求解子程序 SOLVE 求得根值后输出。

二分法求解函数子程序 SOLVE 中，用 F1、F2、FX 分别表示对应 X1、X2、X 的函数值，如果 F1 * FX<0，说明 FUNC(X1)和 FUNC(X)异号，解在[X1,X]区间，舍去[X,X2]区间，以 X1、X 为新的取值，所以 X2=X；否则以 X、X2 为新的取值，X1=X。然后求出新的 X 和 FUNC(X)。重复这一过程，直到 ABS(FX)<1E−6 为止。

二分法对函数的要求低，计算思想朴素直观，容易用计算机编程实现，但二分法的收敛速度不是很快。

14.1.2 弦截法

弦截法(Secant)的基本思路和"二分法"相似，只是二分法每次取区间的中点，然后从中舍去一半区间，而弦截法是利用线段来逼近求得的解。弦截法取$(x_1,f(x_1))$和$(x_2,f(x_2))$两点的连线与 x 轴的交点，从$[x_1,x]$和$[x,x_2]$区间中舍去一个，取舍的方法与二分法相同，如图 14.3 所示。过程如下。

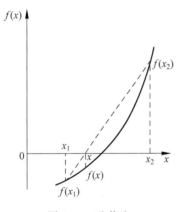

图 14.3 弦截法

（1）先任取两个值 x_1 和 x_2，使得 $f(x_1)f(x_2)<0$。

（2）做过点$(x_1,f(x_1))$和点$(x_2,f(x_2))$的直线，这条直线与 x 轴的交点为$(x,0)$。可用以下公式求出 x。

$$x = x_2 - \frac{x_2 - x_1}{f(x_2) - f(x_1)} \cdot f(x_2)$$

代入方程求得 $f(x)$，判断$|f(x)|<\varepsilon$ 是否成立，如果是就找到了一个根，计算完成。

（3）否则，判断 $f(x_1)$ 和 $f(x)$ 是否异号，如果是，则说明根在$[x_1,x]$区间，就以 x_1 和 x 为新的取值来重复步骤(2)，这时用 x 作为新的 x_2，舍掉原$[x,x_2]$区间；如果 $f(x_2)$ 和 $f(x)$ 异号，则以 x,x_2 为新的取值来重复步骤(2)，这时用 x 作为新的 x_1，舍掉原$[x_1,x]$区间，然后用同样的办法再进一步缩小区间，直到$|f(x)|<\varepsilon$ 为止。

【例 14-2】 用弦截法求 $f(x)=x^3-2x^2+7x+4=0$ 在区间$[-1,1]$上的根。

程序编写如下：

```
MODULE SECANT
CONTAINS
REAL FUNCTION FUNC(X)                    !定义方程函数
IMPLICIT NONE
REAL X
FUNC = X ** 3 - 2 * X ** 2 + 7 * X + 4
END FUNCTION FUNC
REAL FUNCTION SOLVE(X1,X2)               !弦截法求解函数
IMPLICIT NONE
REAL X1,X2,X,F1,F2,FX
```

```
    X = X2 - (X2 - X1)/(FUNC(X2) - FUNC(X1)) * FUNC(X2)
    FX = FUNC(X)
    DO WHILE(ABS(FX) > 1E - 6)
        F1 = FUNC(X1)
        F2 = FUNC(X2)
        IF(F1 * FX < 0) THEN
            X2 = X
        ELSE
            X1 = X
        ENDIF
        X = X2 - (X2 - X1)/(FUNC(X2) - FUNC(X1)) * FUNC(X2)
        FX = FUNC(X)
    ENDDO
    SOLVE = X
    END FUNCTION SOLVE
    END MODULE SECANT


    PROGRAM EXAM14_2
    USE SECANT
    REAL X1, X2, X
    DO
        PRINT *, '输入 X1, X2 的值: '
        READ *, X1, X2
        IF(FUNC(X1) * FUNC(X2) < 0) EXIT
        PRINT *, '此区间无根,请重新输入!'
    ENDDO
    X = SOLVE(X1, X2)
    PRINT 10, 'X = ', X
10  FORMAT(A, F15.7)
    END
```

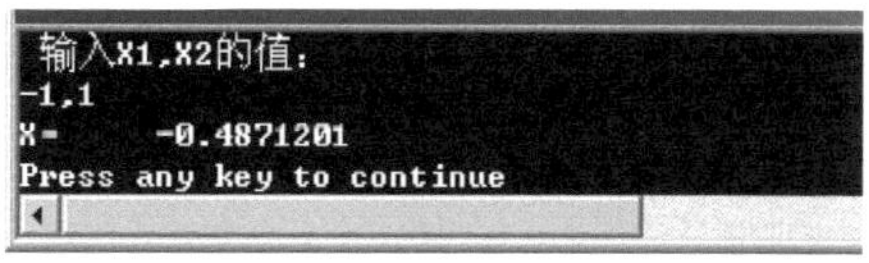

图 14.4　例 14-2 运行结果

程序运行结果如图 14.4 所示。

14.1.3　迭代法

迭代法求解一元方程的根,基本思路如下。

(1) 将 $f(x)$ 转换成求 x 的等式 $x = g(x)$ 的形式。

(2) 先任取一个初值 x_0,代入 $g(x)$,得到 x_1,x_1 是第一个近似值。

(3) 将 x_1 代入 $g(x)$,得到 x_2。以此类推,一次次将求得的新值当作下一次的初值代入 $g(x)$,即:

$$x_0 \to g(x_0) \to x_1 \to g(x_1) \to x_2 \to g(x_2) \to x_3 \to g(x_3) \to x_4 \to g(x_4) \to x_5 \cdots$$

直到前后两次求出的 x 的值很接近,即 $|x_{n+1} - x_n| < \varepsilon$,这时 x_{n+1} 就是所求得的解。

【例 14-3】　用迭代法求方程 $f(x) = x^3 - 2x^2 + 7x + 4 = 0$ 在区间 $[-1, 1]$ 的根。

分析:先找出 $x = g(x)$ 的表达式,可令 $x = (-x^3 + 2x^2 - 4)/7$。

使用迭代法还要考虑一个问题:有可能经过多次迭代后不收敛。为防止无休止地迭代下去,需要设定一个最高的循环次数,如果达到这一次数仍不满足 $|x_{n+1} - x_n| < \varepsilon$,就不再进

行下去,输出"经过×次迭代后仍未收敛"。是否收敛与迭代公式和初值有关。

程序编写如下:

```
MODULE ITERATION
IMPLICIT NONE
INTEGER:: MAX = 200                        !最大允许迭代次数
CONTAINS
REAL FUNCTION G(X)                         !定义迭代函数 G(X)
IMPLICIT NONE
REAL X
G = ( - X ** 3 + 2 * X ** 2 - 4)/7
END FUNCTION G


SUBROUTINE SOLVE(X)                        !迭代法求解子程序
IMPLICIT NONE
REAL X, X1
INTEGER I
I = 1
X1 = G(X)
DO WHILE(ABS(X - X1) > 1E - 6. AND. I < = MAX)
  PRINT 10, I, X1
  X = X1
  I = I + 1
  X1 = G(X)
ENDDO
IF(I < = MAX) THEN
    PRINT 20, 'X = ', X1                   !输出计算结果
ELSE
    PRINT 30, '经过', MAX, '次迭代后仍未收敛'
ENDIF
10 FORMAT('I = ', I4, 6X, 'X = ', F15.7)
20 FORMAT(A, F15.7)
30 FORMAT(A, I4, A)
END SUBROUTINE SOLVE
END MODULE ITERATION


PROGRAM EXAM14_3
USE ITERATION
REAL X0
PRINT * , '输入初值 X0:'
READ * , X0
CALL SOLVE(X0)                             !调用迭代法求解
END
```

程序运行结果如图 14.5 所示。

图 14.5 例 14-3 运行结果

14.1.4 牛顿迭代法

用牛顿迭代法求解一元方程的根,基本思路如下。

(1) 任取一个值 x_1。

(2) 过点 $(x_1, f(x_1))$ 做切线,即以 $f'(x_1)$ 为斜率作直线,这条直线与 x 轴的交点为 x_2,如图 14.6 所示。可用以下公式求出 x_2。

由于

$$f'(x_1) = \frac{f(x_1)}{x_1 - x_2}$$

则

$$x_2 = x_1 - \frac{f(x_1)}{f'(x_1)}$$

判断 $|f(x_2)| < \varepsilon$ 是否成立,如果成立,就找到了一个解,计算完成。

(3) 否则,重复步骤(2),以 $f'(x_2)$ 为斜率过点 $(x_2, f(x_2))$ 做切线,求出与 x 轴的交点 x_3,……,直到 $|f(x_n)| < \varepsilon$,认为 x_n 就是所求得的根。

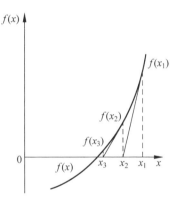

图 14.6 牛顿迭代法

牛顿迭代法又叫做切线法。

【例 14-4】 用牛顿迭代法求 $f(x) = x^3 - 2x^2 + 7x + 4 = 0$ 在区间 $[-1, 1]$ 的根。

先求出 $f'(x) = 3x^2 - 4x + 7$。

程序编写如下:

```
MODULE NEWTON
IMPLICIT NONE
INTEGER:: MAX = 200                    !最大允许迭代次数
CONTAINS
REAL FUNCTION FUNC(X)                  !定义方程
  IMPLICIT NONE
  REAL X
  FUNC = X ** 3 - 2 * X ** 2 + 7 * X + 4
```

```
    END FUNCTION FUNC

    REAL FUNCTION DFUNC(X)                          !一次导数
      IMPLICIT NONE
      REAL X
      DFUNC = 3 * X ** 2 - 4 * X + 7
    END FUNCTION DFUNC
    SUBROUTINE SOLVE(X)                             !求解子程序
      IMPLICIT NONE
      REAL X, X1
      INTEGER I
      I = 1
      X1 = X - FUNC(X)/DFUNC(X)
      DO WHILE(ABS(X - X1) > 1E - 6. AND. I < = MAX)
        PRINT 10, I, X1
        X = X1
        I = I + 1
        X1 = X - FUNC(X)/DFUNC(X)
      ENDDO
    IF(I < = MAX) THEN
        PRINT 20, 'X = ', X1                        !输出计算结果
    ELSE
        PRINT 30, '经过', MAX, '次迭代后仍未收敛'
    ENDIF
 10 FORMAT('I = ', I4, 6X, 'X = ', F15.7)
 20 FORMAT(A, F15.7)
 30 FORMAT(A, I4, A)
    END SUBROUTINE SOLVE
    END MODULE NEWTON

    PROGRAM EXAM14_4
    USE NEWTON
    REAL X0
    PRINT *, '输入初值'
    READ *, X0
    CALL SOLVE(X0)                                  !调用牛顿迭代法求解子程序
    END
```

程序运行结果如图 14.7 所示。

图 14.7 例 14-4 运行结果

以上介绍了几种不同的求解一元方程的根的方法。这些方法都是用近似法求解,得到的解只是近似值。现实中能用解析法求得准确根值的方程只占极少部分。而用计算机可以求解任何有实根的一元方程,所用的基本方法就是迭代,经过多次迭代,让近似根逐渐趋近

真实根。迭代用循环来实现,正是利用了计算机运算速度快的特点。

除了以上几种方法外,还有其他求近似解的方法,有兴趣的读者可以参阅相关书籍。根据以上方法的基本思想,可以在此基础上进行改进或增加一些功能。另外,不同书籍中介绍的具体程序可能会有一些差别,读者可根据需要编写自己的程序。

14.2　数值积分

求一个函数 $f(x)$ 在 $[a,b]$ 上的定积分 $\int_a^b f(x)\mathrm{d}x$,其几何意义是求曲线 $f(x)$ 和直线 $x=a, y=0, x=b$ 所围成的曲边梯形的面积。为了近似求出这一面积,可将 $[a,b]$ 区间分成若干个小区间,每个区间的宽度为 $(b-a)/n$,n 为区间个数。近似求出每个小的曲边梯形面积,然后将 n 个小面积加起来,就近似得到总的面积,即定积分的近似值。当 n 越大,即区间划分得越小,近似程度越高。

近似求小曲边梯形的面积的方法是用各种已知面积的小图形来代替小曲边梯形,用已知面积的总和来逼近答案。常用的方法有以下三种:

- 用小矩形代替小曲边梯形;
- 用小梯形代替小曲边梯形;
- 在小区间范围内,用一条抛物线代替区间内的 $f(x)$,然后求由这一抛物线所构成的小曲边梯形的面积。

14.2.1　矩形法

用小矩形面积代替小曲边梯形,矩形面积的求解公式为底×高。将 $[a,b]$ 区间分为 n 个区间,令 $h=(b-a)/n$,如图 14.8 所示。

求第 1 个小矩形面积:底 $=h$,高 $=f(a)$,$S_1=h \cdot f(a)$。也可用 $f(a+h)$ 为高,得到 $S_1=h \cdot f(a+h)$。

求第 i 个小矩形面积:底 $=h$,高 $=f(a+(i-1) \cdot h)$,也可用 $f(a+i \cdot h)$ 为高,有

$$S_i = h \cdot f(a+(i-1) \cdot h)$$

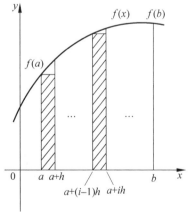

图 14.8　矩形法

【例 14-5】　用矩形法求 $\int_0^1 (1+\mathrm{e}^x)\mathrm{d}x$。

程序编写如下:

```
MODULE RECTANGLE
CONTAINS
REAL FUNCTION FUNC(X)          !积分函数
IMPLICIT NONE
REAL X
FUNC = 1 + EXP(X)
END FUNCTION FUNC
REAL FUNCTION SOLVE(A,B,N)     !矩形法求解函数
IMPLICIT NONE
REAL X,A,B,H,S
```

```
    INTEGER I, N
    X = A
    H = (B - A)/N
    S = 0
    DO I = 1, N
        S = S + FUNC(X) * H
        X = X + H
    END DO
    SOLVE = S
    END FUNCTION SOLVE
    END MODULE RECTANGLE


    PROGRAM EXAM14_5
    USE RECTANGLE                          !应用矩形法模块
    REAL A, B, S
    INTEGER N
    PRINT *, '输入 A, B 和 N 的值'
    READ *, A, B, N
    S = SOLVE(A, B, N)                      !调用矩形法求解的函数
    PRINT 10, A, B, N
    PRINT 20, S                            !输出计算结果
10  FORMAT('A = ', F5.2, 3X, 'B = ', F5.2, 3X, 'N = ', I4)
20  FORMAT('S = ', F15.8)
    END
```

运行结果如 14.9 所示。如果输入的 n 为 100，则运行结果如图 14.10 所示。

图 14.9　例 14-5 运行结果 1

图 14.10　例 14-5 运行结果 2

综上所述，n 的值越大，计算结果与 $\int_0^1 (1 + e^x) dx$ 的准确值越接近。

14.2.2　梯形法

方法基本同矩形法，用小梯形面积代替小曲边梯形。

如图 14.11 所示,将 $[a,b]$ 区间分为 n 个区间,令 $h=(b-a)/n$。

第 1 个小梯形的面积为

$$S_1 = \frac{f(a) + f(a+h)}{2} \cdot h$$

第 i 个小梯形的面积为

$$S_1 = \frac{f(a+(i-1) \cdot h) + f(a+i \cdot h)}{2} \cdot h$$

【**例 14-6**】　用梯形法求 $\int_0^1 (1+e^x)\mathrm{d}x$。

程序编写如下:

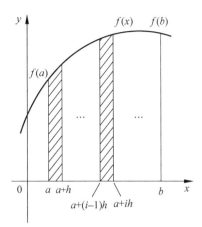

图 14.11　梯形法 1

```
MODULE TRAPEZIA
CONTAINS
REAL FUNCTION FUNC(X)
IMPLICIT NONE
REAL X
FUNC = 1 + EXP(X)
END FUNCTION FUNC

REAL FUNCTION SOLVE(A,B,N)              !梯形法求解函数
IMPLICIT NONE
REAL X,A,B,H,S
INTEGER I,N
X = A
H = (B - A)/N
S = 0
DO I = 1,N
    S = S + (FUNC(X + (I - 1) * H) + FUNC(X + I * H)) * H/2.0
END DO
SOLVE = S
END FUNCTION SOLVE
END MODULE TRAPEZIA

PROGRAM EXAM14_6
USE TRAPEZIA                           !应用梯形法模块
REAL A,B,S
INTEGER N
PRINT * ,'输入 A,B 和 N 的值'
READ * ,A,B,N
S = SOLVE(A,B,N)                       !调用梯形法求解函数
PRINT 10, A,B,N
PRINT 20, S                            !输出计算结果
10 FORMAT('A = ',F5.2,3X,'B = ',F5.2,3X,'N = ',I4)
20 FORMAT('S = ',F15.8)
    END
```

程序运行结果如图 14.12 所示。

图 14.12 例 14-6 运行结果 1

以上程序是逐一求出每一个小梯形面积,然后累加起来。也可以先找出求 n 个小梯形面积的代数和公式,然后再据此编程。

设 f_0、f_1、f_2、$\cdots$、f_n 分别是 x 等于 x_0、x_1、x_2、$\cdots x_n$ 时函数 $f(x)$ 的值,如图 14.13 所示。

$$\int_a^b f(x)\,\mathrm{d}x \approx \frac{h}{2}(f_0 + f_1) + \frac{h}{2}(f_1 + f_2) + \frac{h}{2}(f_2 + f_3) + \cdots + \frac{h}{2}(f_{n-1} + f_n)$$

$$= \frac{h}{2}\big[f_0 + 2(f_1 + f_2 + \cdots f_{n-1}) + f_n\big]$$

这里,

$$f_0 = f(a) = 1 + \mathrm{e}^a$$
$$f_1 = f(a + h) = 1 + \mathrm{e}^{a+h}$$
$$f_2 = f(a + 2h) = 1 + \mathrm{e}^{a+2h}$$
$$\cdots$$
$$f_{n-1} = f(a + (n-1)\cdot h) = 1 + \mathrm{e}^{a+(n-1)\cdot h}$$
$$f_n = f(a + n\cdot h) = f(b) = 1 + \mathrm{e}^b$$

程序编写如下:

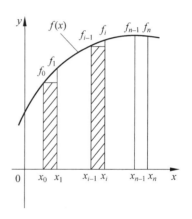

图 14.13 梯形法 2

```
MODULE TRAPEZIA2
CONTAINS
REAL FUNCTION FUNC(X)
REAL X
FUNC = 1 + EXP(X)
END FUNCTION FUNC
REAL FUNCTION SOLVE(A,B,N)
IMPLICIT NONE
REAL X,A,B,H,S
INTEGER I,N
X = A
H = (B - A)/N
S = 0
DO I = 1,N - 1                        !求出 2(F₁ + F₂ + F₃ + … + F_{N-1})
    S = S + 2 * FUNC(X + I * H)
END DO
SOLVE = (S + FUNC(A) + FUNC(B)) * H/2.0
END FUNCTION SOLVE
END MODULE TRAPEZIA2

PROGRAM EXAM14_6_2
IMPLICIT NONE
```

```
    REAL A,B,S
    INTEGER N
    PRINT * ,'输入 A,B 和 N 的值'
    READ * ,A,B,N
    S = SOLVE(A,B,N)                        !调用求解函数
    PRINT 10, A,B,N
    PRINT 20, S                             !输出计算结果
10  FORMAT('A = ',F5.2,3X,'B = ',F5.2,3X,'N = ',I4)
20  FORMAT('S = ',F15.8)
    END
```

程序运行结果如图 14.14 所示。

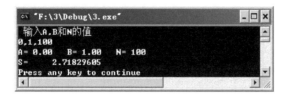

图 14.14　例 14-6 运行结果 2

14.2.3　辛普生法

辛普生(Simpson)法的基本思路为：在一小区间内用抛物线 $f_1(x)$ 代替原来的 $f(x)$，如图 14.15 所示。抛物线通过以下方法确定：取 a,b 的中点 c，c 的坐标为 $\left(\dfrac{a+b}{2},0\right)$，求出 $f(c)$。通过 $(a,f(a))$，$(c,f(c))$，$(b,f(b))$ 三点可以做出唯一的一条抛物线 $f_1(x)$，由数学知识知

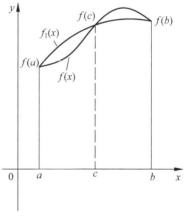

$$f_1(x) = \frac{(x-c)(x-b)}{(a-b)(a-c)} \cdot f(a)$$
$$+ \frac{(x-a)(x-c)}{(b-a)(b-c)} \cdot f(b)$$
$$+ \frac{(x-a)(x-b)}{(c-a)(c-b)} \cdot f(c)$$

并且可知，$f_1(a)=f(a)$，$f_1(b)=f(b)$，$f_1(c)=f(c)$。

$[a,b]$ 区间的定积分 $\int_a^b f(x)\mathrm{d}x$ 可用 $\int_a^b f_1(x)\mathrm{d}x$ 代

图 14.15　辛普生法 1

替，根据抛物线定积分求值公式，有

$$\int_a^b f_1(x)\mathrm{d}x = \frac{h}{3}\big[f(a) + 4f(c) + f(b)\big]$$

其中，$h = \dfrac{b-a}{2}$。

如果将 $[a,b]$ 区间分成两个小区间 $[a,c]$ 和 $[c,b]$，每个小区间分别以一条抛物线代替原来的 $f(x)$，如图 14.16 所示。总面积为两个小的曲边梯形 S_1 和 S_2 的面积之和。

$$S = \int_a^b f(x)\,\mathrm{d}x \approx S_1 + S_2$$

$$= \frac{h}{3}\{[f(a) + 4f(a+h) + f(a+2h)] + [f(a+2h) + 4(a+3h) + f(b)]\}$$

$$= \frac{h}{3}\{f(a) + f(b) + 4[f(a+h) + f(a+3h)] + 2f(a+2h)\}$$

式中 $h = \dfrac{c-a}{2} = \dfrac{b-c}{2} = \dfrac{b-a}{2 \times 2}$。

从上式中可以看出以下规律：$f(a+ih)$ 当中，当 i 为奇数时，它前面的系数是 4；i 为偶数时，系数为 2。

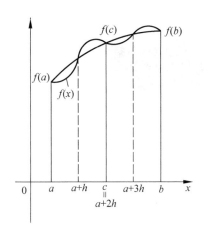

图 14.16　辛普生法 2　　　　　　　　图 14.17　辛普生法 3

为使求得的定积分更准确，可以再划分更小区间。如果分成 4 个小区间，如图 14.17 所示，总面积为 4 个小的曲边梯形面积之和。即：

$$S \approx S_1 + S_2 + S_3 + S_4$$

$$= \frac{h}{3}\{[f(a) + 4f(a+h) + f(a+2h)] + [f(a+2h) + 4f(a+3h) + f(a+4h)]$$

$$+ [f(a+4h) + 4f(a+5h) + f(a+6h)] + [f(a+6h) + 4f(a+7h) + f(b)]\}$$

$$= \frac{h}{3}\{f(a) + f(b) + 4[f(a+h) + f(a+3h) + f(a+5h) + f(a+7h)]$$

$$+ 2[f(a+2h) + f(a+4h) + f(a+6h)]\}$$

其中 $h = \dfrac{b-a}{2 \times 4}$。

如果划分成 n 个小区间，则有：

$$S \approx \frac{h}{3}\{f(a) + f(b) + 4[f(a+h) + f(a+3h) + \cdots + f(a+(2n-1)\cdot h)]$$

$$+ 2[f(a+2h) + f(a+4h) + \cdots + f(a+(2n-2)\cdot h)]\}$$

也可以写成：

$$S \approx \frac{h}{3}\{f(a) - f(b) + 4[f(a+h) + f(a+3h) + \cdots + f(a+(2n-1)\cdot h)]$$

$$+ 2[f(a+2h) + f(a+4h) + \cdots + f(a+2n\cdot h)]\}$$

其中 $h = \dfrac{b-a}{2 \times n}$。

【例 14-7】　用辛普生法求 $\int_0^1 (1 + e^x)\,\mathrm{d}x$。

分析：程序中用 F2 表示要乘以 2 的那一个多项式，用 F4 表示要乘以 4 的多项式。

程序编写如下：

```
MODULE SIMPSON
CONTAINS
REAL FUNCTION FUNC(X)                    !积分函数
IMPLICIT NONE
REAL X
FUNC = 1 + EXP(X)
END FUNCTION FUNC
REAL FUNCTION SOLVE(A,B,N)               !辛普生法求解函数
IMPLICIT NONE
REAL A,B,H,F2,F4,X
INTEGER I,N
H = (B - A)/(2.0 * N)
X = A + H
F2 = 0
F4 = FUNC(X)
DO I = 1,N - 1
   X = X + H
   F2 = F2 + FUNC(X)
   X = X + H
   F4 = F4 + FUNC(X)
END DO
SOLVE = (FUNC(A) + FUNC(B) + 4.0 * F4 + 2.0 * F2) * H/3.0
END FUNCTION SOLVE
END MODULE SIMPSON


PROGRAM EXAM14_7
USE SIMPSON                              !应用 SIMPSON 模块
REAL A,B,S
INTEGER N
PRINT * ,'输入 A,B 和 N 的值'
READ * ,A,B,N
S = SOLVE(A,B,N)                         !调用求解函数
PRINT 10, A,B,N
PRINT 20, S                             !输出计算结果
10 FORMAT('A = ',F5.2,3X,'B = ',F5.2,3X,'N = ',I4)
20 FORMAT('S = ',F15.8)
END
```

程序运行结果如图 14.18 所示。

图 14.18 例 14-7 运行结果

在三种求定积分的方法中,矩形法的误差较大,梯形法次之,辛普生法最好。

14.3 线 性 代 数

线性代数的数值方法即矩阵的应用。在程序中使用二维数组来表示矩阵。

14.3.1 矩阵的加、减、乘法运算

1. 矩阵的加、减法

矩阵的加、减法只是单纯地将矩阵中相同坐标位置的数字相加减。FORTRAN90 之后的版本可以直接对数组做整体计算,通过一个命令就可以完成矩阵的加、减运算,在第 7 章中已做过介绍。在 FORTRAN77 中,则必须使用循环来完成。例如:

```
DO I = 1,M
  DO J = 1,N
    C(I,J) = A(I,J) - B(I,J)
  ENDDO
ENDDO
```

2. 矩阵的乘法

矩阵的乘法不能直接用乘号来完成,在 FORTRAN95 中需要调用标准函数 MATMUL 完成整体操作。

```
C = MATMUL(A,B)
```

在 FORTRAN77 中,必须自己编写程序来实现矩阵乘法。

【例 14-8】 已知 $m \times n$ 的矩阵 a 和 $n \times p$ 的矩阵 b,计算它们的乘积矩阵 c,即 $c = a \times b$。

分析:根据矩阵的乘法规则,乘积矩阵 c 必为 $m \times p$ 的矩阵,c 矩阵各元素的计算公式为

$$c_{ij} = \sum_{k=1}^{n} (a_{ik} \times b_{kj}) \quad (1 \leqslant i \leqslant m, 1 \leqslant j \leqslant p)$$

为了计算 c,需要采用三重循环。外层循环控制矩阵的行(从 1 到 m),第二层循环控制矩阵的列(从 1 到 p),内层循环控制累加计算,求解 c 的各元素。

程序编写如下:

```
PROGRAM EXAM14_8
INTEGER M,N,P
INTEGER,ALLOCATABLE:: A(:,:),B(:,:),C(:,:)
```

```
      PRINT * ,"输入矩阵 A(M,N)和 B(N,P)中 M、N、P 的值："
      READ * ,M,N,P
      ALLOCATE(A(M,N))
      ALLOCATE(B(N,P))
      ALLOCATE(C(M,P))
      PRINT 10,"输入",M," * ",N,"的矩阵 A："
      CALL INPUT(A,M,N)
      PRINT 10,"输入",N," * ",P,"的矩阵 B："
10    FORMAT(A,I2,A,I2,A)
      CALL INPUT(B,N,P)
      CALL MYMATMUL(A,B,C,M,N,P)
      CALL OUTPUT(C,M,P)
      DEALLOCATE(A)
      DEALLOCATE(B)
      DEALLOCATE(C)
      END


      SUBROUTINE INPUT(A,M,N)
      INTEGER A(M,N)
      DO I = 1,M
        READ * ,(A(I,J),J = 1,N)
      ENDDO
      END


      SUBROUTINE OUTPUT(A,M,N)
      INTEGER A(M,N)
      PRINT 10,((A(I,J),J = 1,N),I = 1,M)
10    FORMAT(< N > I6)
      END


      SUBROUTINE MYMATMUL(A,B,C,M,N,P)
      INTEGER M,N,P
      INTEGER A(M,N),B(N,P),C(M,P)
      DO I = 1,M
        DO J = 1,P
          C(I,J) = 0
          DO K = 1,N
            C(I,J) = C(I,J) + A(I,K) * B(K,J)
          ENDDO
        ENDDO
      ENDDO
      END
```

程序运行结果如图 14.19 所示。

图 14.19　例 14-8 运行结果

14.3.2　三角矩阵

通过矩阵中的两行数字相减,将矩阵换算成上三角矩阵或下三角矩阵。所谓上三角矩阵就是矩阵中对角线以下的元素全部为零,下三角矩阵就是矩阵中对角线以上的元素全部为零。

$$
\begin{bmatrix}
1 & 2 & 3 & 4 & 5 \\
0 & 1 & 2 & 3 & 4 \\
0 & 0 & 1 & 2 & 3 \\
0 & 0 & 0 & 1 & 2 \\
0 & 0 & 0 & 0 & 1
\end{bmatrix}
\qquad
\begin{bmatrix}
1 & 0 & 0 & 0 & 0 \\
1 & 2 & 0 & 0 & 0 \\
1 & 2 & 3 & 0 & 0 \\
1 & 2 & 3 & 0 & 0 \\
1 & 2 & 3 & 4 & 5
\end{bmatrix}
$$

上三角矩阵　　　　　　　　下三角矩阵

将矩阵转换成三角矩阵,是将某一行乘以一个系数,然后和另外一行相减。例如,要得到上三角矩阵,先将第 1 行第 1 列以下的元素清零,再将第 2 行第 2 列以下的元素清零,……,直到倒数第二行为止,这一过程称为消元。

【**例 14-9**】　将下列矩阵转换为上三角矩阵。

$$
\begin{bmatrix}
a_{11} & a_{12} & a_{13} \\
a_{21} & a_{22} & a_{23} \\
a_{31} & a_{32} & a_{33}
\end{bmatrix}
$$

分析:将矩阵转换为上三角矩阵,消元步骤如下。

(1) 第 2 行－第 1 行 $\times \dfrac{a_{21}}{a_{11}}$,第 3 行－第 1 行 $\times \dfrac{a_{31}}{a_{11}}$,得到新矩阵:

$$
\begin{bmatrix}
a_{11} & a_{12} & a_{13} \\
0 & a'_{22} & a'_{23} \\
0 & a'_{32} & a'_{33}
\end{bmatrix}
$$

(2) 再从新矩阵中消去元素 a'_{32},即第 3 行－第 2 行 $\times \dfrac{a'_{32}}{a'_{22}}$,得到上三角矩阵

$$
\begin{bmatrix}
a_{11} & a_{12} & a_{13} \\
0 & a'_{22} & a'_{23} \\
0 & 0 & a''_{33}
\end{bmatrix}
$$

程序编写如下：

```
PROGRAM EXAM14_9
REAL,ALLOCATABLE:: A(:,:)
PRINT *,"输入 N: "
READ *,N
ALLOCATE(A(N,N))
PRINT 10,"输入",N," * ",N,"的矩阵 A: "
CALL INPUT(A,N)
10 FORMAT(A,I2,A,I2,A)
CALL UP(A,N)
CALL OUTPUT(A,N)
DEALLOCATE(A)
END

SUBROUTINE INPUT(A,N)
REAL A(N,N)
DO I = 1,N
   READ *,(A(I,J),J = 1,N)
ENDDO
END

SUBROUTINE OUTPUT(A,N)
REAL A(N,N)
PRINT 10,((A(I,J),J = 1,N),I = 1,N)
10 FORMAT(<N>F6.2)
END

SUBROUTINE UP(A,N)
REAL A(N,N)
DO I = 1,N - 1
   DO J = I + 1,N
      P = A(J,I)/A(I,I)
      A(J,I:N) = A(J,I:N) - A(I,I:N) * P
   ENDDO
ENDDO
END
```

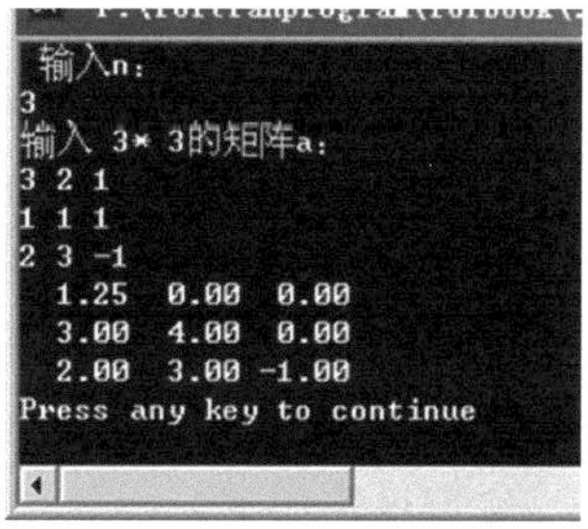

图 14.20　例 14-9 运行结果 1

程序运行结果如图 14.20 所示。

转换成下三角矩阵的做法相似,编写下三角转换子程序如下：

```
SUBROUTINE LOW(A,N)
REAL A(N,N)
DO I = N,2, - 1
   DO J = I - 1,1, - 1
      P = A(J,I)/A(I,I)
      A(J,1:I) = A(J,1:I) - A(I,1:I) * P
   ENDDO
ENDDO
END
```

程序运行结果如图 14.21 所示。

图 14.21　例 14-9 运行结果 2

14.3.3　Gauss-Jordan 法求联立方程组

有以下联立方程组：

$$\begin{cases} 3x + 2y + z = 14 \\ x + y + z = 10 \\ 2x + 3y - z = 1 \end{cases}$$

这组等式可以用矩阵的方式来表示如下：

$$a = \begin{bmatrix} 3 & 2 & 1 \\ 1 & 1 & 1 \\ 2 & 3 & -1 \end{bmatrix} \quad c = \begin{bmatrix} x \\ y \\ z \end{bmatrix} \quad b = \begin{bmatrix} 14 \\ 10 \\ 1 \end{bmatrix}$$

它们的关系为 $a \times c = b$，c 为要求解的未知数。

应用 14.3.2 节中介绍的上、下三角矩阵的求解方法，可以实现 Gauss-Jordan（高斯消元）法求解联立方程组。需要注意的是，矩阵中用数组 b 表示等号后面的数值，矩阵的每一行在互相加减时，数组 b 要跟着一起操作。

【例 14-10】　用 Gauss-Jordan 法求联立方程组。

编写程序如下：

```fortran
MODULE GAUSS_JORDAN
CONTAINS
SUBROUTINE INPUT(A,N)
REAL A(N,N)
DO I = 1,N
   READ *,(A(I,J),J = 1,N)
ENDDO
END SUBROUTINE INPUT

SUBROUTINE SOLVE(A,B,C,N)
DIMENSION A(N,N),B(N),C(N)
CALL UP(A,B,N)
CALL LOW(A,B,N)
FORALL(I = 1:N)
```

```
      C(I) = B(I)/A(I,I)
   ENDFORALL
   END SUBROUTINE SOLVE

   SUBROUTINE OUTPUT(A,B,N)
   REAL A(N,N),B(N)
   DO I = 1,N
      PRINT 10,A(I,1),I
      DO J = 2,N
        IF(A(I,J)>0) THEN
           PRINT 20,A(I,J),J
        ELSE
           PRINT 30,ABS(A(I,J)),J
        ENDIF
      ENDDO
      PRINT 40,B(I)
   ENDDO
10 FORMAT(F5.2,'X',I1\)
20 FORMAT(' + ',F5.2,'X',I1\)
30 FORMAT(' - ',F5.2,'X',I1\)
40 FORMAT(' = ',F8.4)
   END SUBROUTINE OUTPUT

   SUBROUTINE UP(A,B,N)
   REAL A(N,N),B(N)
   DO I = 1,N-1
      DO J = I+1,N
         P = A(J,I)/A(I,I)
         A(J,I:N) = A(J,I:N) - A(I,I:N) * P
         B(J) = B(J) - B(I) * P
      ENDDO
   ENDDO
   END SUBROUTINE UP

   SUBROUTINE LOW(A,B,N)
   REAL A(N,N),B(N)
   DO I = N,2,-1
      DO J = I-1,1,-1
         P = A(J,I)/A(I,I)
         A(J,1:I) = A(J,1:I) - A(I,1:I) * P
         B(J) = B(J) - B(I) * P
      ENDDO
   ENDDO
   END SUBROUTINE LOW
   END MODULE GAUSS_JORDAN

   PROGRAM EXAM14_10
   USE GAUSS_JORDAN
   REAL,ALLOCATABLE:: A(:,:),B(:),C(:)
   PRINT *,"输入未知数个数 N: "
```

```
    READ *,N
    ALLOCATE(A(N,N))
    ALLOCATE(B(N))
    ALLOCATE(C(N))
    PRINT *,"输入系数矩阵 A: "
    CALL INPUT(A,N)
    PRINT *,"输入等值矩阵 B: "
    READ *,B
    PRINT *,"联立方程组: "
    CALL OUTPUT(A,B,N)
    CALL SOLVE(A,B,C,N)
    PRINT *,"求解: "
    DO I = 1,N
        PRINT 10,I,C(I)
    ENDDO
10 FORMAT('X',I1,' = ',F8.4)
    DEALLOCATE(A)
    DEALLOCATE(B)
    DEALLOCATE(C)
    END
```

程序运行结果如图 14.22 所示。

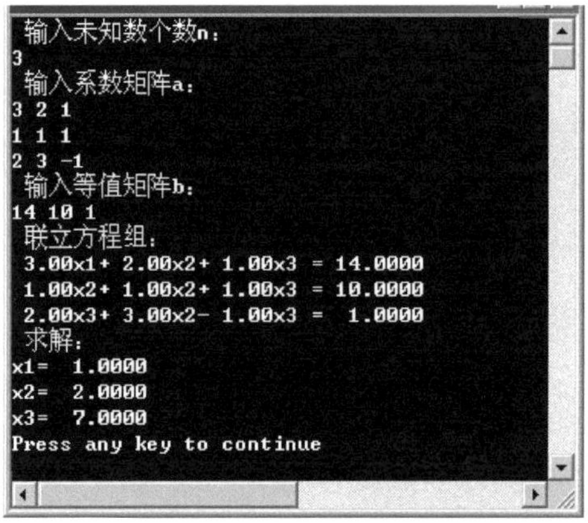

图 14.22　例 14-10 运行结果

程序中用 X1、X2、X3 来表示未知数 x、y、z，以增强程序的功能，可求解多个未知数的方程组。

14.4　求解常微分方程

对于常微分方程初值问题，可以写为：

$$\begin{cases} \dfrac{\mathrm{d}y}{\mathrm{d}x} = f(y,x) \\ y(x_0) = y_0 \end{cases}$$

求解常微分方程初值问题的方法有很多,这里只介绍著名的龙格-库塔(Rung-Kutta)方法。4 级 4 阶的龙格-库塔方法又称为龙格-库塔经典方法。公式如下:

$$
\begin{cases}
y_{n+1} = y_n + \dfrac{h}{6}(K_1 + 2K_2 + 2K_3 + K_4) \\[2mm]
K_1 = f(y_n, x_n) \\[2mm]
K_2 = f\left(y_n + \dfrac{1}{2}hK_1, x_n + \dfrac{1}{2}h\right) \\[2mm]
K_3 = f\left(y_n + \dfrac{1}{2}hK_2, x_n + \dfrac{1}{2}h\right) \\[2mm]
K_4 = f(y_n + hK_3, x_n + h)
\end{cases}
$$

以上方法有时简称为 RK4 方法。这一方法较简单,当 h 足够小时,精度也足够,是常见的一种微分方程初值方法。

【例 14-11】 用经典的 Rung-Kutta 方法计算下列微分方程。

$$
\begin{cases}
y' = -y + x^2 + 1 & x \in [0,1] \\
y(0) = 0
\end{cases}
$$

编写程序如下:

```
MODULE RUNGKT4
CONTAINS
SUBROUTINE RK4(FUN,X0,X1,Y0,N)
IMPLICIT REAL(A-Z)
EXTERNAL FUN
INTEGER N,I
H = (X1 - X0)/N
X = X0
Y = Y0
DO I = 1,N
  K1 = FUN(Y,X)
  K2 = FUN(Y + H/2 * K1,X + H/2)
  K3 = FUN(Y + H/2 * K2,X + H/2)
  K4 = FUN(Y + H * K3,X + H)
  Y = Y + (K1 + 2 * K2 + 2 * K3 + K4) * H/6
  X = X0 + I * H
  PRINT 10,X,Y
ENDDO
10 FORMAT(5X,2F12.6)
END SUBROUTINE RK4

REAL FUNCTION FUNC(Y,X)
IMPLICIT NONE
REAL X,Y
FUNC = - Y + X * X + 1
END FUNCTION FUNC
END MODULE RUNGKT4
```

```
PROGRAM EXAM14_11
USE RUNGKT4
REAL X0,X1,Y0
INTEGER::N = 20
X0 = 0
X1 = 1
Y0 = 0
CALL RK4(FUNC,X0,X1,Y0,N)
END
```

程序运行结果如图 14.23 所示。

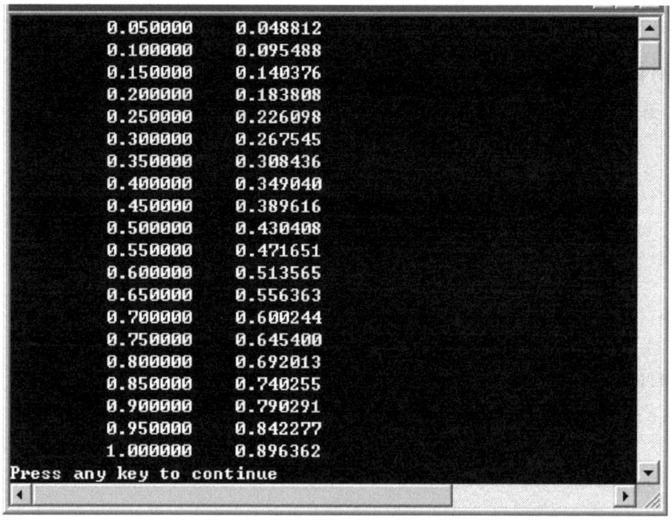

图 14.23   例 14-11 运行结果

习　题　14

1. 分别用二分法和弦截法求解方程 $x^2 - 4x + 1 = 0$。

2. 分别用迭代法和牛顿迭代法求解方程 $x^2 - 4x + 1 = 0$。如果迭代 50 次后还未达到 $|x - x_n| \leqslant 10^{-6}$，就认为不收敛，打印相应的信息。运行程序并对以上四种方法进行比对。

3. 分别用矩形法和梯形法求 $\int_0^1 (1 + \sin x)\mathrm{d}x$ 在区间数为 $n = 10$、100、1000、5000 时的值。

4. 用辛普生法求 $\int_0^1 (1 + \sin x)\mathrm{d}x$ 在区间数为 $n = 10$、50、100 时的值。

5. 用辛普生法求 $\int_0^1 (1 + e^x)\mathrm{d}x$ 在区间数 $n = 2$、4、8、16、32、…的值，直到前后两次求出的积分值之差的绝对值小于 10^{-4} 为止（说明：不是多次运行程序，而是在一次运行程序时，程序先使 $n = 2$，求出积分值，而后自动使 $n = 4$，求出积分值。以此类推，直到前后两次求出的积分值之差 $\leqslant 10^{-4}$ 为止，程序停止运行）。

6. 将矩阵 $\begin{bmatrix} 3 & 2 & 1 \\ 2 & 1 & -1 \\ 1 & -4 & 5 \end{bmatrix}$ 转换为上三角矩阵和下三角矩阵输出。

7. 用 Gauss-Jordan 法求下列联立方程组。

$$\begin{cases} x + 4y + 7c = 12 \\ 2x + 5y + 8z = 15 \\ 3x + 6y + 8z = 17 \end{cases}$$

8. 用 Rung-Kutta 法计算下列微分方程。

$$\begin{cases} y' = \dfrac{2}{x}y + x^2 \mathrm{e}^x & x \in [1,2] \\ y(1) = 0 \end{cases}$$

ASCII 码字符编码表

ASCII 值	字　　符	ASCII 值	字　　符
000		034	″
001	☺	035	♯
002	☻	036	$
003	♥	037	%
004	♦	038	&
005	♣	039	′
006	♠	040	(
007	÷	041	)
008	▯	042	*
009	○	043	+
010	●	044	,
011	♀	045	—
012	♂	046	。
013	♪	047	/
014	♫	048	0
015	¤	049	1
016	▶	050	2
017	◀	051	3
018	↕	052	4
019	‼	053	5
020	¶	054	6
021	§	055	7
022	▬	056	8
023	↨	057	9
024	↑	058	:
025	↓	059	;
026	→	060	<
027	←	061	=
028	↺	062	>
029	◆	063	?
030	▲	064	@
031	▼	065	A
032	space	066	B
033	!	067	C

续表

ASCII 值	字　符	ASCII 值	字　符
068	D	110	n
069	E	111	o
070	F	112	p
071	G	113	q
072	H	114	r
073	I	115	s
074	J	116	t
075	K	117	u
076	L	118	v
077	M	119	w
078	N	120	x
079	O	121	y
080	P	122	z
081	Q	123	{
082	R	124	|
083	S	125	}
084	T	126	~
085	U	127	◇
086	V	128	ç
087	W	129	ü
088	X	130	é
089	Y	131	â
090	Z	132	ä
091	[	133	à
092	\	134	ã
093	]	135	ç
094	^	136	ê
095	—	137	ë
096	'	138	è
097	a	139	ï
098	b	140	î
099	c	141	ì
100	d	142	Ä
101	e	143	À
102	f	144	É
103	g	145	æ
104	h	146	Æ
105	i	147	ô
106	j	148	ö
107	k	149	ò
108	l	150	û
109	m	151	ù

ASCII 值	字　符	ASCII 值	字　符
152	ÿ	194	┬
153	ö	195	├
154	ü	196	─
155	t	197	┼
156	Ę	198	╞
157	¥	199	╟
158	Pt	200	╚
159	f	201	╔
160	á	202	╩
161	í	203	╦
162	ó	204	╠
163	ú	205	═
164	ñ	206	╬
165	Ñ	207	╧
166	a	208	╨
167	o	209	╤
168	¿	210	╥
169	┌	211	╙
170	┐	212	╘
171	1/2	213	╒
172	1/4	214	╓
173	i	215	╫
174	《	216	╪
175	》	217	┘
176	▤	218	┌
177	▨	219	█
178	▦	220	▄
179	│	221	▌
180	┤	222	▐
181	╡	223	▀
182	╢	224	α
183	╖	225	β
184	╕	226	Γ
185	╣	227	π
186	║	228	Σ
187	╗	229	σ
188	╝	230	μ
189	╜	231	τ
190	╛	232	φ
191	┐	233	θ
192	└	234	Ω
193	┴	235	δ

续表

ASCII 值	字　符	ASCII 值	字　符
236	∞	246	$\div$
237	$\oint$	247	$\approx$
238	$\in$	248	$\circ$
239	$\cap$	249	$\bullet$
240	$\equiv$	250	$\cdot$
241	$\pm$	251	$\sqrt{}$
242	$\geqslant$	252	II
243	$\leqslant$	253	Z
244	$\int$	254	■
245	$\int$	255	

FORTRAN 库函数

1. 数值运算函数

函　　数	功　　能	变量类型	函数值类型
ABS(x)(IABS,DABS,CABS)	返回参数 x 的绝对值	整型,实型,复型	整型,实型,复型
AIMAG(c)	返回复数 c 的虚部	复型	实型
AINT(r[,kind])(DINT)	返回舍去小数部分后的参数值	实型	实型
ANINT(r[,kind])(DNINT)	返回最接近参数 r 的整数值	实型	实型
CEILING(r)	返回一个等于或大于 r 的最小整数	实型	整型
CMPLX(a,b[,kind])	返回以 a 值为实部、b 值为虚部的复数	实型	复型
CONJG(c)	返回 c 的共轭复数	复型	复型
DBLE(num)	把参数转换成双精度浮点数	整型,实型,双精度实型,复型	双精度实型
DIM(a,b)	a−b>0 时返回 a−b,否则返回 0	整型,实型	整型,实型
EXPONENT(x)	返回使用 n * 2^e 的模式来表示浮点数 x 时(n 为小于 1 的小数),"指数"部分 e 的数值	实型	实型
FLOOR(r)	返回等于或小于 r 的最大整数	实型	整型
FRACTION(x)	返回使用 n * 2^e 的模式来表示浮点数 x 时,"小数"部分 n 的值	实型	实型
INT(i[,kind])(IFIX,IDINT)	把参数转换成整型数,小数部分无条件舍去	整型,实型,复型	整型
LOGICAL(a[,kind])	转换不同类型的 LOGICAL 变量,把 a 变量转换成赋值 kind 类型的 LOGICAL 变量	逻辑值	逻辑值
MAX(a,b,…)	返回最大的参数值	整型,实型	整型,实型
MIN(a,b,…)	返回最小的参数值	整型,实型	整型,实型
MOD(a,b)	计算 a/b 的余数。当参数为浮点数时,返回(a−int(a/b)) * b)的值	整型,实型	整型,实型
MODULO(a,b)	同意计算 a/b 的余数。使用和 MOD 不同的公式来计算。参数为整数时,返回 a−FLOOR(REAL(a)/REAL(b)) * b,参数为浮点数时返回 a−FLOOR(a/b) * b	整型,实型	整型,实型

函　　数	功　　能	变量类型	函数值类型
NEAREST(a,b)	b>0.0 时，返回大于 a 的最小浮点数值。b<0.0 时，返回小于 a 的最大浮点数值。因为浮点数的保存会有误差，这个函数可用来查看真正的保存数值	实型	实型
NINT(a[,kind])(DNINT)	返回最接近参数 a 的整数值	实型	整型
REAL(i)	把整型数转换成浮点数	整型	实型
RRSPACING(x)	返回 SPACING(x) 的倒数	实型	实型
SCALE(x,i)	返回 x * (2 ** i)	x 实型，i 整型	实型
SET_EXPONENT(x,n)	返回 FRACTION(x) * (2 ** n)	x 实型，n 整型	实型
SIGN(a,b)(ISIGN,DSIGN)	b≥0 时，返回 ABS(a)；b<0 时，返回 -ABS(a)	整型，实型	整型，实型
SPACING(x)	返回 x 值做能接受的最小变化值。因为浮点数的有效位数是有限的，它没有办法真正保存连续的数值。这个函数会返回用浮点数保存 x 值时所能接受的最小数值间隔	实型	
TRANSFER(source,mold[,size])	把 source 参数中的内存数据直接转换成参数 mold 所使用的类型，size 可以用来赋值要转换多少笔数据	source 任意类型，mold 任意类型，size 整型	

2. 数学函数

函　　数	功　　能	变量类型	函数值类型
ACOS(r)(DACOS)	计算 ARCCOSINE(r)	实型	实型
ASIN(r)(DASIN)	计算 ARCSINE(r)	实型	实型
ATAN(r) (DATAN)	计算 ARCTANGENT(r)	实型	实型
ATAN2(a,b) (DATAN2)	计算 ARCTANGENT (a/b)	实型	实型
COS(x)(CCOS,DCOS)	计算 COSINE(x)	实型，复型	实型，复型
COSH(r) (DCOSH)	计算 HYPERBOLIC COSINE(x)	实型	实型
EXP(n)(CEXP,DEXP)	计算自然对数 e^n 的值	实型，复型	实型，复型
LOG(x)(ALOG,DLOG,CLOG)	计算以自然对数 e 为底的对数值	实型，复型	实型，复型
LOG10(x)(ALOG10,DLOG10,CLOG10)	计算以 10 为底的对数值	实型	实型
SIN(x)(CSIN,DSIN)	计算 SINE(x)	实型，复型	实型，复型
SINH(r) (DSINH)	计算 HYPERBOLIC SINE(x)	实型	实型
SQRT(x)(CSQRT,DSQRT)	计算 x 的开平方值	实型，复型	实型，复型
TAN(r)(DTAN)	计算 TANGENT(r)	实型	实型
TANH(r)(DTANH)	计算 HYPERBOLIC TANGENT(r)	实型	实型

3. 字符函数

函　　数	功　　能	变量类型	函数值类型
ACHAR(i)	返回 ASCII 字符表上编号为 i 的字符	整型	字符型
ADJUSTL(s)	返回向左对齐的字符串 s	字符型	字符型
ADJUSTR(s)	返回向右对齐的字符串 s	字符型	字符型
CHAR(i[,kind])	返回计算机所使用的字集表上编号为 i 的字符。PC 上使用的字集表为 ASCII 表，所以在 PC 上 CHAR 函数与 ACHAR 函数效果相同	整型	字符型
IACHAR(c)	返回字符 c 所代表的 ASCII 码	字符型	整型
ICHAR(c)	返回字符 c 在计算机所使用的字集表中的编号。在 PC 上 ICHAR 与 IACHAR 效果相同	字符型	整型
INDEX(a,b[,back])	返回子字符串 b 在母字符串 a 中第一次出现的位置。如果第 3 个参数 back 给定真值，代表从后面开始搜索，返回子字符串 b 在母字符串 a 中最后一次出现的位置	a、b 字符型，back 逻辑型	整型
LEN(s)	返回字符串 s 的长度	字符型	整型
LEN_TRIM(s)	返回字符串 s 中除去字尾空格符后的长度	字符型	整型
LGE(a,b)	判断两个字符串 a≥b 是否成立	字符型	逻辑型
LGT(a,b)	判断两个字符串 a>b 是否成立	字符型	逻辑型
LLE(a,b)	判断两个字符串 a≤b 是否成立	字符型	逻辑型
LLT(a,b)	判断两个字符串 a<b 是否成立	字符型	逻辑型
REPEAT(s,i)	返回一个重复 i 次 s 的字符串	s 字符型，i 整型	字符型
SCAN(a,b[,back])	返回把字符串 b 所包含的任意字符在字符串 a 中第一次出现的位置。如果 c 有给定真值时，则返回最后出现的位置	a、b 字符型，back 逻辑型	整型
TRIM(s)	返回把字符串 s 尾部的空格符除去后的字符串	字符型	字符型
VERIFY(string,set[,back])	检查在字符串 string 中有没有使用字符串 set 中的任何字符，返回字符串 string 中第一个出现不属于字符串 set 字符的位置。如果 back 有给定真值，则返回最后一次出现的位置	string、set 字符型，back 逻辑型	整型

4. 数组函数

数组函数中所使用到的名词表

Array	指任何维数的数组
Vector	指一维数组
Matrix	指二维数组
Dim	指数组的维数,是一个整数
Mask	指数组的逻辑运算
[ ]	括号中表示可忽略的参数

函　　数	功　　能	变量类型	函数值类型
ALL(mask[,dim])	对数组做逻辑判断,如果每个元素都合乎条件就返回真值,否则返回假值		逻辑值
ALLOCATED(array)	检查一个可变大小的数组是否已经声明大小		逻辑值
ANY(mask[,dim])	对数组做逻辑判断,只要有一个元素合乎条件就返回真值。用法与 ALL 很类似,只差在判断时所使用的条件由"全部"改成"任何"		逻辑值
COUNT(mask[,dim])	对数组做逻辑判断,返回合乎条件的元素数目		整型
CSHIFT(array,shift[,dim])	数组的元素值会以某一维为基准来循环交换内容。shift 表示平移的量值,dim 表示针对这一维来做交换	Shift 整型	数组
DOT_PRODUCT(vector_a, vector_b)	把两个一维数组当成向量来做内积	任何基本数值类型的数组	任何基本数值类型
DPROD(vector_a,vector_b)	同样做两个向量的内积,返回值为双精度浮点数	实型数组	双精度浮点数
EOSHIFT(array,shift[,boundary][,dim])	把数组以某个维数为基础,移动数组中的元素。boundary 有值时,移动后剩下的位置会设置成 boundary 的值		数组
LBOUND(array [,dim])	返回数组声明时的下限值		整型
MATMUL(matrix_a,matrix_b)	对两个二维数组所存放的矩阵内容做矩阵相乘运算,返回值是二维数组		二维数组
MAXLOC(array[,dim][,mask])	找出数组最大值的所在位置,返回值可能是整数或是整数数组。当数组 array 为一维时,返回一个整数;当数组为 n 维数组时,返回大小为 n 的一维数组		整型
MAXVAL(array[,dim][,mask])	返回数组中的最大元素值		数组类型

续表

函　　数	功　　能	变量类型	函数值类型
MERGE（true_array, false_array[, mask]）	true_array、false_array 大小要完全相同，merge 会根据 mask 运算的结果来决定要取 true_array 或 false_array 的值到返回的矩阵当中，mask 运算中某一位置为"真"时，会填入 true_array 的值，为"否"时，会填入 false_array 的值		数组
MINLOC（array[, dim][, mask]）	返回数组中最小元素的位置		整型
MINVAL（array[, mask]）	返回数组中最小元素的值		整型
PACK（array, mask[, vector]）	会根据数组在内存中的排列顺序，按照 mask 运算的逻辑值，把判断成立的数值从 array 中取出，放到返回值的一维数组中。当 vector 没有输入时，返回值的数组大小为 array 中条件成立的数值数目。vector 有输入时，返回值的数组大小与 vector 相同	array 任何类型的数组	一维数组，类型与输入的数组相同
PRODUCT（array[, dim][, mask]）	返回数组中所有元素的相乘值		整型，数组
RESHAPE（data, shape）	通过 shape 的设置，把一串数据"整型"好后，再传给一个数组。这个函数用来转换不同类型的数组数据，参数 data 会根据数组在内存中的排列顺序，把它的内容视为一长串数字。参数 shape 可以把这组数字数据视为它所设置的数组类型		数组
SHAPE（array）	返回数组的维数及大小，假设 array 为 n 维数组，返回值为大小为 n 的一维数组		数组
SIZE（array[, dim]）	返回数组大小		整型
SPREAD（source, dim, ncopies）	把一个数组复制到比自己高一维的数组中，复制次数由 ncopies 来决定。而复制的"基础位置"则由 dim 来决定要在哪一维。若参数 source 为一个数值，则返回值是大小为 ncopies 的一维数组。若参数 source 是大小为 $(d_1, d_2, \cdots, d_n)$ 的数组，则结果是大小为 $(d_1, d_2, \cdots, d_{dim-1}, ncopies, d_{dim}, \cdots, d_n)$ 的数组	source 任意类型数组，dim、ncopies 整型	数组
SUM（array[, dim][, mask]）	计算数组元素的总和		数组类型
TRANSPOSE（matrix）	返回一个转置矩阵		二维数组
UBOUND（array[, dim]）	返回数组声明时的下限值		整型，数组

函　数	功　能	变量类型	函数值类型
UNPACK(vector,mask,field)	根据逻辑运算的结果,返回一个变型的多维数组。结果会根据在内存中的顺序,如果逻辑为真,会填入 vector 的值,否则就填入 field 的值。 unpack 函数刚好与 pack 相反,它是用来把一维数组转换成多维数组	field 任意类型数值	数组

5. 查询状态函数

函　数	功　能	变量类型	函数值类型
ASSOCIATED(pointer [,target])	检查指针是否已经设置目标。target 有输入时,则检查 pointer 是否指向 target 变量		逻辑型
BIT_SIZE(i)	返回参数 i 占了多少 bits 的内存空间	整型	逻辑型
DIGITS(r)	返回浮点数 r 使用多少 bits 来记录"数字"的部分	实型	整型
EPSILON(r)	参数 r 的数值不影响结果,只有参数 r 的类型会影响结果。它会返回 spacing(1.0_4)或 spacing(1.0_8) 的值,输入单精度浮点数时,返回 spacing(1.0_4),也就是当变量为 1.0 时,所能计算的最小数字间隔大小	实型	实型
HUGE(x)	返回参数 x 的类型所能记录的最大数值	整型,实型	整型,实型
KIND(x)	返回参数声明时使用的 kind 值	整型,实型	整型
MAXEXPONENT(x)	返回浮点数 r 所能接受、记录数值中最大 2^i 的 i 值	实型	整型
MINEXPONENT(x)	返回浮点数 r 所能接受、记录数值中最小 2^i 的 i 值	实型	整型
PRECISION(x)	返回参数类型的有效位数范围	实型,复型	整型
PRESENT(x)	在函数中检查某个参数是否有传递进来	任意类型	逻辑型
RADIX(x)	返回保存参数 x 所使用的数字进制。通常的返回值是 2,代表二进制系统	整型,实型	整型
RANGE(x)	返回参数类型所能保存的最大值域范围,返回 n 值代表 10n	整型,实型,复型	整型

函　　数	功　　能	变量类型	函数值类型
SELECTED_INT_KIND(i)	返回想声明参数所赋值的值域范围的变量时所应使用的 kind 值	整型	整型
SELECTED_REAL_KIND(p, r)	返回想要声明能够保存 p 位有效位数、指数为 r 的浮点数时所该使用的 kind 值	整型	整型
TINY(r)	返回参数类型所能保存的最小的正数值	实型	实型

6. 二进制运算函数

函　　数	功　　能	变量类型	函数值类型
BIT_SIZE(i)	返回参数 i 所占用的内存位数	整型	整型
BTEST(i,pos)	检查整数 i 以二进制保存时第 pos 位的值是否为 1	整型	逻辑型
IAND(a,b)	对 a、b 做二进制的逻辑 AND 运算	整型	整型
IBCLR(i,pos)	返回把整数 i 值以二进制保存时的第 pos 位值设为 0 后的新值	整型	整型
IBITS(i,pos,n)	把整数 i 值以二进制保存时的第 pos～pos+n 位取出后所代表的值	整型	整型
IBSET(i,pos)	返回把整数 i 值以二进制保存时的第 pos 位值设为 1 后的新值	整型	整型
IEOR(a,b)	返回对 a、b 做二进制异或运算后的值	整型	整型
IOR(a,b)	返回对 a、b 做二进制 OR 运算后的值	整型	整型
ISHFT(a,b)	返回把整数 a 以二进制方法右移 b 位后的数值	整型	整型
ISHFTC(a,b[,size])	返回把整数 a 以二进制方法右移 b 位后的数值,右移出去的高位数会循环放回低位中	整型	整型
MVBITS（from，frompos，len，to,topos）	这是子程序,不是函数,to 是返回的参数。取出整数 from 中第 frompos～frompos+len 位的值,重新设置整数 to 中第 topos～topos+len 位的值	整型	
NOT(i)	返回把整数 i 的二进制值做 0、1 反相后的结果	整型	整型

7. 其他函数

函　　数	功　　能	变量类型	函数值类型
DATA_AND_TIME(data,time, zone,values)	这是子程序,不是函数。把现在的时间返回到参数中	data、time、zone 字符型,values 整型数组	
RANDOM_NUMBER(r)	这是子程序,不是函数。生成一个 0 到 1 之间的随机数值,在参数 r 中返回	实型	
RANDOM_SEED([size,put, get])	这是子程序,不是函数。用 get 数组来返回目前所使用来启动随机数的"种子"数值,或用 put 数组来设置新的随机数,启动"种子"数值	整型	
SYSTEM_CLOCK(c,cr,cm)	这是库存子程序,不是库存函数。c 会返回程序执行到目前为止的处理器 clock 数,cr 会返回处理器每秒的 clock 数,cm 会返回 c 所能保存的最大值	整型	

参 考 文 献

［1］ 闫彩云,王红鹰.程序设计基础——Fortran95[M].北京:清华大学出版社,2011.

［2］ 谭浩强,田淑清.FORTRAN 语言——FORTRAN77 结构化程序设计[M].北京:清华大学出版社,1990.

［3］ 彭国伦.健莲科技改编.Fortran95 程序设计[M].北京:中国电力出版社,2002.

［4］ 刘卫国,蔡旭辉.FORTRAN90 程序设计教程[M].2 版.北京:北京邮电大学出版社,2007.

［5］ 白云.FORTRAN90 程序设计[M].上海:华东理工大学出版社,2003.

［6］ 汪同庆.Fortran90 程序设计[M].武汉:武汉大学出版社,2004.

［7］ 张晓霞,田秀萍.FORTRAN90 程序设计教程[M].北京:兵器工业出版社,2005.

［8］ 张伟林,黄晓梅.Fortran90 语言程序设计教程[M].合肥:安徽大学出版社,2002.

［9］ 吴文虎.程序设计基础[M].北京:清华大学出版社,2003.

［10］ 陆朝俊.计算思维导论——程序设计思想与方法[M].北京:高等教育出版社,2013.

［11］ 宋叶志,茅永兴,赵秀杰.Fortran95/2003 科学计算与工程[M].北京:清华大学出版社,2011.

图 书 资 源 支 持

感谢您一直以来对清华版图书的支持和爱护。为了配合本书的使用,本书提供配套的资源,有需求的读者请扫描下方的"书圈"微信公众号二维码,在图书专区下载,也可以拨打电话或发送电子邮件咨询。

如果您在使用本书的过程中遇到了什么问题,或者有相关图书出版计划,也请您发邮件告诉我们,以便我们更好地为您服务。

我们的联系方式:

地　　址:北京海淀区双清路学研大厦 A 座 707

邮　　编:100084

电　　话:010－62770175－4604

资源下载:http://www.tup.com.cn

电子邮件:weijj@tup.tsinghua.edu.cn

QQ:883604(请写明您的单位和姓名)

用微信扫一扫右边的二维码,即可关注清华大学出版社公众号"书圈"。

资源下载、样书申请

书 圈